"十三五"国家重点出版物出版规划项目
材料科学研究与工程技术系列

特种铸造

Special Casting

● 安勇良　宋良　主编
● 尹冬松　主审

哈爾濱工業大學出版社

内容简介

本书共五章，内容包括熔模铸造、消失模铸造、金属型铸造、压力铸造和离心铸造，较为全面地介绍了以上各类特种铸造方法的基本原理、工艺特点、操作要点、专用材料、生产设备、缺陷及预防措施等。本书内容较丰富，配有大量数据图表，科学性和实用性较强。

本书可作为高等院校机械类、材料类及相关专业的本科生教材，也可作为相关专业研究生及工程技术人员的参考书。

图书在版编目(CIP)数据

特种铸造/安勇良，宋良主编. —哈尔滨：哈尔滨工业大学出版社，2019.8

ISBN 978-7-5603-4077-7

Ⅰ.①特… Ⅱ.①安… ②宋… Ⅲ.①特种铸造 Ⅳ.①TG249

中国版本图书馆 CIP 数据核字(2019)第 056127 号

材料科学与工程
图书工作室

策划编辑 许雅莹
责任编辑 庞 雪 杨 硕
封面设计 卞秉利
出版发行 哈尔滨工业大学出版社
社 址 哈尔滨市南岗区复华四道街 10 号 邮编 150006
传 真 0451-86414749
网 址 http://hitpress.hit.edu.cn
印 刷 黑龙江艺德印刷有限责任公司
开 本 787mm×1092mm 1/16 印张 14.5 字数 342 千字
版 次 2019 年 8 月第 1 版 2019 年 8 月第 1 次印刷
书 号 ISBN 978-7-5603-4077-7
定 价 34.00 元

前　言

特种铸造是材料成型及控制工程专业液态成型方向一门重要的专业课。考虑到我国目前铸造工业与相关企业的发展情况，并结合当前一些铸造企业的实际人才需求，本书的内容包括熔模铸造、消失模铸造、金属型铸造、压力铸造和离心铸造。

传统的砂型铸造具有适应性广、生产准备简单等优点，应用最为普遍，但其生产过程复杂，生产效率较低，且铸件精度不高，表面粗糙度大，质量较差。对于一些有特殊要求的零件，如薄壁件、精密铸件、管状铸件及高熔点合金铸件等，用砂型铸造方法往往难以制造或者生产成本很高，无法实现价值。随着生产力和科学技术的不断发展，逐渐出现了各种铸型用砂较少或不用砂、采用特殊工艺装备进行铸造的方法，统称为“特种铸造”，如熔模铸造、消失模铸造、金属型铸造、压力铸造、离心铸造等。与砂型铸造相比，特种铸造具有铸件密度和表面质量高、铸件内在性能好、原材料消耗低、工作环境好等优点，但铸件的结构、形状、尺寸、质量、材料种类往往受到一定的限制。

本书共五章，内容包括熔模铸造、消失模铸造、金属型铸造、压力铸造和离心铸造，较为全面地介绍了以上各类特种铸造方法的基本原理、工艺特点、操作要点、专用材料、生产设备、缺陷及预防措施等。本书内容较丰富，配有大量数据图表，科学性和实用性较强。

本书可作为高等院校机械类、材料类及相关专业的本科生教材，也可作为相关专业研究生及工程技术人员的参考书。

本书由黑龙江科技大学安勇良、宋良主编，其中安勇良编写第1、2、3章，宋良编写第4、5章，由黑龙江科技大学尹冬松主审。

本书的编写得到了黑龙江科技大学教学改革项目的支持与帮助，并参考了一些文献和企业资料，同时得到了黑龙江科技大学有关师生的大力支持，在此谨致谢意。

由于编者水平有限，书中疏漏之处难以避免，恳请广大读者、专家和同仁指正。

编　者

2018年12月

目　录

第1章 熔模铸造

1.1 概　述

熔模铸造(Investment Casting)是先制作可熔化模样,并涂挂数层达一定厚度的耐火材料,待耐火材料层固化后,将模样熔化去除而制成型壳,型壳经高温焙烧后,浇入液态金属,冷却凝固后获得铸件的一种铸造方法。由于模样广泛采用蜡质材料来制造,因此常将熔模铸造称为失蜡铸造(Lost Wax Casting),而且熔模铸造制造的铸件具有较高的尺寸精度和较好的表面质量,因此也称为熔模精密铸造。

熔模铸造的历史可以追溯到四千多年前,最早出现熔模铸造的国家有埃及、中国和印度,然后才是非洲和欧洲等其他地区。我国出土了大量的熔模铸件精品,如已知最早的失蜡铸造铸件是春秋时期的"愠儿盏"、楚王盏和透空云纹铜禁,还有战国的曾侯乙尊、盘,汉代的铜错金博山炉、长信宫灯,还有明代浑天仪、武当真武帝君像,清代故宫太和门铜狮等。到19世纪末期,牙科领域开始采用熔模铸造工艺,结合离心浇注技术生产牙科铸件。20世纪初为生产出更精密的牙科铸件,人们开始研究影响蜡模和型壳尺寸稳定性的因素,以及一些金属和合金的凝固收缩性能,到20世纪40年代,关于熔模铸造的专利已多达400件以上,珠宝首饰行业也广泛采用了熔模铸造技术,熔模铸造的工业化生产也是在这个时期开展的。对于涡轮增压器等在恶劣环境中工作的航空发动机零件,若采用传统合金,则不能满足性能上的要求,但人们发现外科移植手术研制的钴基合金在高温下有优异的性能,可用于涡轮增压器。然而,这类合金很难加工,熔模铸造便成为该类合金成形的工艺方法,迅速发展起来,进入航空、国防工业领域,并又迅速地应用到其他工业领域。

1.1.1 工艺过程

熔模铸造工艺过程主要包括以下步骤,如图1.1所示。

(1)制造熔模(组)。熔模一般采用蜡模,常用50%(质量分数,下同)石蜡和50%硬脂酸配制而成。将糊状蜡料压入压型(压制熔模用的模具),冷凝后取出即为蜡模。为了提高生产效率,常把数个蜡模熔焊在蜡棒上制成蜡模组。

(2)制造型壳。在蜡模组表面浸挂一层由水玻璃和石英粉配制的涂料,然后再撒一层较细的硅砂,并加入硬化剂(如 NH_4Cl 水溶液等)中进行硬化。如此反复多次,使蜡模组外面形成由多层耐火材料组成的坚硬型壳,直到型壳厚度达到规定要求。

(3)熔化蜡模(脱蜡)。通常将带有蜡模组的型壳放在80~90 ℃的热水中,使蜡料熔化后从浇注系统中排出形成空腔。

(4)型壳的焙烧。把脱蜡后的型壳放入加热炉中,加热到800~950 ℃,保温以去除型壳内的残蜡和水分,并使型壳强度进一步提高。

(5)浇注。将型壳从焙烧炉中取出后,周围堆放干砂,加固型壳,然后立即浇入合金液,并凝固冷却形成铸件。

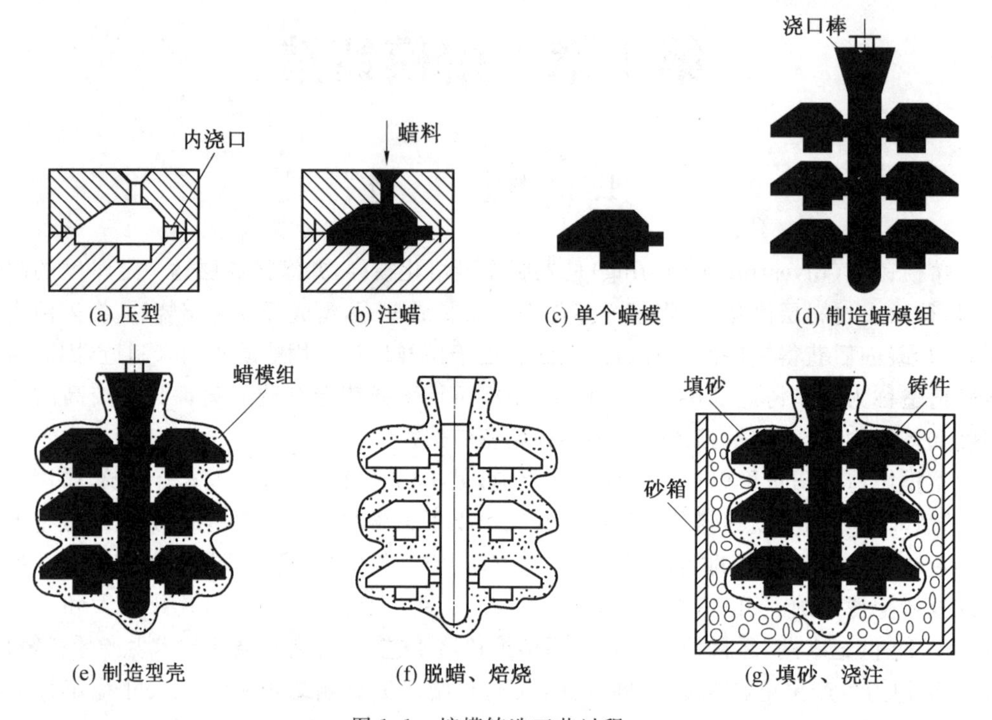

图 1.1 熔模铸造工艺过程

1.1.2 工艺特点

与其他铸造方法和零件成形方法相比,熔模铸造具有以下工艺特点:

(1)铸件尺寸精度高,一般可达 CT4～CT7,表面质量好,表面粗糙度最小可达 Ra0.63～1.25 μm,是少、无切削加工工艺的重要方法之一。如熔模铸造所生产的涡轮发动机叶片,其铸件精度已达到无加工余量的要求。

(2)可制造形状复杂的铸件,其最小壁厚可至 0.3 mm,最小铸出孔径为 0.5 mm;最小的铸件质量可至 1 g,而质量大的铸件可达 10 kg 以上。对于由几个零件组合成的复杂部件,可用熔模铸造一次铸出,减轻机件质量,缩短生产周期。

(3)铸造合金种类不受限制,用于高熔点和难切削合金更具显著的优越性。一些难以锻造、焊接或切削加工的精密铸件用熔模铸造法生产则具有很大的经济效益。

(4)生产批量基本不受限制,既可大批量生产,又可单件或小批量生产。

(5)铸件质量和尺寸有一定限制,无法像砂型铸造那样可生产几吨甚至几十吨重的铸件。

(6)工序复杂,生产周期长,生产成本较高。原材料及辅助材料费用比砂型铸造高。

(7)铸件力学性能较低。主要由于熔模铸造为热型浇注,因此铸件冷却速度慢,晶粒粗大。除特殊产品,如定向结晶件、单晶叶片外,一般铸件的力学性能都有所降低,需要通过热处理来提高铸件性能等,碳钢件还易发生表面脱碳。

1.1.3 应用范围

熔模铸造可应用于几乎所有的工业领域，如航空航天、造船、汽轮机和燃气轮机、兵器、电子、核能、机械等。特别是航空航天领域，熔模铸造最适合于形状复杂、难以用其他成形方法加工的精密铸件的生产，如航空发动机的叶片、叶轮，复杂的薄壁框架，是最典型的熔模铸造铸件，此外还有雷达天线，带有很多散热薄片、柱、销轴的框体、齿套等。目前工业上使用的98%以上的钛合金铸造结构件都是由熔模铸造制造的。熔模铸造生产技术已发展到很高的水平，其生产的铸件精密、复杂，接近于零件最后的形状，可不经加工直接使用或只经很少加工后使用，是一种近净形精密铸造技术，已成为航空航天和军工领域中复杂结构件的重要材料成形方法。

1.2 熔模的制造

熔模铸造生产的第一个工序就是制造熔模，熔模是用来形成耐火型壳中型腔的模型，所以要获得尺寸精度和表面光洁度高的铸件，首先熔模本身就应该具有较高的尺寸精度和表面光洁度。此外，熔模本身的性能还应尽可能使随后的制造型壳、脱蜡等工序简单易行。为得到上述高质量要求的熔模，除了应有好的压型(压制熔模的模具)外，还必须选择合适的制模材料(简称“模料”)和合理的制模工艺。

1.2.1 模料的性能要求

对模料的性能要求如下。

1. 熔化温度

模料的熔化温度范围通常控制在50～80 ℃，便于配制模料、制模和脱模，且开始熔化与终了熔化温度之差在5～10 ℃为宜。

2. 耐热性(热稳定性)

耐热性是指温度升高时模料抗软化变形的能力。通常有两种表示方法：一种是软化点，一般要求软化点温度高于40 ℃；另一种是热变形量，后者测试更方便些。一般要求35 ℃下模料的热变形量为$\Delta H_{35-2} \leqslant 2$ mm(ΔH_{35-2}为35 ℃、2 h时悬臂试样伸出端的下垂量)。

3. 收缩率(热胀率)

模料在生产过程中会发生热胀冷缩，收缩率小可以使熔模尺寸稳定，提高熔模的尺寸精度，也可减少脱蜡时胀裂型壳的可能性。所以，收缩率是模料最重要的性能指标之一，模料线收缩率一般应小于1.0%，优质模料线收缩率可达0.3%～0.5%。

4. 强度和硬度

模料在常温下应有足够的强度和硬度，以保证熔模在制模、制壳、运输等生产过程中不发生破损、断裂或表面擦伤。模料强度通常以抗弯强度来衡量。模料的强度一般不低于2.0 MPa，最好为5.0～8.0 MPa，硬度采用针入度(硬度标志)表示，多为4～6度(1度=0.1 mm)。

5. **流动性**

流动性指模料压注状态(通常为膏状)填充压型型腔的能力。模料应具有良好的流动性,以利于充满压型型腔,获得尺寸精确、棱角清晰、表面平滑光洁的熔模。此外,也便于模料在脱蜡时从型壳中流出,如果流动性较差,黏度较大,会影响脱蜡速度,使水分、粉尘分离困难,影响模料回收。

6. **涂挂性**

模料应能很好地被型壳涂料润湿,并形成均匀的覆盖层,使涂料在制壳时能均匀涂覆于熔模表面,正确复制熔模的几何形状,保证脱模后型壳型腔尺寸正确。

7. **灰分**

灰分指模料经高温(900 ℃以上)焙烧后的残留物,也是模料的主要指标之一。通常要求灰分小,防止铸件产生夹渣等缺陷及影响铸件表面质量;一般铸件灰分质量分数应低于0.05%,钛合金所用模料的灰分质量分数要求低于0.01%。

8. **焊接性**

模料应能够较好地焊合在一起,便于组合模组,其密度要小以减小劳动强度。

9. **化学活性**

模料的化学活性要低,不应与生产过程中的压型材料、涂料、容器等发生化学反应,并对人体无害。

此外,还希望模料使用寿命长(长期使用不易老化或变质),价格低廉,复用性好,回收方便等。

1.2.2 模料的分类

从以上模料的性能要求看,单一的原材料并不能满足以上的模料性能,因此,需要两种或两种以上的材料来配制模料。根据模料基体成分不同可以把模料分为蜡基模料、松香基模料、系列模料和其他模料等;也可以按照模料熔点的高低将其分为高温、中温及低温模料。高温模料的熔点高于 120 ℃,如组成为松香 50%、地蜡 20%、聚苯乙烯 30%的模料;低温模料的熔点低于 60 ℃,主要为蜡基模料,如石蜡—硬脂酸(质量比为 1∶1)模料;中温模料的熔点介于上述两类模料之间,实际生产中使用较多的是中低温模料。

1. **蜡基模料**

蜡基模料主要由矿物蜡和动植物蜡配制,应用最广泛的蜡基模料主要由石蜡和硬脂酸组成。

(1)石蜡。将熔点作为牌号,2 ℃为一个牌号,58～64 度的石蜡于 140 ℃以上分解碳化。其强度低,但有好的延展性;其表面硬度差,针入度为 15 度;凝固收缩大。最好选用油的质量分数小于 0.5%的精白蜡或小于 1.5%的白石蜡。

(2)硬脂酸。一级三压硬脂酸,固态时呈晶态,酸性不明显,熔点高,热稳定性好,比与其碳原子数相同的烷烃蜡的熔点高,硬度大,强度高,热稳定性好,且与石蜡互溶,可以利用它提高模料的软化点、流动性,提高熔模的表面强度和对涂料的涂挂性。

生产中两者的最佳比例为:石蜡和硬脂酸各占 50%,其流动性最好。其他比例还有石蜡 50%+硬脂酸 20%+褐煤蜡 30%,其软化点高于 40 ℃,收缩率为 1.6%,抗拉强度为4.66 MPa。

2. 松香基模料

松香基模料是主要成分以松香为基体，添加其他成分的模料。其特点为松香性脆，液态黏度大，加入部分塑性好，液态时有良好的流动性，蜡料能和松香互溶。为进一步改善模料在凝固后的力学性能，还常在松香中加入少量高分子聚合物，提高模料的强度、韧性和热稳定性。也常把这类模料称为树脂基模料。

3. 系列模料

系列模料是由专门工厂研制的满足不同要求的模料。

4. 其他模料

(1)填料模料。

填料模料是指在蜡基模料或松香基模料中加入其他固态粉料的模料。可用于制备填料模料的固态粉料有聚乙烯粉、聚苯乙烯粉、聚氯乙烯粉、异苯二甲酸粉、季戊四醇粉、己二酸粉、脂肪酸粉、尿干粉(尿素加热至120 ℃保温5 h后粉碎得到的)、苯四酸酐二亚胺、酚酰亚胺、萘、淀粉等。它们的特点是：熔点比基体模料高10 ℃以上，不溶于水，灰分很少，易被液态模料润湿，密度又与液态模料相近。加入量可为模料总质量的10%～45%。采用填料模料可减少模料的收缩率，比无填料的模料收缩率小5%以上，可提高熔模的尺寸精度和表面质量，但模料的回收较困难。

(2)泡沫聚苯乙烯模料。

泡沫聚苯乙烯模料也称为汽化模料，是一种高温模料，预发泡聚苯乙烯珠粒在金属模具中经加热发泡可制得模样，与第2章介绍的消失模铸造模样的制造类似。用此种模料制成的模样尺寸精确，热稳定性较好，不易变形，但涂挂性不好，而且在泡沫接缝处表面不光滑，且不易制作薄壁的模样，需有透气性好的型壳配合使用，故应用较少。

(3)尿素模料。

尿素模料是指采用尿素来制成模样的水溶性模料，常用来形成不能取出型芯的熔模内腔。尿素在130～140 ℃熔化成液态，具有良好的流动性，浇在金属型中很容易成型，且凝固速度快，收缩率小(0.1%)，用尿素模样制的模样尺寸精确，表面光洁。制造熔模时，先把尿素模样作为型芯放在压型中，压注模料熔模成型后，把带有尿素型芯的熔模放在水中，尿素型芯即可溶于水中，使熔模形成内腔。尿素型芯又称可溶芯，应用较广泛。

1.2.3　模料的配制

配制模料的目的是将组成模料的各种原材料混制成均匀的一体，并使混制后模料的状态符合压制熔模的要求。配制时主要采用加热的方法使各种原材料熔化混合成一体，而后在冷却情况下，将模料进行搅拌，使模料成为糊膏状态供压制熔模用，也有将模料熔化为液体直接浇注成熔模的情况。

1. 蜡基模料的配制

由于蜡基模料原材料的熔点都低于100 ℃，为防止模料加热时温度太高发生分解碳化现象，大多采用蒸汽加热或热水槽加热的方法。图1.2所示为熔化蜡基模料的加热槽，是以水槽加热熔化模料，通过电加热器把水加热，以水为媒介，热量通过蜡桶传给模料，将模料熔化。如将该装置中的电加热器去除，向水箱通入蒸汽，该加热槽即改成蒸汽加热熔化模料的装置。熔化后的模料要搅拌均匀，并用 100 号或 140 号筛过滤除去杂质，而后放入容器中。糊状模料可在连续冷却和保温的情况下，通过直接搅拌制成糊状，也可在液态模料中加入小块状、屑状或粉末状模样的搅拌方法制备糊状蜡基模料，搅拌需平稳，避免出现气泡。模料的搅拌有旋转桨叶搅拌法和活塞搅拌法。

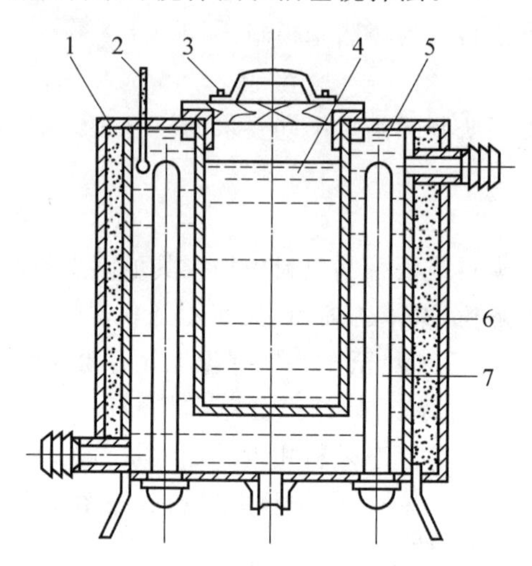

图 1.2 熔化蜡基模料的加热槽

1—绝热层；2—温度计；3—盖；4—模料；5—水；6—蜡桶；7—电加热器

(1)旋转桨叶搅拌法。

旋转桨叶搅拌法是一种应用较广泛的方法，即将三分之一左右的熔化蜡料和三分之二左右的固态小块蜡料放在容器中，通过旋转的桨叶把固态蜡块充分粉碎，并和液态蜡均匀混成糊状，如图 1.3 所示。搅拌时应注意使蜡料表面尽可能平稳，防止卷入过多的空气使蜡料中存有大的气泡，造成熔模表面因气泡外露而出现孔洞。

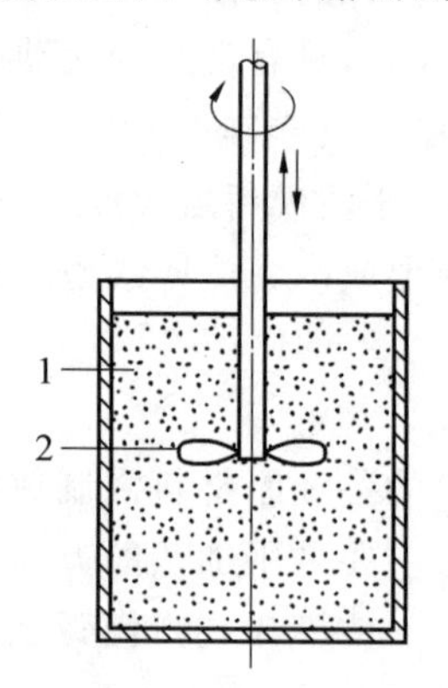

图 1.3 旋转桨叶搅拌蜡基模料

1—模料；2—桨叶

(2)活塞搅拌法。

活塞搅拌法是把熔化的模料放入图 1.4 所示的活塞缸中，活塞的往复运动使模料被迫通过活塞上的小孔在活塞的两面来回流动，使其被搅成糊状。根据放入活塞缸中模料的数量，可以控制混入模料中的空气量。通过活塞搅拌，可使模料中的空气以细小的气泡形式存在，这样可以减小制造熔模时的收缩率。

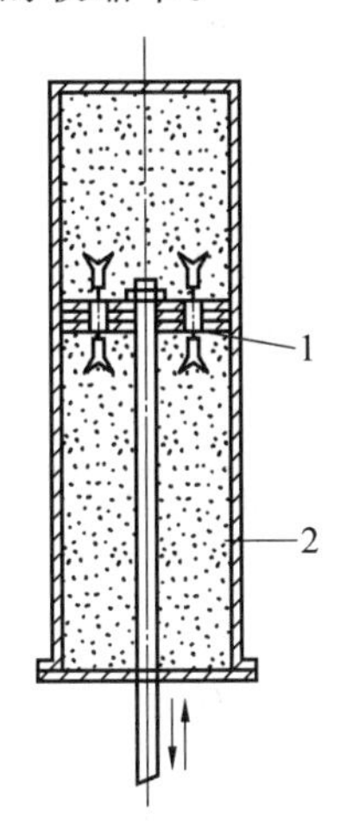

图 1.4 活塞搅拌蜡基模料

1—活塞；2—模料

2. 松香基模料的配制

松香基模料的熔点较高，一般都用不锈钢制的电热锅熔化，电热锅可转动，以倾倒液态模料，并用温度控制器控温，防止模料温度太高，发生氧化、分解变质。熔化后的模料需经过规定的筛分过滤工序去除杂质，将过滤后的模料保温静置。如所需模料作为液态使用，则在规定温度保温静置后即可用来制模；如所需模料作为糊状使用，则需自然冷却成糊状或在边冷却边搅拌情况下制成糊状备用。松香基模料的成分复杂，有的原材料不能互溶，如聚乙烯不溶于松香，却能和川蜡、地蜡溶在一起，而它们的融合物又都能溶于松香之中。因此配制松香基模料时，要特别注意加料次序，如对于含有松香、聚乙烯、川蜡、石蜡的松香基模料，具体工艺为：先熔化川蜡、地蜡或石蜡，待升温至约 140 ℃，在搅拌的情况下逐渐加入聚乙烯，再升温至约 220 ℃，加入松香，待全部熔化以后，在 210 ℃时静置 20～30 min，以排除气体。最后滤去杂质，在降温情况下对模料进行搅拌，使之成为糊状(60～80 ℃)。如模料融合不好，则它的黏度会增大，使晶粒粗大，导致熔模质量降低。加热时，应防止温度过高，使模料变质燃烧。

1.2.4 模料的回收及再生

无论是从经济角度节约成本考虑还是从环保方面避免污染考虑，熔模铸造的模料都最好能够多次重复长期使用。但在制模、制壳和脱蜡过程中，常因水分、粉尘、砂粒等混入模料及模料中的一些成分发生皂化、老化等影响，而使其性能变坏，故需要在脱模之后，对自型壳中脱出的模料进行回收及再生处理，以便重复使用。不同的模料成分不同，须采用不同的回收方法。回收后模料性能若还达不到原有水平，则需补加部分新蜡或其他添加剂，使其性能恢复到原有水平，此过程称为模料再生。

1. 蜡基模料的回收

使用蜡基模料时，脱模后所得的模料可以回收，用来制造新的熔模。可是在循环使用时，模料的性能会变坏，如强度降低，脆性增大，灰分增多，流动性和涂挂性下降，收缩率增加，颜色由白色变为红褐色。造成这些性能变坏的原因除了蜡料混入粉尘、砂粒和水分等情况，还主要与蜡料中硬脂酸的变质有关。

硬脂酸在常温下呈弱碱性，随着温度升高而酸性增强，硬脂酸能与比氢活泼的金属元素，如 Al、Fe 等发生置换反应。生产中模料常与铝器（如化料锅、浇口棒等）、铁器（如压型、盛料桶等）接触，此时可能出现如下反应：

$$2M+6C_{17}H_{35}COOH = 2M(C_{17}H_{35}COO)_3+3H_2 \quad (1.1)$$

反应式(1.1)为皂化反应，所生成的硬脂酸盐称为皂盐或皂化物，除此以外硬脂酸还会和型壳中的水玻璃及型壳硬化液发生反应，生成相应的皂化物。皂化物多不溶于水，混在旧模料中，会使模料性能变差。

因此，为了尽可能地恢复旧模料的原有性能，就要从旧模料中除去皂盐，常用的方法有酸处理法，活性白土处理法和电解回收法。

(1)酸处理法。

盐酸和硫酸都可以使除硬脂酸以外的硬脂酸盐还原为硬脂酸，即发生如下反应：

$$2M(C_{17}H_{35}COO)_3+6HCl = 6C_{17}H_{35}COOH+2MCl_3 \quad (1.2)$$

$$M(C_{17}H_{35}COO)_2+H_2SO_4 = 2C_{17}H_{35}COOH+MSO_4 \quad (1.3)$$

处理时将旧模料放入不会生锈的容器（如搪瓷、不锈钢容器等）中加热并加入占模料质量 4%～5%的盐酸或 2%～4%的浓硫酸，保温搅拌静置一段时间，待模料与水分离，过滤取出液态模料，再倒入 70～80 ℃热水中搅拌去除残余酸，至模料液澄清为止。判断模料是否处理完毕，可测定回收处理后模料的 pH，并将它与新模料的 pH 进行比较，两者相等则说明皂化物已全部被还原为硬脂酸，如处理后模料 pH 偏低，则表明处理尚不彻底。值得注意的是，上述化学反应是可逆反应，因此不能将硬脂酸盐（如硬脂酸铁）完全去除干净。所以，生产中应防止模料生成硬脂酸铁而变红。预防措施主要是使用不锈钢或有保护层的碳钢槽作为化蜡、脱蜡槽，不让模料与碳钢直接接触，防止高温时出现硬脂酸与铁的反应。采用石蜡硬脂酸模料的工厂通常自行对模料回收，并适量地加入原模料质量 5%～20%的新模料以重新使用。石蜡硬脂酸模料可以长期反复使用，采用上述回收及再生措施可使模料的使用长达 40～50 年，而性能仍然保持得较好。

(2)活性白土处理法。

活性白土又称为漂白土，主要是硅氧四面体和铝氧八面体交叉成层结构，具有较强的吸附能力，能够吸附模料中的硬脂酸盐（如硬脂酸铁）。此法适用于模料中硬脂酸铁较多的情况，是酸处理法的补充。但所得的回收蜡中残留的漂白土不易除净，故应用受到一定限制。

(3)电解回收法。

将含有硬脂酸铁的模料放入装有盐酸的电解槽中，通上一定电压，可在阳极上析出氧化能力很强的初生态的氯，从硬脂酸铁中夺取 Fe^{3+} 形成 $FeCl_3$，目的是去除模料中的硬脂酸铁。同时在阴极上析出还原性极强的初生态氢，将 Fe^{3+} 还原为 $FeCl_2$ 中的 Fe^{2+}，由于

$FeCl_2$在水中的溶解度很大，能从模料进入盐酸溶液，使模料得到净化。

2. 松香基模料的回收

松香基模料在使用过程中会有某些组分因加热挥发分解，从而树脂化和碳化，还会混入水分、粉尘和砂粒等。如采用蒸气脱蜡后的旧模料常会含质量分数为5%～15%的水，0.5%的粉尘和砂粒。回收的主要任务是去除模料中的水分、粉尘和砂粒。比如，国外有专业模料处理厂进行模料的回收和再生。

处理时将液态模料先放置在水分蒸发槽中，在120 ℃下使模料中的水分蒸发干净，再经过离心分离器从模料中排除杂质，经检查模料的灰分、针入度、强度和熔点合格后，即可重复使用。如用来制造浇道，则处理后的模料可直接使用；如用来制造铸件，则需在模料中加入原模料质量20%～30%的新模料。由于松香基模料黏度高于蜡基模料，要分离模料中的夹杂物就需较高的温度和较长的时间。提高处理的温度可降低模料黏度，以利于夹杂物的去除，并缩短处理对间。但提高温度会使松香基模料中其他成分易被氧化，从而增加其脆性、恶化性能，因此处理温度应适当。目前这类模料回收处理有两种流程，第一种为静置脱水—搅拌蒸发脱水—静置去污；第二种是快速蒸发脱水—搅拌蒸发脱水—静置去污。比较起来，第二种流程中的快速蒸发脱水温度高，模料易变质，建议采用第一种回收处理流程。第一种模料回收处理工艺及设备见表1.1。

表1.1 第一种模料回收处理工艺及设备

工序名称	设备	操作要点	备注
静置脱水	静置桶	温度<90 ℃、时间4～8 h	静置完毕把沉淀水放掉
搅拌蒸发脱水	除水桶	搅拌温度<100 ℃、时间>12 h	蜡液表面无泡沫即可停止搅拌，蜡液经60号筛过滤后开始静止去污
静置去污	静置桶	温度<90 ℃、时间>12 h	定期放掉底部污物

1.2.5 熔模的制造、组装与清洗

熔模的制造是熔模铸造工艺的核心环节之一，优质的熔模是获得优质铸件的前提。铸件尺寸精度和表面粗糙度首先取决于模样的制备水平，制模材料性能、压型质量及制模工艺则直接影响熔模的质量。

1. 熔模的制造

(1)制模方法。

目前生产中，大多采用把糊状模料压入压型的方法制造熔模。压制熔模之前，需先在压型表面涂抹薄层分型剂，以便从压型中取出熔模。压制蜡基模料时，分型剂可为机油、松节油等；压制松香基模料时，常以麻油和酒精的混合液或硅油作分型剂。分型剂层越薄越好，使熔模能更好地复制压型的表面，提高熔模的表面光洁度。模料压注成形是生产熔模最常用的方法。目前，国内大多数熔模铸造工厂都采用商品模料，在0.2～0.3 MPa低压下或用手工压制易熔模。还有部分厂家采用收缩小、强度高的优质模料，在恒温条件下，在较高压下压制光亮、精确的易熔模，在制作高精度铸件时甚至使用液态压蜡方法制

作易熔模。压制熔模的方法有柱塞加压法、活塞加压法和气压法三种。图 1.5～1.7 是三种压制熔模方法的示意图。

①柱塞加压法。柱塞加压法如图 1.5 所示，抽出柱塞，从压料筒上口将模料装入压料筒，手工压注使模料压制成形，也可以通过台式钻床给柱塞加压进行压注。此种方法简单易行，设备简单，适合小规模生产压注糊状蜡基模料。

②活塞加压法。活塞加压法利用了活塞压注模料的过程，台式压力机利用压缩空气作为动力，将气缸中的活塞下压，压杆施力于压注活塞上，把模料注入压型，如图 1.6 所示。此种方法适用于小规模松香基模料的压注成形。

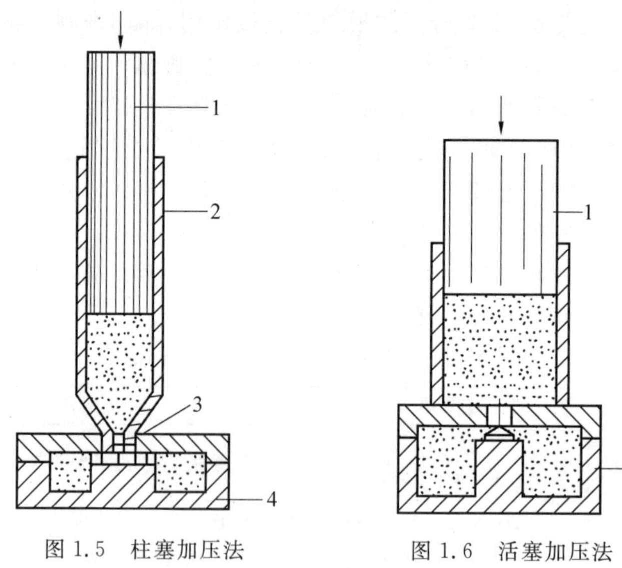

图 1.5 柱塞加压法

1—柱塞；2—压料筒；3—注蜡口；4—压型

图 1.6 活塞加压法

1—活塞；2—压型

③气压法。气压法如图 1.7 所示，将模料放置在通入 0.2～0.3 MPa 压缩空气的密封保温压力罐中，模料经保温导管压向注料头。制造熔模时，只需将注料头的嘴压在压型的注料口上，注料头内通道打开，模料自动进入压型，适用于压注蜡基模料。装备简单操作容易，效率高，使用广泛。

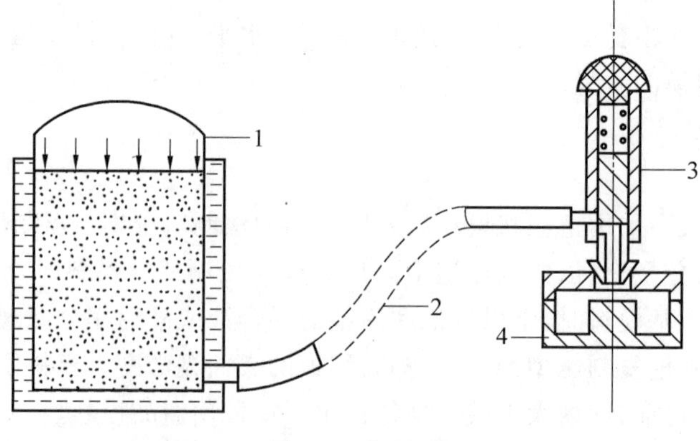

图 1.7 气压法

1—密封保温压力罐；2—导管；3—注料头；4—压型

(2)制模设备及参数。

制模设备包括蜡枪和压蜡机,压蜡机又可分为气动压蜡机和液压压蜡机。蜡枪主要适合于手工压蜡,如 45～48 ℃膏状石蜡硬脂酸流动性好,可用蜡枪手工压制,也可以用气动压蜡机(压缩空气 0.3～0.5 MPa)压制;而液压压蜡机相对来说压射力大(2.5～15 MPa),更适合压制黏稠的松香基模料,且整机体积小、结构紧凑,应用较广泛。

在熔模铸造生产中,必须根据模料的各项性能和铸件的综合要求合理制订制模工艺,在制备熔模时,应按照工艺规范,准确控制压注的各项参数,包括模料温度(压蜡温度)、压型温度、压注压力和保压时间等。压蜡温度对熔模表面粗糙度影响较大,压蜡温度越高,表面粗糙度越低,收缩率越大,熔模表面越容易缩陷;压蜡温度越低,则表面粗糙度越高。因此保证正常充型情况下,尽可能采用低的压蜡温度,以减少模料的收缩,提高熔模的尺寸精度。压型温度过高,会使熔模在压型中冷却缓慢,不但生产率降低,而且还易产生变形、缩陷等缺陷;压型温度过低则使熔模的冷却速度过快,降低熔模的表面质量,或产生冷隔、浇不足等缺陷,且易在局部出现裂纹。压注压力由模料的性能、压蜡温度、压型温度及熔模结构等因素决定。压注压力过低,则熔模易产生缩陷、冷隔等缺陷。过于黏稠的模料需要较高的压注压力,但压注压力过大又会使熔模表面不光滑产生鼓泡等(熔模表皮下气泡膨胀),甚至会产生熔模飞溅。模料在充满压型的型腔后,保压时间越长,熔模的线收缩率越小。保压时间的长短取决于压蜡温度、熔模壁厚及冷却条件等。若保压时间很短即从压型中取出熔模,其表面会出现鼓泡,但保压时间过长又会降低生产效率。

2. 熔模的组装

熔模的组装是把形成铸件的合格熔模和形成浇冒口系统的熔模组装成整体模组的过程,主要有焊接法、黏结法和机械组装法三种方法。前两种方法虽劳动强度较大、效率较低,但简便灵活、应用较广泛。其中焊接法应用最广。

(1)焊接法。

生产中一般采用将铸件熔模与浇注系统熔模连接处局部或单个熔模与熔模连接处加热熔化的方法,使接触面黏结达到焊接在一起的目的。使用的工具有酒精灯烧的热刀片、电烙铁、低压电热刀片等,其中低压电热刀片使用较方便、安全可靠。

(2)黏结法。

把两个拟组合的熔模的结合处做出卯榫结构,即在一个熔模上做出凹陷的卯眼,另一熔模相对处做成突出的榫头,并在卯眼和榫头上涂抹黏结剂,将榫头插入卯眼中,即可实现黏结。

(3)机械组装法。

在大量生产小型熔模铸件时,国外已广泛采用机械组装法组合模组,采用此种模组可使模组组合和效率大大提高,工作条件也得到了改善。

3. 熔模的清洗

为了清除熔模表面附着的蜡削末、脱模剂等,提高涂料对模组的润湿性,熔模及浇注系统在制模组和涂挂前必须进行清洗,常用熔模清洗剂及使用方法见表 1.2。

表 1.2 常用熔模清洗剂及使用方法

清洗剂类别	组成	清洗温度/℃	清洗方法
乙醇基清洗剂	体积分数为 50%的工业乙醇＋体积分数为 50%的水	22～25	在清洗剂中清洗 3～5 s，清洗后在 22～25 ℃的清水中擦洗数遍后晾干
肥皂水清洗剂	质量分数为 0.5%的肥皂水		
复合清洗剂	质量分数为 70%的三氯乙烷＋质量分数为 30%的工业乙醇或纯丁酮		

1.3 型壳的制造

熔模铸造的铸型可分为实体型壳和多层型壳两种，目前普遍采用的是多层型壳。将模组浸涂耐火涂料后，撒上粉状耐火材料，再经干燥、硬化，如此反复多次，使耐火涂挂层达到需要的厚度为止，通常将其放置一段时间，使其充分硬化，然后熔去模组，便得到多层型壳。多层型壳有的需要装箱填砂，有的则不需要，经过焙烧后就可直接进行浇注。在熔失熔模时，型壳会受到体积正在增大的熔融模料的压力。在焙烧和浇注时，型壳各部分会产生相互牵制而又不均匀的膨胀收缩，金属还可能与型壳材料发生高温化学反应。因此，对型壳有一定的性能要求，型壳质量的好坏与黏结剂、耐火材料的组成密切相关，并关系到能否获得表面光滑、棱角清晰、尺寸精度高、内部质量好的铸件。

1.3.1 对型壳服役性能的要求

1. 强度

型壳需有足够的强度，使脱模、焙烧、浇注时及运输过程中承受外力而不致损坏和开裂。熔模铸造型壳在不同的工艺阶段有三种不同的强度指标，即常温强度、高温强度和残留强度。常温强度是指湿态强度，制壳阶段一般要求该强度适中，不易发生变形或破裂。高温强度是指浇注至凝固阶段的强度，不同金属材质对该强度的要求不尽相同。残留强度指浇注完成后清理阶段的强度，若残留强度过大，将增加脱壳清理的难度。此外，型壳内表面还应有一定强度，以抵抗浇注时金属液的冲刷，不让金属液渗入型壳内部。

2. 热震稳定性

型壳应能承受住温度剧烈变化而不开裂；需采用热膨胀量低且膨胀均匀的型壳；不与铸件发生反应；铸件表面应没有黏砂、麻点、氧化层和脱碳层等缺陷。

3. 高温稳定性

型壳表面耐火度要高；不能与液态金属发生物理化学反应，影响铸件表面质量；防止黏砂、麻点、氧化层和脱碳层等缺陷的发生。

4. 透气性

型腔内的气体应能够顺利排出。型壳透气性尤其是高温透气性直接关系到铸件成形能力和内部质量，但型壳高温透气性越好，对型壳强度越不利。

除上述因素，型壳的导热性、脱壳性等性能对铸件成形工艺过程也有较大影响。导热性和脱壳性有利于生产效率的提高。

1.3.2 制造型壳用耐火材料

制造型壳用的材料可分为两种类型，一种是用来直接形成型壳的，如耐火材料、黏结剂等；另一类是为了改善型壳的性能，简化操作，改善工艺用的材料，如熔剂、硬化剂、表面活性剂等辅助材料。

耐火材料必须要有高的耐火度和熔点；热膨胀性应尽可能小且均匀；具有高温化学稳定性；具有合理的粒度，保证型壳的致密度、强度和透气性。

目前熔模铸造中所用的耐火材料主要为硅石、石英玻璃和刚玉，以及铝一硅系耐火材料等，如耐火黏土、铝矾土等；有时也用锆英石、镁砂(MgO)等。

1. 硅石(SiO_2)

天然硅石经粉碎后的硅砂和硅石粉中 SiO_2 的质量分数大于 96%，耐火度高于 1 650 ℃。硅石矿在自然界储存量丰富，价格低廉，是熔模铸造中广泛使用的耐火材料。但硅石热膨胀系数大，尤其是在 573 ℃时由 β一石英转为 α一石英以及在 1 470 ℃由 α一磷石英转变为 β一方石英时线膨胀率会急剧增大，导致体积突然膨胀，使焙烧的型壳开裂，降低强度。但由于其型壳孔隙率较大，会部分抵消体积膨胀，加之其较高的耐火度，良好的化学稳定性，在生产碳素钢、低合金钢、铜合金熔模铸件时，常用作耐火材料。但对于高温合金、高铬、高锰钢铸件，它们所含的 Ni、Ti、Mn、Cr 等元素会与酸性的 SiO_2 发生反应，导致铸件表面形成麻点、黏砂和氧化等缺陷，所以不能用硅石来做型壳；此外，硅石粉尘对人体有害，生产中要采取防尘措施。

2. 石英玻璃

石英玻璃是非晶型 SiO_2 熔体，又称熔融石英，是用天然高纯度 SiO_2(质量分数大于 99%)经电阻炉或电弧炉在高于 1 760 ℃以上的温度熔融，随后快速冷却而得到的一种非晶态石英，有透明和不透明两种，熔点 1 713 ℃，热膨胀率很小，强度很高，热导率低，热膨胀率几乎是所有耐火材料中最低的，因此具有极高的热震稳定性，在型壳焙烧和浇注过程中很少发生破裂，且力学性能也很高。熔融石英在高温下会转变为方石英，铸件冷却时方石英又从高温型转变为低温型，同时体积突变，使型壳出现无数裂纹，强度剧降，有利于脱壳。但熔融石英价格较高。石英玻璃在国内外已被广泛用于各种合金的熔模铸造生产中，可作为面层或背层涂料用的耐火粉料及撒砂材料，并可用于陶瓷型芯中。熔模铸造用熔融石英，其中 SiO_2 的质量分数应为 99.5%，配涂料用的粉料最好是 270 目或 320 目细粉占 50%(质量分数)，200 目和 120 目细粉各占 25%(质量分数)。

3. 刚玉($\alpha-Al_2O_3$)

刚玉又名电熔刚玉，有白色和棕色之分。白刚玉是工业 Al_2O_3 在电弧炉内经 2 000 ℃以上高温熔融、冷却后破碎得到的；棕刚玉是铝矾土在电弧炉中经过融化还原，除去 SiO_2、Fe_2O_3 等杂质后得到的结晶体，冷却结晶成的锭块经破碎、挑选、加工筛选而得。白刚玉中 Al_2O_3 的质量分数超过 98.5%，而棕刚玉中 Al_2O_3 的质量分数低于白刚玉，为 93%～97%。两者都可以应用于耐火材料，在熔模铸造中白刚玉用得较多。

刚玉的熔点高(2 500 ℃),密度大,结构致密,属两性氧化物,高温下呈弱酸性或中性,抗酸、碱性强,有良好的化学稳定性,在氧化剂、还原剂或各种金属液的作用下都不发生变化。但刚玉价格昂贵,货源紧缺,目前仅用于高合金钢、高温合金及镁合金等铸件表面层制壳材料,也可用于制作陶瓷型芯。

4. 铝一硅系耐火材料

铝一硅系耐火材料是以 Al_2O_3 和 SiO_2 为基本化学组成的硅酸铝盐,在自然界蕴藏量很大,该类耐火材料的耐火度高,线膨胀系数比较小,热震稳定性和热化学稳定性都比较好,价格便宜,已成为国内外广泛采用的重要制壳材料。随着材料中 Al_2O_3 和 SiO_2 的含量不同,材料的组成也发生变化。硅酸铝盐材料按照 Al_2O_3 质量分数的不同可依次分为半硅质($w(Al_2O_3)=15\%\sim30\%$)、黏土质($w(Al_2O_3)=30\%\sim45\%$)和高铝质($w(Al_2O_3)>45\%$)三类。目前使用最广泛的是高岭石类熟料,它被广泛应用于制背层的耐火材料中。高岭石($Al_2O_3\cdot2SiO_2$)是高岭土的主要成分,高岭石类熟料是将高岭石经高温煅烧再破碎而制成的,其主要组成相为莫来石、玻璃相或少量的方石英,是一种线膨胀率很低的优良制壳耐火材料。我国高岭土的资源比较丰富。

5. 锆英石

锆英石又称硅酸锆,是天然存在的矿物材料,其分子式为 $ZrO_2\cdot SiO_2$ 或 $ZrSiO_4$,主要是酸性火成岩风化冲积在河床或海岸上与其他矿物沉积在一起而形成的,常含有少量 HfO、TiO_2 和其他稀土氧化物等杂质。因此锆英石需要提纯,导致价格较高。锆英石属四方晶系,密度变动范围大,热导率大,热膨胀系数较小,纯度高,热化学稳定性较好。它主要用于面层中,提高铸件表面质量;也可用于过渡层,作为涂料中耐火粉料和撒砂材料。

6. 特种耐火材料

在生产高活性金属合金铸件时,如生产钛合金和某些金属间化合物或单晶铸造合金等精密铸件时,常用的耐火材料因会与合金液发生反应,均不能作为面层型壳材料,而必须使用高温下化学性质非常稳定的特殊耐火材料。如美国研发的氧化钇和氧化锆基耐火材料,是经过二次重熔的以钙为稳定剂的氧化锆粉(ZrO 95.47%,CaO 3.75%),它的粒度分布宽并经严格控制,可以配制出粉液比高、黏度稳定的涂料浆,可与除碳酸锆铵(AZC)以外的大多数黏结剂配合,用于钛合金精铸型壳面层涂料。

人造石墨是由石油焦和沥青在高温下煅烧得到的,较低温度下在真空中与液态 Ti 不易反应,适用于钛合金的熔模铸造。此外钨粉的熔点很高,不与 Ti 反应,常用作面层涂料,具有较好的热稳定性。但钨粉质量大、成本高,激冷作用大,易产生冷隔缺陷,适用于尺寸精度高、表面光洁的大型复杂铸件的离心铸造。

特种耐火材料还有氧化物陶瓷材料,如 ZrO_2、CaO、MgO、Y_2O_3 和 ThO_2,其中,最常用的是 ZrO_2。CaO 虽然在真空中与 Ti 不易反应,但本身吸湿性强,限制了其工业应用;MgO 在生产要求不高的小型铸件中可以作为耐火材料使用;Y_2O_3 是与 Ti 共存稳定性最强的稀土氧化物,但价格昂贵,只在极少数钛合金铸件上应用;ThO_2 具有放射性,无法在工业上使用。

1.3.3 制造型壳用黏结剂

熔模铸造的型壳主要依靠耐火材料来提供耐火度,但如果是松散的耐火材料颗粒则并不能形成具有一定强度的型壳,因此还需要利用涂料将耐火颗粒结合成牢固的整体。而涂料是由粉状的耐火材料与黏结剂混制而成的。

制造型壳用黏结剂的要求至少有以下几点:①黏结剂具有较好的润湿性,能准确复制熔模外形获得表面光洁的型腔;②具有较好的高温化学稳定性,不与金属液、模料等相接触而发生化学反应;③黏结剂所形成的型壳具有足够强度,以承受各种应力而不被破坏;④方便储存,价格低廉,来源丰富。

用于型壳制作的黏结剂种类很多,常用的黏结剂主要有水玻璃、硅溶胶和硅酸乙酯等。型壳可以按所用黏结剂的不同分为水玻璃型壳、硅溶胶型壳、硅酸乙酯型壳和复合型壳。目前国内应用较为广泛的是硅溶胶型壳。

1. 水玻璃

水玻璃又称泡花碱,是可溶性碱金属的硅酸盐溶于水后形成的,基本组成是硅酸钠和水,硅酸钠是 SiO_2 与 Na_2O 以不同比例组成的多种化合物的混合物,其化学分子式可以写为 $Na_2O \cdot mSiO_2 \cdot nH_2O$。水玻璃的两个重要指标是模数(水玻璃中的 SiO_2 与 Na_2O 物质的量之比)和密度,它们对型壳的质量及制壳工艺有较大的影响。纯净的水玻璃是种无色透明的黏滞性溶液,含有杂质时则呈青灰色或淡黄色。水玻璃溶液呈碱性,其 pH 与模数有关。熔模铸造常用的水玻璃模数为 3.0～3.6,相对密度不超过 1.34～1.40 g/cm^3,密度间接表示了 $Na_2O \cdot mSiO_2$ 的浓度。其模数高,则型壳的湿态强度和高温强度高,在制壳工艺过程和型壳工作过程中型壳不易破损。但模数过高,则会使涂料的稳定性降低、易老化,制壳时涂层表面很易结皮而粘不上砂粒,导致型壳出现分层缺陷。且模数越高,在密度相同时水玻璃的黏度也越大,致使涂料的粉液比较低,影响型壳的表面质量及型壳强度。若水玻璃的模数过低,则可使型壳的强度下降。市售的水玻璃往往由于模数较低、密度较高,不能满足熔模铸造型壳制造的要求,因此,可以加酸、碱、氨水等进行调整。

水玻璃型壳黏结剂的优点在于成本低、硬化速度快、湿态强度高、制壳周期短等。缺点是表面质量差,尺寸精度不高。水玻璃型壳一般用于生产精度和表面粗糙度要求不高的铸件时大量使用,而在相对于近净形熔模铸造中用得较少。

2. 硅溶胶

硅溶胶是由无定形 SiO_2 的微小颗粒分散在水中而形成的稳定胶体溶液,具有清淡乳白色或稍带乳光,又称为胶体二氧化硅。常用的硅溶胶化学成分质量分数为:$w(SiO_2)=29\%\sim31\%$,$w(Na_2O)\leqslant0.5\%$,其余为水,密度为 1.20～1.22 g/cm^3,pH 为 9～10。硅溶胶是熔模铸造中常用的一种优质黏结剂。硅溶胶的制造一般是通过离子交换法将水玻璃中的钠去除而获得的。硅溶胶的主要物化参数有 SiO_2 含量、Na_2O 含量、密度、pH、黏度及胶粒直径等,它们与硅溶胶涂料和型壳性能关系密切。硅溶胶中 SiO_2 含量及密度都反映其胶体含量的多少,即黏结力的强弱。一般来说,硅溶胶中 SiO_2 含量越高,硅溶胶密度越高,则型壳强度越高;而 Na_2O 含量影响硅溶胶的 pH。它们都影响硅溶胶及其涂料的稳定性。硅溶胶的黏度反映其黏稠程度,将影响所配涂料的粉液比,黏度低的硅溶胶可配成高粉液比涂料,所制型壳表面粗糙度值低、强度较高。胶体粒子直径影响硅溶胶的稳定性和型壳强度。粒径越小,凝胶结构中胶粒接触点越多,凝胶致密,型壳强度越高,但溶胶稳定性越差。市售硅溶胶一般不做任何处理而直接配制涂料，但也有加水稀释降低SiO_2比例后使用的。表1.3为熔模铸造用硅溶胶技术要求。

表1.3 熔模铸造用硅溶胶技术要求

牌号	化学成分（质量分数）/%		物理性能			其他		
	$w(SiO_2)$	$w(Na_2O)$	密度/($g \cdot cm^{-3}$)	pH	运动黏度/($mm^2 \cdot s^{-1}$)	SiO_2胶粒直径/mm	外观	稳定期
GRJ－26	24～28	≤0.3	1.15～1.19	9～9.5	≤6	7～15	乳白色或淡青色，无外来杂质	≥1年
GRJ－30	29～30	≤0.5	1.20～1.22	9～10	≤8	9～20	乳白色或淡青色，无外来杂质	

硅溶胶杂质少，黏度低，使用方便，易配成高粉液比（耐火材料与黏结剂加入质量之比）的优质涂料，且涂料稳定性好。型壳制造时无须化学硬化，工序简单，环境卫生，所制型壳高温性能好，型壳有良好的高温强度及高温抗变形能力。但硅溶胶涂料对熔模润湿性差，需加表面活性剂改善涂料的涂挂性。另外，虽然硅溶胶型壳干燥速度慢，型壳湿强度较低，制壳周期长，影响了生产效率，但依然是一种优质的黏结剂。

3. 硅酸乙酯

硅酸乙酯是一种聚合物，分子式为$(C_2H_5O)_4Si$，是一种无色透明液体，密度为0.934 g/cm^3，具有特有的酯味。硅酸乙酯本身不是溶胶，并不能作为黏结剂，需经水解反应后成为硅酸乙酯水解液才能使用。硅酸乙酯水解液的原材料主要有硅酸乙酯、溶剂酒精、催化剂盐酸和水。国内生产的硅酸乙酯大多含有质量分数为30%～34%的SiO_2，故称为硅酸乙酯32，国外广泛采用的是硅酸乙酯40。

硅酸乙酯水解液是优质的黏结剂，相比硅溶胶水基黏结剂，它属于醇基黏结剂，表面张力低，黏度小，对模料的润湿性更好。所制型壳耐火度高，尺寸稳定，所配涂料粉液比高，高温时变形及开裂的倾向性小，表面粗糙度低，铸件表面质量好，型壳干燥硬化较硅溶胶的制壳周期短，但主要缺点是价格昂贵，通过NH_3催化凝胶对环境有一定污染。

虽然水玻璃、硅溶胶和硅酸乙酯等是熔模铸造常用的黏结剂，但不能用作钛合金熔模铸造型壳的材料，尤其是面层涂料。如前所述，主要是因为在真空和高温下钛合金和SiO_2会发生化学反应，对于面层，需要的是比SiO_2更稳定的氧化物（如ZrO_2、CaO和Y_2O_3等）黏结剂。

1.3.4 制造型壳用涂料

将耐火粉料和黏结剂按照工艺要求均匀混在一起即为涂料。涂料分为面层和背层涂料。为了较好地润湿模组，对于表面张力较大的水玻璃和硅溶胶面层涂料中常需加入一些表面活性剂（如十二烷基苯磺酸钠，即洗衣粉的主要成分）。表面活性剂的分子一般由两种性质不同的原子基团组成，一种是非极性的亲油基团，另一种是极性的亲水基团。两种基团各处于一个分子的两端，形成不对称结构。因此，表面活性剂分子是既亲水又亲油的双亲分子。通过表面活性剂的作用,涂料就易覆盖在蜡模表面。表面活性剂会在搅拌时产生气泡,使涂料黏度增加,导致铸件表面形成铁豆,因此还要加入消泡剂(如正辛醇、异戊醇等)。

面层涂料的特点是:直接接触金属液,不与金属液反应,能够形成平整致密的型壳内表面,保证铸件表面质量。背层涂料的特点是:不接触金属液,层数多,为型壳主体,保证型壳强度、铸件的顺利成型和铸件精度。

涂料的配制是保证涂料质量的重要一环,配制通常在有搅拌器的容器中进行,在搅拌时将粉料慢慢加入黏结剂中,粉料加完后继续搅拌 0.5~3 h,让各组分均匀分散,相互充分混合和润湿。由于硅酸乙酯水解液对粉料的润湿性好,加粉后的搅拌时间可以缩短至0.5~1 h,向涂料中加入表面活性剂时,应先将其溶解成溶液再加入涂料,涂料混制好后应静置一段时间待其中的气体排出,黏度逐步稳定后再使用,一般静置时间大于2 h。

为控制涂料的性能,需做多项性能测定,如黏度、密度、温度及 pH 等。其中涂料黏度是主要的控制性能指标。生产中常用流杯黏度计来测定涂料黏度。根据流杯中 100 mL 涂料的流空时间来评估涂料的稀稠程度,在一定程度上也反映了涂料的粉液比。

涂料的配制常采用的设备有高速搅拌机和 L 型慢速搅拌机(连续式沾浆机)。配制水玻璃涂料常采用高速搅拌机;配制硅溶胶涂料常采用 L 型慢速搅拌机,如图 1.8 所示,涂料桶慢速转动,L 形棒不动,搅拌涂料。L 型慢速搅拌机常用作涂料制备后暂时储存的容器,也用作现场涂挂及容纳涂料的容器。

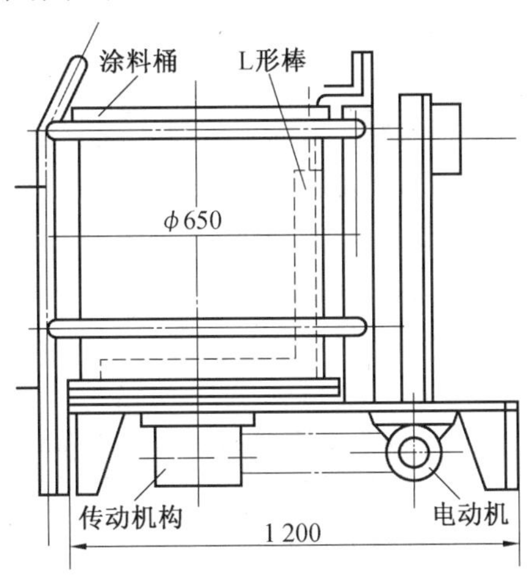

图 1.8 L 型慢速搅拌机

1.3.5 制壳工艺

熔模铸造采用的铸型常称型壳,目前广泛采用的是多层型壳。在生产薄壁铸件或要求铸型有一定温度的高温合金铸件时,为加固型壳,可将多层型壳置于有底砂箱内,填干砂造型,形成干法实体型壳使用。制造多层型壳常规工艺流程是先制 1~2 层面层型壳,然后制 3~6 层背层型壳(加固层),最后做一层封闭层(只上涂料不撒砂)。

制壳过程中的主要工序如下。

1. 模组的除油和脱脂

在采用蜡基模料制熔模时，为了提高涂料对模组表面的润湿能力，需将模组表面的油污除去，故在涂挂涂料前，先要将模组浸泡在含有中性肥皂片或表面活性剂（如烷基苯磺钠、洗衣粉）的水溶液中，中性肥皂片在水溶液中的质量分数为 0.2%～0.3%，而表面活性剂的质量分数约为 0.5%。模组自浸泡液中取出即可涂挂涂料或稍晾干后可涂挂模料。

用硅酸乙酯涂挂树脂基模组时，由于它们之间能够很好地润湿，故可省略此工序。

2. 挂涂料和撒砂

挂涂料以前，应先把涂料搅拌均匀，尽可能减少涂料桶中耐火材料的沉淀，调整好涂料的黏度和密度。如熔模上有小的孔、槽，则面层涂料（涂第一、二层型壳用）的黏度和密度应较小，以使涂料能很好地填充和润湿这些部位。挂涂料一般采用浸渍法，把模组浸泡在涂料中，左右上下摇晃、转动，使涂料充分地润湿模组，并均匀覆盖模组表面，模组上不应有局部涂料堆积和缺料的现象，且不包裹气泡。为了改善涂料的涂挂质量，可用毛笔涂刷模组表面，涂料涂好后，即可进行撒砂。

撒砂是指涂挂涂料后在涂料层外面粘上一层粒状耐火材料（耐火砂料）的过程，其目的是为了迅速增厚型壳，提高其强度，使下一层涂料与前一层很好地黏合在一起，但多层型壳在以后工序中可能会由于型壳干燥、收缩膨胀不均匀等原因产生应力。撒砂方法主要有两种：雨淋法和沸腾法。雨淋法撒砂是使耐火砂料像雨点似地从高处掉在涂有涂料并且缓慢旋转的模组上，使砂粒能均匀地黏附在涂料层上。沸腾法撒砂是将粒状耐火材料放在容器中，自容器下部送入压缩空气或鼓风，空气经过毛毡把上部的砂层均匀吹起，使砂料沸腾起来。撒砂时只需将涂有涂料的模组浸入流态化的砂层中，耐火砂料便能均匀地粘在涂料表面。

生产小型铸件时，涂料撒砂层为 5～6 层，而大型铸件可为 6～9 层。第一、二层即最靠近铸件的表面层型壳所用砂的粒度较细，一般为 40～100 目，而越往外的撒砂层（加固层）所用砂的粒度较大，一般为 6～40 目。

3. 型壳干燥和硬化

每涂挂一层涂料和撒一层砂之后，都需要对这一层型壳进行干燥和硬化，促使其中的黏结剂转变成凝胶，把耐火材料牢固地黏结在一起，使型壳层具有足够的强度。对于不同的黏结剂涂料，其干燥、硬化的机理和方法均不相同。

（1）水玻璃型壳的干燥和硬化。

水玻璃型壳一般采用先自然干燥，后化学硬化的工艺。其中面层型壳先干燥再硬化，背层型壳可以不用干燥直接在挂涂料和撒砂后硬化。硬化工艺所使用的硬化剂通常采用 NH_4Cl 溶液，将型壳浸泡在一定温度和浓度的 NH_4Cl 溶液中，从黏结剂中析出硅胶，硅胶凝聚使涂料硬化，将硬化后的型壳置于空气中干燥 10～30 min，使型壳表面干燥一些，氨味散去，再涂挂下一层型壳。该工艺的主要优点是：NH_4Cl 溶液渗透性强，硬化速度快；缺点是高温强度较低，NH_3 具有刺激气味和腐蚀性。此外，其他硬化剂还有聚合氯化铝溶液、结晶氯化铝溶液及混合硬化剂。

（2）硅溶胶型壳的干燥和硬化。

硅溶胶型壳的干燥和硬化主要是指水分的挥发和干燥，无须硬化剂的加入。随着硅溶胶浓度的增加，胶粒碰撞概率增加，溶胶便发生胶凝而形成凝胶，涂料硬化。硬化时间较长，需 10～24 h。

(3)硅酸乙酯水解液型壳的干燥和硬化。

硅酸乙酯水解液型壳的干燥硬化的过程主要是基于涂料中溶剂（如乙醇、丙酮等）的挥发，浓度提高易于缩聚，硅酸乙酯继续水解，缩聚成凝胶。工艺过程主要为空气中自然干燥（30～240 min）或吹热风 2 h，再将 NH_3 通入 30～40 min，也可以不通 NH_3 单独进行空气干燥。

(4)型壳的交替硬化。

水玻璃、硅溶胶、硅酸乙酯的 pH 不同，可以用交替涂挂不同黏结剂涂料的方法，促使不同 pH 涂料相互接触，相互改变 pH 而破坏稳定状态，促使型壳硬化。如硅酸乙酯水解液涂料和硅溶胶涂料的交替制壳硬化，与水玻璃涂料交替制壳硬化，能够取长补短，得到综合条件较好的工艺和型壳。这种型壳可称为复合型壳，具体工艺一般在型壳表面处1～2层采用性能较好的黏结剂涂料，而外面的加固层则采用另外一种黏结剂涂料而获得的型壳。采用复合型壳的目的在于扬长避短，各尽所能，提高综合性能并降低成本。复合型壳有硅溶胶－水玻璃复合型壳、硅酸乙酯－水玻璃复合型壳、硅溶胶－硅酸乙酯复合型壳等。生产中常用硅溶胶－水玻璃复合型壳，即面层型壳采用硅溶胶涂料，而加固层型壳采用水玻璃涂料。由于水玻璃型壳的表面质量不高，所生产的熔模铸件表面粗糙度较高，而硅溶胶型壳的铸件表面粗糙度较低，因此采用复合型壳既提高了铸件的表面质量，又可降低生产成本。

4. 型壳脱蜡

型壳干燥硬化后，需要从型壳中除去模组，形成型腔，因模组常采用蜡基模料制作，故将从型壳脱除模组的过程称为脱蜡，脱蜡是熔模铸造的主要工序之一。由于蜡基模料的熔点不高，因此脱蜡方法主要是加热。根据加热方式的不同，可将其分为热水法和高压蒸气法。

热水法是将带有模组的型壳浸入高于 95 ℃而不沸腾的热水中，使熔模熔化，模料从浇口处排出。此法普遍用于蜡基模料模组的熔化脱蜡。在水玻璃型壳工艺中采用热水脱蜡法，可以在水中加入少量 NH_4Cl 使型壳进一步硬化。

高压蒸汽法是将模组浇口朝下放入密闭的高压釜中，通以温度为 150 ℃、压力为 350～600 kPa 的蒸汽，使模料熔化自浇口处流出。此法国内外应用较广，既可以用于松香基模料的脱蜡，也可以用于蜡基模料的脱蜡。

脱蜡时熔模被型壳包裹在内部，而熔模的热膨胀系数大于型壳的热膨胀系数，如果长期缓慢加热，熔模不能尽快顺利脱除，型壳因受到熔模的胀力，可能会被胀裂。因此熔模铸造脱蜡的要点是高温快速脱蜡，以确保型壳在脱蜡过程中不开裂。

5. 型壳焙烧

对于一般精度要求的铸件来说，脱蜡后的型壳强度足够，可以直接放入焙烧炉中进行高温焙烧。但对于精度要求较高的铸件，为保证型壳抵抗高温金属液浇注，常需要将型壳装入有填充物（如黏土、硅砂等）的箱中，再进行焙烧。

型壳焙烧的目的首先是去除型壳中的挥发物，如水分、残余蜡料、盐分、皂化物等，从而防止气孔、漏壳、浇不足等缺陷的产生。同时，经高温焙烧，可以进一步提高型壳强度和透气性，并达到适当的待浇注温度。焙烧良好的型壳表面呈白色或浅色，出炉时不冒黑烟。反复焙烧型壳会使型壳强度下降，故一般不能反复焙烧型壳。对于水玻璃型壳，因其型壳高温强度低，一般焙烧温度为800～900 ℃，保温0.5～2 h；硅溶胶或硅酸乙酯型壳焙烧时，焙烧温度常为950～1 100 ℃，保温0.5～2 h；对于复合型壳，其焙烧温度及保温时间与选用的复合黏结剂有关，视具体情况而定。型壳焙烧保温后，降到工艺制定温度保温待浇注。在浇注薄壁铸件时，可适当提高型壳的焙烧温度，以提高金属液的充型能力。

1.4 熔模铸件的浇注与清理

1.4.1 熔模铸件的浇注方法

1.热型重力浇注法

热型重力浇注法是最广泛的一种浇注方式，其过程是将型壳从焙烧炉中取出后，在高温下进行浇注。金属液浇入铸型后能够保持较高的流动性充型，充型能力强，因此能够很好地复制型腔的形状，提高铸件的尺寸精度。但热型重力浇注法会使铸件在铸型中冷却缓慢，导致铸件晶粒粗大，降低铸件的力学性能，对于碳钢铸件还会对其造成氧化和脱碳，影响了铸件的表面精度和质量。

浇注方式有转包浇注、熔炉直接浇注和翻转浇注。转包浇注是生产中最常用的方式；熔炉直接浇注针对浇注质量要求较高的小型精铸件；翻转浇注针对生产质量要求高，又含有Al、Ti、Nb等易被氧化元素的小型铸件，其浇注过程是将型壳倒扣在坩埚上，再将熔炉炉体缓慢匀速翻转，使钢液注入型壳中，如图1.9所示。

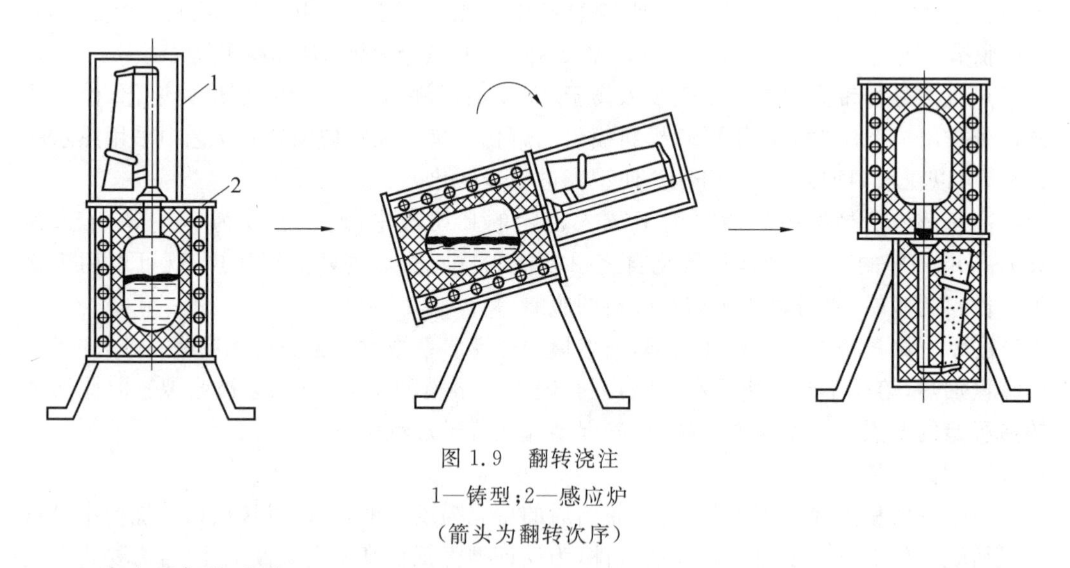

图1.9 翻转浇注

1—铸型；2—感应炉

（箭头为翻转次序）

2.真空吸气浇注法

将型壳放入真空浇注箱，抽真空使型壳内形成一定的负压，通过型壳中的微小空隙吸走型腔中的气体。金属液能够更好地填充型腔，复制型腔形状，提高铸件精度，防止出现气孔、浇不足等缺陷。

3. **真空吸铸法**

当铸件内浇道凝固后，去除真空，直浇道中未凝固的金属液靠自身重力回流至熔池中，如图 1.10 所示。这种浇注方法的优点是提高了合金液的充型能力，铸件最小壁厚可达 0.2 mm，同时减少气孔、夹渣等缺陷，可显著提高铸件的工艺出品率（>90%），特别适合生产质量要求较高的小型精细薄壁铸件。

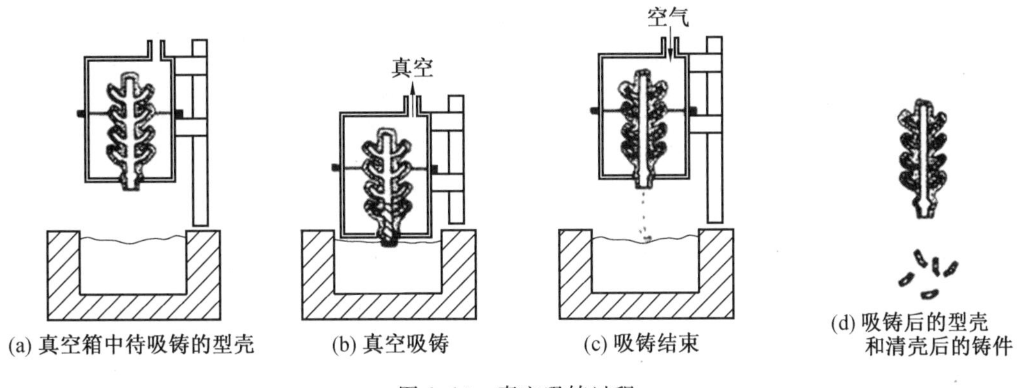

图 1.10 真空吸铸过程

4. **离心浇注法**

为提高金属液的充型能力和铸件的致密度，常采用离心浇注法。航天用的钛合金熔模铸件几乎全部采用离心浇注进行生产。

5. **低压浇注法**

一般的熔模铸造型壳难以承受低压铸造时的保压压力，所以必须使用实体熔模铸型，即用耐火材料颗粒干法造型或湿法造型，或用熔模陶瓷型、熔模石膏型等来进行低压浇注。该法充型性好，铸件疏松较少。

6. **定向凝固**

熔模铸造生产航空发动机涡轮叶片时，需要采用定向凝固的技术手段来提高叶片力学性能，延长其服役寿命。其主要措施是在型壳浇注后建立一个单向散热的条件，促使金属液凝固保持只有一个方向，使金属的晶粒顺着叶片长度方向生长为柱状晶。浇注之前，将下部开口型壳放在感应加热石墨套筒中的水冷铜板上。当型壳被加热到一定过热温度时，向型壳内浇入金属液，通过铜板下的循环水将金属液结晶时所放出的热量带走，这时建立的温度梯度的方向是垂直方向，晶粒就按垂直于底座的方向向上生长。为保证凝固界面和界面前沿温度梯度的稳定，与此同时，自下而上地依次切断感应线圈的电源，使金属液结晶前沿总保持一定的温度梯度，保证晶体的顺利生长，最终得到的叶片全部由柱状晶组成。

1.4.2 熔模铸造浇注的工艺参数

熔模铸造浇注的工艺参数主要包括浇注温度、铸型温度和浇注速度。

1. 浇注温度

浇注温度主要取决于浇注合金种类和铸件结构，熔模铸造根据不同合金选择不同温度，见表1.4。浇注温度过高，铸件易产生缩孔缩松、热裂和脱碳等缺陷，同时还会引起金属氧化、组织粗大等缺陷，也易导致型壳在浇注时出现破裂等。浇注温度过低，金属液的流动性变差，充型能力下降，易产生冷隔、浇不足、夹渣、疏松等缺陷。当型腔较复杂、铸件壁厚较薄时，浇注温度应适当提高；而对于形状简单和壁厚大件的合金铸件，浇注温度应适当降低。

表1.4 几种合金常见浇注温度

合金种类	浇注温度/℃	合金种类	浇注温度/℃
铸铝	690～750	铸钢	1 530～1 580
铸镁	720～760	不锈钢	1 570～1 630
铸铜	1 080～1 200	高温合金	1 410～1 500

2. 铸型温度

熔模铸造浇注的最大特点是热型浇注。由于铸件的结构特点和合金种类不同，型壳的温度也有所不同。熔模铸造常用合金浇注时型壳温度的要求见表1.5。在较高的铸型温度下浇注有利于获得尺寸精确的铸件，并能有效地减少薄壁件和复杂结构件的热裂倾向。但由于铸型温度高，金属液冷却速度慢，易造成铸件晶粒粗大，因此，在保证合格铸件的前提下，应适当降低铸型温度。

表1.5 几种合金浇注时型壳温度的要求

合金种类	型壳温度/℃	合金种类	型壳温度/℃
铸铝	300～500	铸钢	700～900
铸铜	500～700	高温合金	800～1 050

3. 浇注速度

浇注速度通常依据铸件质量结构特点及合金特性确定，浇注速度过快，将使金属液产生飞溅，对型壳产生较大冲击，易造成跑火；浇注速度过低，易产生浇不足、冷隔等缺陷。若浇注时发生断流或不均匀，则易将气体氧化皮和杂质带入型腔形成铸造缺陷。因此，当浇注薄壁、复杂、有较大平面及型壳温度和浇注温度较低时，浇注速度要快些；对于形状简单、厚壁铸件及底注式浇注系统，应加大浇注速度，并随型腔内金属液增加而逐渐减少金属液流量。在浇注密度大、导热性好、易氧化类金属铸件时，金属液注入铸型过程中应保持平稳、连续；而对于密度小、易氧化的铝合金、镁合金，浇注速度要快些。

1.4.3 熔模铸件的清理

熔模铸件的清理主要包括以下几方面内容：从铸件上清除型壳，可以采用手锤、风锤、震击脱壳机、高压水等来清壳；自浇冒系统上取下铸件；去除铸件上黏附的耐火材料，通常采用化学及电化学清理法(如NaOH、KOH碱溶液清理法)；对于铸件热处理后的清理，如去除氧化皮等，可采用抛丸、喷砂清理、化学处理等表面处理方法。

1.5 熔模铸造的工艺设计

熔模铸造工艺设计是根据铸件结构、产量、质量要求和生产条件等要素，确定合理的工艺方案，并采取必要的工艺措施，保证生产正常进行，获得合格质量铸件的过程。熔模铸件的工艺设计任务与一般铸造工艺设计一样，主要包括铸件结构的工艺性设计、铸造工艺方案的确定、有关铸造工艺参数的选择、绘制铸件图、浇冒口系统的设计及模组结构的确定等。在确定工艺方案、工艺参数时（如熔模分型面、加工余量、铸造圆角、工艺肋等），除了部分具体数据由于熔模铸造工艺特点稍有不同以外，其设计原则与普通砂型铸造基本相同。因此，本节内容主要从铸件结构的工艺性设计与浇冒口系统的设计两方面进行介绍。

1.5.1 铸件结构的工艺性设计

铸件结构的工艺性对生产过程的简繁程度及铸件质量的影响极大，结构工艺设计不合理的铸件，不仅给生产带来二次困难，甚至潜伏着产生铸造缺陷的可能性。因此，工艺设计首先应分析铸件结构是否适合熔模铸造生产的要求，对存在的问题应采取哪些相应工艺技术措施等。熔模铸件结构设计总体原则应满足下列两个要求：①铸造工艺越简化越好；②铸件在成型过程中不易形成缺陷。

1. 为简化工艺对熔模铸件结构的要求

(1) 铸孔的设计要求。

铸件上的铸孔直径不能太小，深度不能太大，以便于制壳时涂料和砂粒能够顺利地填充到熔模上相应的孔洞中，形成合适的型腔，也便于铸件的清理。熔模铸造一般孔径为 2.5 ～ 3 mm，孔深 h 与孔径 d 之比值大于 5 的孔为通孔，而孔深 h 与孔径 d 之比为2.5 ～ 3.0 的孔为盲孔，盲孔一般不铸出。表 1.6 所示为熔模铸造最小铸出的孔径与深度。铸件的内腔和孔应尽可能平直，以便使用压型上的金属型芯直接形成熔模上的相应空腔。

表 1.6 熔模铸造最小铸出的孔径与深度

孔径 /mm	最大孔深 /mm		孔径 /mm	最大孔深 /mm	
	通孔	盲孔		通孔	盲孔
3 ～ 5	5 ～ 10	约 5	40 ～ 60	120 ～ 200	50 ～ 80
5 ～ 10	10 ～ 30	5 ～ 15	60 ～ 100	200 ～ 300	80 ～ 100
10 ～ 20	30 ～ 60	15 ～ 25	> 100	300 ～ 350	100 ～ 120
20 ～ 40	60 ～ 120	25 ～ 50	—	—	—

(2) 铸槽的设计要求。

熔模铸件上铸槽的宽度大于 2 mm，槽深为槽宽的 2 ～ 6 倍。槽越宽，槽深大于槽宽的倍数也越大。

2. 为使铸件不易形成缺陷对熔模铸件结构的要求

(1) 避免大平面。

熔模型壳在高温时强度较低，而大平板形的型壳更易变形，因此为防止夹砂、鼠尾等缺陷,熔模铸件上应尽可能避免大的平面。平面一般不应大于200 mm×200 mm。在必要时,可将大平面设计成曲面或阶梯形的平面;或在大平面上设工艺孔或工艺肋,以增大型壳刚度,如图1.11所示。

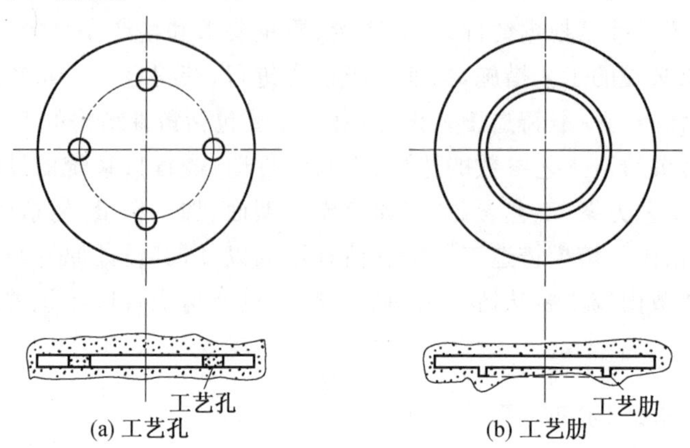

图1.11 铸件大平面上的工艺孔和工艺肋

(2) 铸造圆角。

一般情况下,为减少熔模和铸件的变形,减少热节,各转角处都应设计成圆角,壁厚不同的连接处应平缓地过渡,否则容易产生裂纹和缩孔、缩松等缺陷。铸件上的内、外圆角根据连接壁的壁厚按1 mm、2 mm、3 mm、5 mm、8 mm、10 mm、15 mm、20 mm、25 mm、30 mm、40 mm系列取值。

(3) 最小壁厚。

熔模铸造的型壳面层光洁,且一般为热型壳浇注,因此熔模铸件壁厚允许设计得较薄。而且熔模铸造一般不使用冷铁等工艺来调整铸件各部分的冷却速度,因此熔模铸件的壁厚分布应尽可能满足顺序凝固的要求,铸件壁厚应尽可能均匀,不要有分散的热节,以防止浇不足等缺陷,使用直浇道进行补缩。各种合金铸件均规定有可铸出的最小壁厚。表1.7所示为常见熔模铸件的最小铸出壁厚。

表1.7 常见熔模铸件的最小铸出壁厚

铸件材料	壁厚/mm				
	$L>10\sim50$	$L>50\sim100$	$L>100\sim200$	$L>200\sim350$	$L>350$
铸铁	1.0～1.5	1.5～2.0	2.0～2.5	2.5～3.0	3.0～3.5
碳钢	1.5～2.0	2.0～2.5	2.5～3.0	3.0～3.5	3.5～4.0
铝合金	1.5～2.0	2.0～2.5	2.5～3.0	3.0～3.5	3.5～4.0
镁合金	1.5～2.0	2.0～2.5	2.5～3.0	3.0～3.5	3.5～4.0
高温合金	0.6～0.9	0.8～1.5	1.0～2.0	—	—

注:L为铸件轮廓尺寸。

1.5.2 浇冒口系统的设计

1. 浇冒口系统的要求和作用

浇冒口系统在熔模铸造中不仅能引导金属液填充型腔,而且在铸件凝固过程中还能补缩铸件，在制壳过程中支撑型壳，脱蜡时作为脱蜡通道。

因此，对熔模铸造的浇冒口系统的要求如下：

① 兼作冒口的直浇道或横浇道应具有良好的补缩能力。

② 熔模需要足够的强度以保证在运输、挂涂料、制壳等过程中不断裂，通常把浇冒口系统作为夹持部位。

③ 结构力求简单，尽可能标准化、模块化，以便于制模、组装、制壳及清理切割。

④ 在脱模时，浇冒口系统作为脱模通道应便于模料熔化顺利排出。

⑤ 尽可能减少消耗在浇冒口系统中的金属液的比例，以提高工艺出品率。

2. 浇冒口系统的结构形式

浇冒口系统的结构形式有很多种，这里按组成来分类，介绍最常见的四种形式。

(1) 由浇口杯、直浇道和内浇道组成的浇注系统。

浇道兼有冒口的作用，可经内浇道补缩铸件上方的热节，故铸件的热节部位应尽可能与内浇道相连接。不同铸件在直浇道周围按不同的数目和层次分布着。此种浇注系统适用于生产小型铸件，操作简便，应用较广泛。

为保证直浇道有足够的补缩能力，根据生产经验，直浇道的断面积应为内浇道面积的1.4倍。直浇道直径为20～60 mm、高度为250～360 mm。为保证建立起有效的液体金属静压力，通常最上层的熔模与浇口杯顶面的距离不应小于60～100 mm。为减轻液体金属的冲击作用和避免产生飞溅现象，应使下层熔模内浇道离直浇道底部有10～20 mm的距离，先进入下层内浇道以下的直浇道部分的液体金属在此处起液垫作用。

(2) 带横浇道的浇冒口系统。带横浇道的浇冒口系统如图1.12所示。从图中可以看出，其横浇道可兼作冒口。

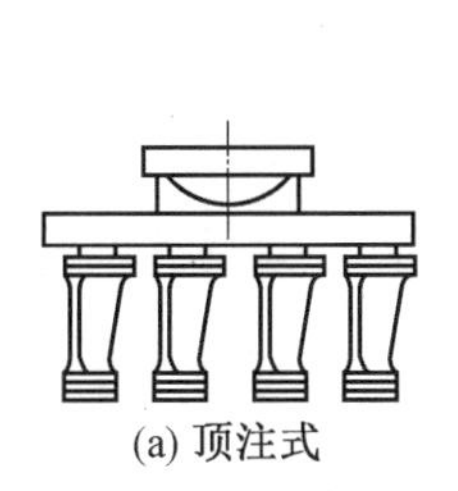

(a) 顶注式

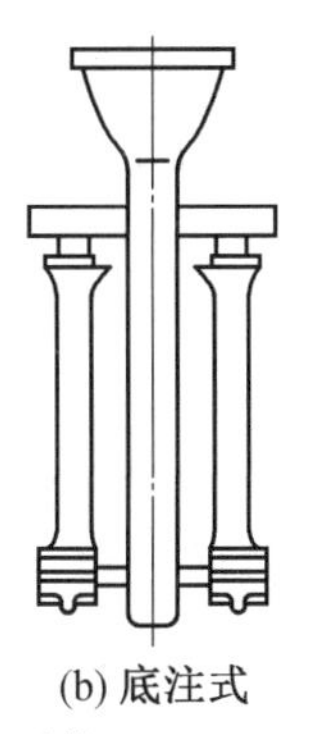

(b) 底注式

图1.12 带横浇道的浇冒口系统

(3) 由直浇道(或冒口)直接引入铸件的冒口系统。

如图1.13所示，整体铸造的涡轮外缘有14个叶片，液体金属由冒口引入铸件，球形冒口模数大，加上离心浇注，改善了填充和补缩能力，可以得到质量合格的铸件。

(4) 带专设补缩冒口的浇冒口系统。

对于中型、小型熔模铸件常用直浇道(横浇道)来实现补缩，一个模组有多个铸件；但对尺寸较大、形状复杂且又有多个热节的铸件，或质量要求高的铸件，需要三个铸件单独设置浇冒口系统。带有冒口的浇冒口系统如图1.14所示。冒口有顶冒口、侧冒口、明冒口、暗冒口几种形式。

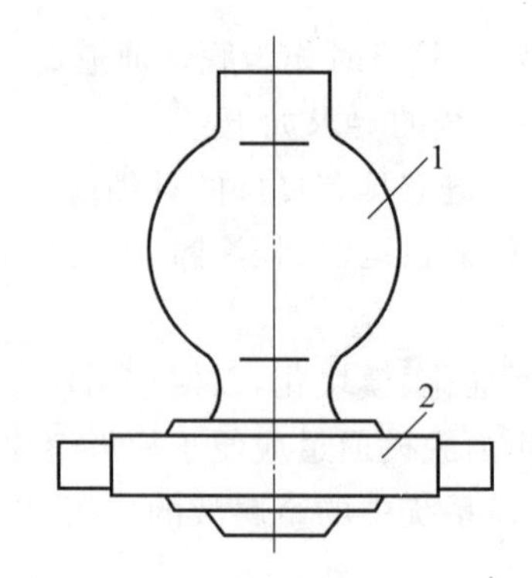

图 1.13 由冒口直接引入铸件的浇冒口系统

1— 冒口;2— 铸件

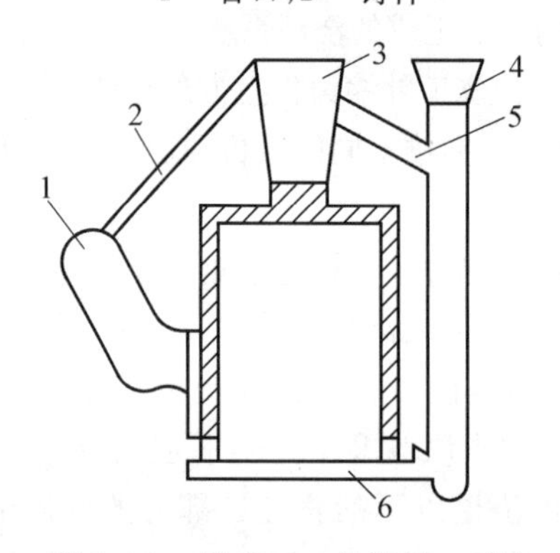

图 1.14 带有冒口的浇冒口系统

1— 暗冒口;2— 出气道;3— 明冒口;4— 浇口杯;5— 连接道;6— 横浇道

3.浇冒口系统尺寸的设计

① 内浇道应设在铸件的热节处,兼作冒口的直浇道断面积应大于它所补缩的铸件热节圆。常用的圆柱形直浇道直径为 20 ～ 60 mm,内浇道的长度一般小于 10 mm。内浇道的断面积可稍小于(0.7 ～ 0.9 倍) 与它相连的铸件热节断面积,因为浇注后的内浇道处金属散热条件差,凝固慢。最高一层铸件离浇口杯上缘的距离大于 65 ～ 100 mm,以保证这一部分铸件成型时有足够的金属压头来充型和凝固。直浇道的底部应比最低的内浇道口低 20 ～ 40 mm,以缓和浇注时金属液对型腔的冲击,也起到阻渣的作用。在模组设计中,应注意铸件在直浇道周围的分布不要太紧凑,使铸件之间的型壳太薄,升温过高,导致出现热节,引起收缩。

② 冒口的设计、计算与砂型铸造基本相同,可查阅相关资料。

4.设计浇冒口系统时的注意事项

① 浇冒口与铸件间的相互位置应尽可能创造铸件凝固冷却时的热变形和热应力最小的条件。如图 1.15 所示,由于冷却时两面的冷却条件不同,铸件本身又薄,故易出现如实线所示的变形。而铸件右侧虽然两面的冷却速度不一样,但它本身抗变形的刚度大,故不易变形。

② 浇冒口系统应保证模组有足够的强度,使模组在运输、涂挂时不会断裂。

③ 浇冒口系统和铸件在冷却发生线收缩时,要尽量互不妨碍。如铸件只有一个内浇

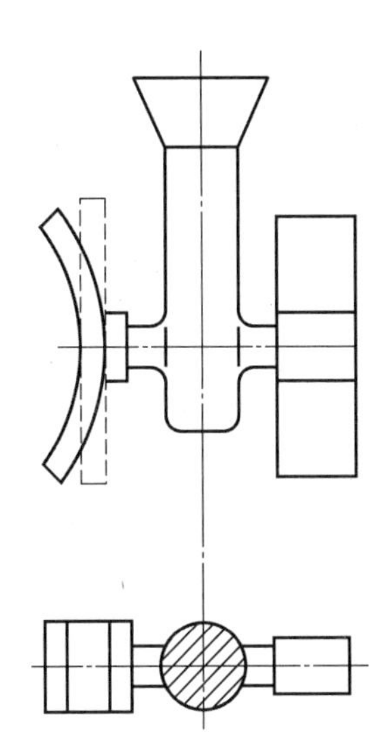

图 1.15 铸件变形示意图

道，问题并不大，但如果铸件有两个以上的内浇道，由于铸件的收缩速度与浇冒口系统不同，便会出现相互妨碍收缩的情况，易使铸件发生开裂或变形。

④ 为防止脱模时模料不易排出而产生型壳胀裂，以及便于浇注时气体的排出，在模组的相应处应设置排模料道和出气道。

⑤ 为了净化进入型腔的金属液，提高铸件材料的力学性能，在生产一些重要铸件时，应设置泡沫陶瓷过滤网。过滤网常设在型壳浇口杯的底部或直浇道底部，也可以设置在横浇道和内浇道。

1.6 压　　型

压型是制造熔模的模具。压型的型腔和型芯的尺寸精度及表面粗糙度直接影响熔模的尺寸精度和表面粗糙度，压型的结构会影响熔模的生产率及生产成本。压型的材料可以为金属(如易熔合金、钢、铜合金、铝合金等)，也可以为非金属(如石膏、塑料、橡胶等)，但根据压型制造方法的不同，可以分为机械加工压型和易熔合金、石膏、橡胶压型，具体生产时应根据生产条件、铸件的生产批量和精度要求加以选择。机械加工压型主要是指由钢、铝合金经机械加工制成，具有尺寸精度高、表面粗糙度低、使用寿命长(可达十万次以上)、导热性好、生产效率高等优点，但加工周期较长、成本较高，适用于大批量生产。易熔合金、石膏、橡胶压型是通过浇注方法制造的。

1.6.1 压型的基本结构

图 1.16 所示为常见的手工操作压型，它由上、下两个半型组成，共包括以下几个部分。

① 成形部分。成形部分包括型腔和型芯，它是压型的主体，直接影响熔模的质量。

② 定位机构。定位机构包括上、下压型的定位销、型芯限位的型芯销及活块的定位

机构，防止合型时发生错位。

③ 锁紧机构。在压制熔模之前需预先将压型各组成部分用锁紧机构连成一个整体，防止压制熔模时胀开，确保不错位、不跑出模料。锁紧机构一般采用螺栓 — 螺母(图 1.16 中 1、2) 或固定夹钳、活动套夹等。

④ 注蜡系统。注蜡系统包括注蜡口(图 1.16 中 4) 及内浇口(图 1.16 中 9)，模料从此进入型腔。

⑤ 排气槽。通常在型块或型块与型芯之间的接触面上开出深 0.3 ～ 0.5 mm 的排气槽，使型腔中的气体在压制熔模时能及时排出。

⑥ 起模机构。为便于熔模取出，除形状简单的熔模外均需设置起模机构。常见的起模机构有顶杆机构等。

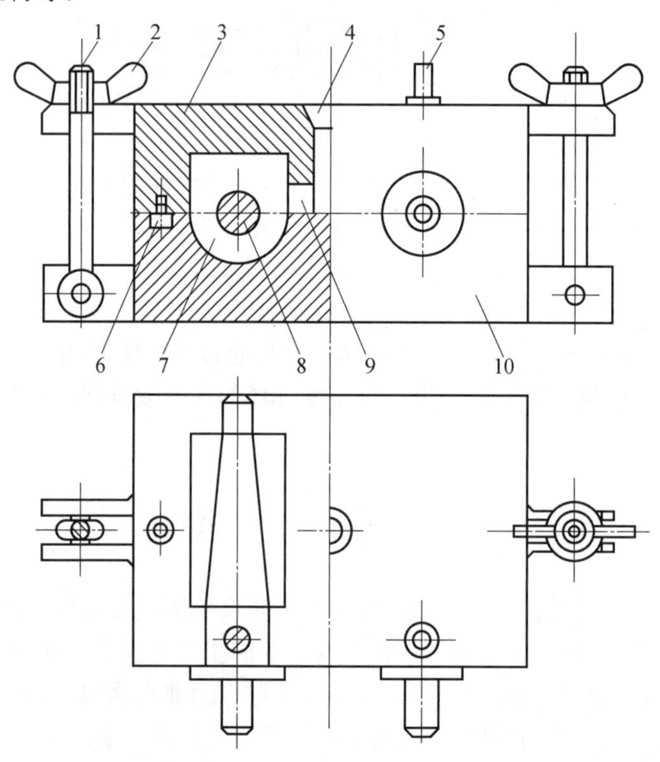

图 1.16　手工操作压型的基本结构

1— 调节螺栓；2— 蝶形螺母；3— 上压型；4— 注蜡口；5— 型芯销；6— 定位销；7— 型腔；8— 型芯；9— 内浇口；10— 下压型

1.6.2　压型型腔和型芯的尺寸设计

压型型腔和型芯的尺寸设计需要考虑熔模模料在制模到脱蜡制壳形成铸件整个过程中的尺寸变化，还有型壳在高温焙烧过程中以及在金属液中的凝固冷却收缩。因此在决定型腔工作尺寸时需要综合考虑铸件的综合收缩率和铸件尺寸精度要求等因素。主要考虑模料的平均线收缩率 ε_1、型壳的平均线膨胀率 ε_2，以及金属铸件的平均线收缩率 ε_3，以保证获得符合尺寸精度要求的合格铸件。具体计算式为

$$\varepsilon = \varepsilon_1 - \varepsilon_2 + \varepsilon_3 \tag{1.4}$$

式中，ε 为综合收缩率，%，可通过查表得出；ε_1 为模料收缩率，%；ε_2 为型壳的膨胀率（一般取负值），%；ε_3 为合金收缩率，%。

型腔或型芯尺寸 A_x 则可按下式确定：

$$A_x = (A + \varepsilon A) \pm \Delta A_x \tag{1.5}$$

式中，A 为铸件基本尺寸，mm；ΔA_x 为制造公差，mm。

制造公差由压型的制造精度等级决定。为使压型试制后留有修刮余地，型芯的制造公差取正值，型腔的制造公差取负值。

1.6.3 易熔合金、石膏、橡胶压型

易熔合金、石膏、橡胶压型均采用浇注方法制成。这类压型制造周期短、成本低，但压制的熔模精度和表面光洁程度以及生产效率要比机械加工压型低，压型使用寿命也短，故适用于单件或小批量和精度要求不高的铸件或艺术品铸件。

易熔合金、石膏、橡胶压型的制造过程很相似，以易熔合金压型的制造过程为例详细介绍它们的制造过程，如图 1.17 所示。在假箱上按熔模分型线放置母模，并涂好分型剂。母模可用金属材料或木质材料加工而成，形状与熔模相似。在假箱上安放型框和注模料口金属镶件（也可不放），并将熔好的低熔点合金（或用水混好的熟石膏浆料，或混合的塑料环氧树脂混合料）浇入框中做成假型，经凝固或烘干、硬化，去除假箱，再制造下半型。石膏压型做好后需要将上、下半型合型后继续干燥硬化，室温下的干燥时间为 145 ～ 170 h，或加热至 100 ～ 120 ℃ 干燥 2 h。对于塑料环氧树脂压型也需继续硬化，在室温下的硬化时间大于 24 h，也可将塑料模样逐步加热至 40 ～ 60 ℃，硬化 6 ～ 8 h，随后随炉冷却。

在上、下半型制成后，还需适当修整并在分型面上开设排气槽，压型才制造完成。

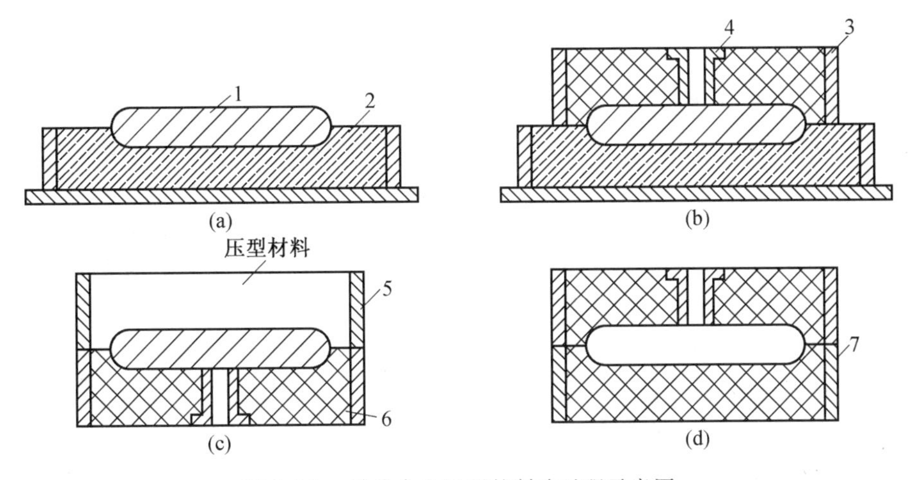

图 1.17 易熔合金压型的制造过程示意图

1— 母模；2— 假箱；3— 上型板；4— 注料口镶件；5— 下型框；
6— 上半压型；7— 装好的压型

1.7 熔模铸件常见缺陷及其预防措施

熔模铸造相对其他特种铸造而言工序较多，铸件多为精密件，质量要求高，因此铸件缺陷种类也多，如多肉类缺陷（如毛刺、飞边、金属刺、金属豆、鼓胀、跑火等）、孔洞类缺陷（如气孔、缩孔、缩松等）、裂纹冷隔类缺陷（如热裂、冷裂、冷隔、浇不足等）。本节简要介绍与熔模铸造工艺密切相关的主要常见缺陷特征、产生原因及预防措施。

1. 毛刺和飞边

毛刺和飞边是指铸件有突出于表面的毛刺，形状近直线或折线，通常位于铸件的边缘、转角、棱角处，有时也出现在平面上，形成毛刺飞边的主要原因是型壳开裂，金属液渗入开裂处。

预防的措施有：① 保证型壳强度，防止开裂；② 需要保证型壳原材料的质量、涂料质量，制壳工艺正确；③ 模组各处要均匀涂上涂料、撒砂，水玻璃型壳表面要干燥硬化。

2. 金属刺

金属刺是指铸件表面上有分散或密集的短小金属刺，也称为黄瓜刺。形成金属刺的主要原因是型壳面层不致密，有很多孔洞，在浇注时金属液钻入孔洞。型壳面层不致密的原因可能有：涂料与蜡料之间的润湿性差，在面层撒砂时涂料会被砂粒带起，形成孔洞；面层涂料的质量不合格；撒砂工艺不当。

预防措施有：① 清洗蜡模，在面层涂料中加入定量润湿剂和消泡剂；② 面层涂料黏度、粉液比、厚度合适，并充分搅拌回性；③ 面层撒砂砂度不要过大。

3. 金属豆

金属豆是指铸件表面有凸出的球形金属珠粒，常出现在铸件凹槽或拐角处。形成金属豆的主要原因是面层涂料含有气泡，或涂挂涂料不均匀，在凹槽或拐角处留有死角，浇注时金属液进入气泡中形成铸件表面的金属豆。

预防措施有：① 面层涂料中消泡剂比例不宜过低；② 涂料搅拌时防止气体进入；③ 涂料混制好后应静置一段时间待其中气体排出；④ 熔模脱脂改善润湿性；⑤ 不易涂挂的凹槽或拐角等部位可用毛笔再刷涂或压缩空气吹，使涂料能正常涂挂，不留死角。

4. 气孔

气孔是指铸件上存在光滑的孔洞缺陷，有时只在铸件个别部位，以单个或多个尺寸较大的孔存在，也称为集中气孔或侵入性气孔；有时有细小而分散或密集的光滑小圆孔，直径为 0.5 ~ 2.0 mm，在最后凝固处或整个断面处都有，又称分散性气孔或析出性气孔。气孔是熔模铸造中最常见的缺陷，产生的原因主要有：① 型壳焙烧不充分，使浇注时产生的气体进入金属液中，或型腔的气体未排出型壳外而侵入金属液中，总之是外界气体进入金属液所形成的侵入性气孔；② 金属液中所含的气体随着温度下降而溶解度下降，因此析出，但又未能在金属凝固前浮出，于是造成析出性气体。

预防措施有：① 型壳焙烧要充分；② 浇注时要平稳不断流、不卷气；改善型壳透气性，必要时要增设排气孔；③ 合理设置浇注系统；④ 使用干燥、无锈无油的熔炼炉料进行熔炼；⑤ 严格控制熔炼工艺，熔炼温度不要过高，时间不要过长，金属液面要有覆盖剂防止吸气,熔炼时脱氧要充分;⑥ 浇注前金属液应适当静置以排出气体。

5. 砂眼

砂眼是指铸件表面或内部存在充塞砂粒的孔眼。砂眼产生的原因主要是型壳的砂粒或其他砂粒因各种原因被带入型腔和金属液中。

预防措施有:① 浇口棒清理干净,不粘砂粒等杂物;② 模组焊接处无缝隙和沟槽;③ 脱蜡前型壳浇口杯边缘要修平并涂一层涂料;④ 热水脱蜡时水不要沸腾,防止沸水将砂粒带入型腔;⑤ 型壳焙烧时要防止杂物掉入型壳,如将型壳倒放进行焙烧;⑥ 浇注前应用压缩空气吸出型壳中的散砂。

6. 麻点

铸件表面局部有许多圆形浅层凹坑,一般出现在铸钢件上。麻点产生的原因主要是由于金属液中的氧化物(Cr_2O_3、MnO 等)与型壳材料(SiO_2、Fe_2O_3、FeO 等)发生化学反应,形成的产物以及其他小砂粒存在于铸件表面,形成凹坑。

预防措施有:① 防止和减少金属液氧化;② 合理选用型壳材料,不锈钢铸件用涂料使用的锆石粉要严格控制,必要时用刚玉粉;③ 适当降低浇注温度和型壳温度,加快铸件冷却速度。

第 2 章　消失模铸造

2.1 概　　述

消失模铸造是把涂有耐火材料的泡沫塑料模型置于砂箱中，模型四周用干砂填充振动紧实，抽真空条件下浇注，高温金属液使泡沫塑料模型热解消失，并占据模型所退出的空间，而最终凝固冷却后形成铸件的一种铸造方法。消失模铸造在国外称为 LFC(Lost Foam Casting) 或 EPC(Expandable Pattern Casting)，与其他传统铸造技术相比，消失模铸造技术具有无与伦比的优势地位。该法以铸件尺寸精度高、表面光洁、少污染等优点，被铸造界的权威人士称为"21 世纪的铸造工艺革命"和"最值得推广的绿色铸造技术"。消失模铸造是在实型铸造法和干砂实型铸造法的基础上发展起来的负压实型铸造法，因此，消失模铸造也称为实型铸造。

消失模铸造发展经历了实型铸造法、真空密封铸造法、干砂负压铸造法三个阶段，其中实型铸造法和干砂负压铸造法也是当前世界各地广泛使用的、已相互独立的两种铸造方法。实型铸造(Full Mold Casting，FMC) 法是用泡沫聚苯乙烯模代替铸模进行造型，其方法主要是用化学自硬砂造型，该法的工艺过程是将泡沫塑料制成的模样置入砂箱内填入造型材料后夯实，模样不取出，构成一个没有型腔的实体铸型，当金属液浇入铸型时，泡沫塑料模在高温金属液的作用下迅速汽化、燃烧而消失，金属液取代了原来泡沫塑料模样所占据的位置，冷却凝固成与模样形状相同的实型铸件。目前用化学自硬砂作为填充材料的实型法适用于生产单件中大型铸件。实型铸造法最早由 20 世纪 50 年代美国人 H. F. Shoyer 发明，并经德国开发后在工业上使用。1964 年，美国人 T. R. Smith 发表了使用无黏结剂的干砂造型生产消失模铸件的专利，但并没有得到广泛应用，工业上依然采用普通黏土砂和自硬砂来进行造型。1968 年，德国人 E. Kryzmowski 将砂箱内抽成负压进行浇注，取得了专利，即现在的消失模铸造。干砂负压铸造法(EPC 法) 是将真空密封铸造法与实型铸造法进行工艺嫁接而形成的一种新的铸造方法，因此它既保留了真空密封铸造法和实型铸造法的主要优点，又克服了它们各自的缺点和局限性。这不仅是实型铸造技术的新突破，更是实型铸造法的新发展。在干砂填充成型法基础上，采用负压浇注，不仅利用砂箱内外压差使干砂紧实，还保证了泡沫塑料模在真空下汽化，这样所产生的气体量大大减少，产生的气体也能被及时和有效地排放。由于金属液被浇注进入真空状态下的型腔，因此铸件表面精度很高，同时简化了造型操作，无须混砂工序，铸件容易落砂清理，仅有极少的粉尘污染，减少了气孔并根除了由黏结剂等添加物引起的铸造缺陷。该方法已成为消失模铸造的最重要方法。1982 年美国首先公布了世界上第一条生产复杂铝铸件的消失模铸造生产线。至此，消失模铸造作为一种全新的铸造工艺方法被应用于生产。消失模铸件的产量，达到整个铸件产量的近十分之一。美国通用公司发动机总成部将 EPC 法应用于汽车柴油机铝缸盖的大量生产，在田纳西州等地建厂生产缸体、球铁曲轴和凸轮轴等铸件，生产技术在世界上处于领先地位，接着福特及德国宝马、英国斯坦顿、北爱尔兰的美特倍、法国雪铁龙等公司先后建成消失模铸造生产线。

我国对消失模铸造基础和技术的应用研究开展得较晚，20 世纪 70 年代末，才开始进行消失模铸造的试验性研究，直到 20 世纪 90 年代，才开始进入工业应用，但近三十年发展进步较快，各研究所、研究机构、高等学校对消失模铸件成形基础理论做了大量研究工作，取得了部分适合我国国情的成果。我国已是世界铸造大国，其总产量占世界第一位，遥遥领先于各国。但是，由于我国铸造生产条件的特殊性及生产企业技术水平的特殊性，消失模铸件的质量与国外仍有一定差距。我国和美国相比，黑色金属差距较小，但在铝合金方面差距很大，其铸件质量和技术管理水平是今后发展的关键，在 EPC 生产方面尤为突出。我国的 EPC 生产发展空间很大，只要找到差距，抓住机遇，发挥我们自身的优势，经过长期的技术积累，不断总结交流经验，与时俱进，走自己独特的发展道路，今后在世界消失模铸造行业中必将占有举足轻重的地位。

2.1.1 消失模铸造的工艺流程

消失模铸造主要的工艺流程如图 2.1 所示。

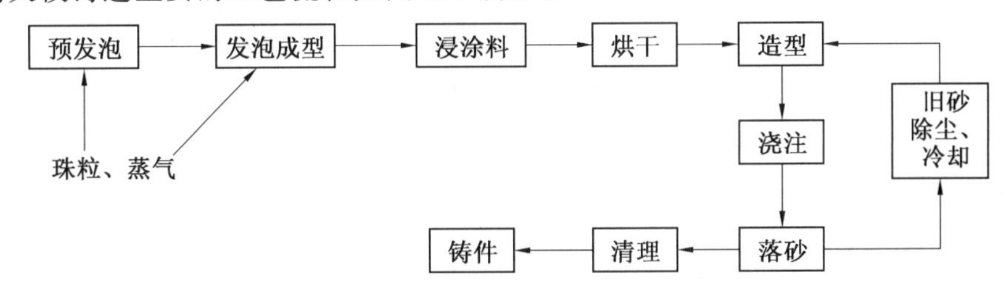

图 2.1 消失模铸造的工艺流程

2.1.2 消失模铸造特点

消失模铸造可分为两类：用板材加工成型的汽化模铸造和用模具发泡成形的消失模铸造。前者的主要特点是：模样不用模具成形，而是采用市售的泡沫板材，用数控加工机床分块制作，然后黏合而成；通常采用树脂砂或水玻璃砂作填充砂，也有人采用干砂负压造型。后者的主要特点是：模样在模具中成形；采用负压干砂造型；主要适用于中、小型铸件的大批量生产。

表 2.1 给出了消失模铸造工艺与传统砂型铸造工艺的区别，与传统砂型铸造工艺相比，消失模铸造有如下主要的不同点：

① 实型型腔：一个与铸件形状完全一致、尺寸大小只差金属收缩量的泡沫塑料模型保留在铸型内，形成实型铸型，而不是传统砂型的空腔铸型(即“空型”)。

② 干砂造型：其砂型为无黏结剂、无水分、无任何附加物的干石英砂。

③ 浇注置换：浇注时，泡沫塑料模型在高温液体金属作用下不断分解汽化，产生金属－模型的置换过程，制作一个铸件，就要消耗掉一个泡沫塑料模型，而不像传统“空型”铸造是金属液的填充过程。

④ 设计灵活：泡沫塑料模型可以分块成形再进行黏结组合，模型形状（即铸件形状）基本不受任何限制。

表 2.1　消失模铸造工艺与传统砂型铸造工艺的比较

项目		传统砂型铸造	消失模铸造
模型工艺	开边	必须分型开边，便于造型	无须开边
	拔模斜度	必须有一定的拔模斜度	基本没有或仅有很小的拔模斜度
	组成	有外型芯的组合	单一模型
	应用次数	一个模型多次使用	一型一次
	材质	金属或木材	泡沫塑料
造型工艺	型砂	有黏结剂、水、附加物经过混制的型芯砂	无黏结剂、任何附加物和水的干砂
	填砂方式	机械力填砂	自重微振填砂
	紧实方式	机械力紧实	物理（自重、微振、真空）作用紧实
	砂箱特点	不同零件专用砂箱	简单的通用砂箱
	铸型型腔	由型芯装配组成空腔	实型
	涂料层	大部分无须有涂层	必须有涂层
浇注工艺	充型特点	只是填充空腔	金属与模型存在物理化学反应
	影响充型速度的主要因素	浇注系统与浇注温度	主要受型内气体压力状态、浇注系统、浇注温度的影响
落砂清理	落砂	需强力振动打击	翻箱或吊出铸件，铸件与砂自动分离
	清理	需打磨飞边毛刺及内浇口	只需打磨内浇口，无飞边毛刺

1. 优点

总体而言，与其他铸造方法相比，消失模铸造的优点如下：

① 铸件尺寸精度高，表面粗糙度低。与熔模铸造类似，由于不用取模、分型，无（仅有很小）拔模斜度，不需要型芯，故铸件没有毛刺和飞边等缺陷，并避免了由于型芯组合、合型而造成的尺寸误差，可以获得形状结构复杂的铸件，可重复生产高精度铸件，因此铸件尺寸精度高。消失模铸件尺寸精度可达 CT5 ～ CT6，表面粗糙度可达 Ra3.2 ～ 12.5 μm。与普通砂型铸造相比，消失模铸造的负压浇注更有利于液体金属的充型和补缩，提高了铸件的组织致密度；可在理想位置设置合理形状的浇冒口，不受分型、取模等传统因素的制约，减少了铸件的内部缺陷；消失模铸造工艺可以实现微震状态下浇注，促进特殊要求的金相组织的形成，有利于提高铸件的内在质量。

② 工序简单、生产效率高。和传统砂型铸造方法相比，由于采用干砂造型，无型芯、不合箱、不取模，因此造型和落砂清理工艺都十分简单，大大简化了造型工艺，同时在砂箱中可将泡沫模样串联起来进行浇注，生产效率高。落砂极容易，大大降低了落砂的工作量和劳动强度；铸件无飞边毛刺等缺陷使清理打磨工作量减少 50% 以上，取消拔模斜度可以减少 40% ～ 50% 的机械加工量。组合浇注，一箱多件，大大提高了铸件的工艺出品率和生产效率；取消了砂芯和制芯工部，根除了由于制芯、下芯造成的铸造缺陷和废品的形成。

③ 设计灵活。为铸件结构设计提供充分的自由度，几个小零件装配而成的零件可通过数个泡沫塑料模片黏合成大的模组，从而铸造出形状结构非常复杂的铸件。

④ 清洁生产。一方面型砂中无化学黏结剂，低温下泡沫塑料对环境无害；另一方面采用无黏结剂、无水分、无任何添加物的干砂造型，大大减少了铸件落砂、清理的工作量，极大降低了车间的噪声和粉尘，有利于劳动者的身体健康和实现清洁生产，并避免了由水分、添加物和黏结剂引起的各种铸造缺陷和废品；简化了砂处理系统，型砂可全部重复使用，取消了型砂制备工部和废砂处理工部；减少了粉尘、烟尘和噪声污染，改善了铸造工人的劳动环境，降低了劳动强度。

⑤ 投资少，成本低。消失模铸造生产工序少，砂处理设备简单，旧砂的回收率高达95% 以上，另外没有化学黏结剂等开销。模具寿命长，铸件加工余量小，减轻了铸件毛坯质量，铸件综合生产成本低。可以减少机加工余量，对某些零件甚至可以不加工，这就减少了机加工和机床的投资，易于实现机械化自动流水线生产，生产线弹性大，可在一条生产线上实现不同合金、不同形状、不同大小铸件的生产；简化了工厂设计，固定资产投资可减少 30% ～ 40%，占地面积和建筑面积可减少 30% ～ 50%，动力消耗可减少10% ～20%；减少了加工余量，降低了机加工成本；使用的金属模具寿命可达 10 万次以上，降低了模具的维护费用；在干砂中组合浇注，脱砂容易，温度同步，因此可以利用余热进行热处理。特别是对高锰钢铸件的水韧处理和耐热铸钢件的固溶处理，效果非常理想，能够节约大量能源，缩短了加工周期。

2. 局限性

消失模铸造工艺与其他铸造工艺一样，有它的缺点和局限性，并非所有的铸件都适合采用消失模工艺来生产，要结合实际情况进行具体分析。消失模铸造的局限性有以下几点：

① 如果铸件结构过于复杂，金属液充型也随之复杂，易导致铸造缺陷。

② 铸件的批量越大，经济效益越好。消失模铸造每生产一个铸件，就要消耗一个泡沫塑料模。泡沫塑料模一般通过模具发泡制得，需考虑一定批量摊销模具等投入。消失模生产设备投入具有一定的灵活性，当批量小时，也可采用切割、黏结成形泡沫塑料板材制作模样，以及采用简易的造型、浇注装备。大批量生产可采用机械化、流水线作业装备。

③ 铸件的质量、大小有一定的限制，主要考虑相应设备的使用范围（如振实台和砂箱）。

消失模铸造生产铸件更适合于对表面含碳量要求不高的铸件，这是因为泡沫塑料在浇注过程中燃烧分解物对合金溶液的影响可能使铸件表皮出现增碳问题。但不同材质铸件，泡沫塑料分解产物引发缺陷的敏感性不同，因此生产的工艺难度也各不相同，在选用时要结合铸件具体要求考虑。决定生产之前需通过必要的准备以不致使工艺试验、调试周期过长。另外，铸件结构越复杂就越能体现消失模铸造工艺的优越性和经济效益，对于结构上有狭窄的内腔通道和夹层的情况，采用消失模工艺前需要预先进行试验，才能投入生产。对一些形状简单的、用砂型铸造方法也可生产出高质量的铸件，而且其生产效率、铸件成本比用消失模铸造低的情况就不一定采用消失模铸造方法。

2.1.3 应用范围

消失模铸造技术适用于铸钢、铸铁,更适用于铸铜、铸铝等;消失模铸造工艺不仅适用于几何形状简单的铸件,更适合于普通铸造难以处理的多开边、多芯子、几何形状较复杂的铸件。图 2.2 所示为消失模铸造的某一模样及其铸件。

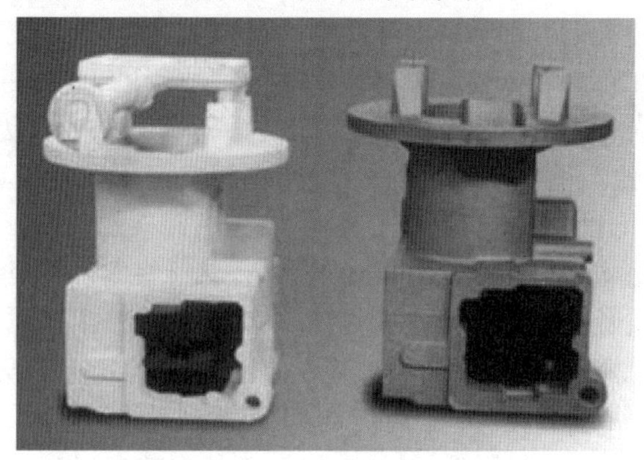

图 2.2 消失模铸造的模样和铸件

消失模铸造技术以其独特的优势,已广泛应用于工业生产,尤其在汽车行业中得到了飞速的发展。

2.2 消失模铸造模样的制造

2.2.1 消失模铸造模样的要求

对于传统的砂型铸造,模样和芯盒仅仅决定铸件的形状、尺寸等外部质量,而消失模铸造的模样,除了决定铸件的外部质量,还直接与金属液接触并参与热量、质量、动量的传输和复杂的物理、化学反应,对铸件的内在质量也有重要影响。因此,模样质量的好坏是消失模铸造成败的关键。

消失模铸造用的泡沫模样在浇注过程中要被汽化,金属液将取代其空间位置而形成铸件,因此模样的外部及内在质量要满足以下要求:

① 模型必须形状正确、尺寸精度和表面粗糙度符合要求。

② 模型密度合适,不含夹杂物,干燥无水,汽化温度低,热解产物(气、液或固体)尽量少,残留物少,使金属液能顺利充型,并不产生铸造缺陷。

③ 模样珠粒均匀,结构致密,加工性好,应具有一定的强度和刚度,以保证在整个工艺操作过程中不被损坏和变形。

2.2.2 消失模铸造模样材料

消失模铸造模样采用的是泡沫塑料,是以合成树脂为母材制成的内部具有无数微小气孔结构的塑料。密度为 16 ~ 25 kg/m^3,其泡孔互不连通,热导率低。用作铸造模型的泡沫塑料主要有可发泡聚苯乙烯、可发泡聚甲基丙烯酸甲酯和共聚物三种。

1. 可发泡聚苯乙烯

聚苯乙烯（EPS）是一种碳氢化合物，其分子式为 $C_6H_6 \cdot (C_2H_3)_n$，密度小（0.016 ～0.022 g/cm^3）；发气量较少，汽化较慢；碳质量分数较高（92%），含有较稳定的苯环结构，热解后产生的液固残留物多，易产生碳缺陷。其外表面包覆着一层戊烷发泡剂，因此也称为可发泡聚苯乙烯。

EPS在浇注时遇到高温金属液，首先会从固态转变为熔融态，继续加热则会产生高分子聚合物解聚、低分子聚合物裂解反应。理想状态下，如完全燃烧可以生成 CO、CO_2 和 H_2O，但铸造条件下，模样被砂填充在砂箱中，处于半封闭状态，在负压下，不可能完全燃烧。尤其是在浇注铝合金铸件时，铝液温度仅仅在 750 ℃ 左右，此时，EPS 的分解产物主要是液态；而浇注金属液温度为 1 350 ～ 1 600 ℃ 的铸铁和铸钢件时，EPS 能分解出大量气体，但同时也会产生大量固体碳，造成铸铁件碳缺陷和铸钢件的表面增碳。

EPS 是人们最早开发的消失模泡沫塑料，因价格低廉、来源广泛而被应用于铝、铜等有色合金以及铸铁、一般铸钢件的生产。

影响 EPS 质量的因素主要有以下几点。

（1）发泡剂的含量。

它是影响后续工序预发泡和成型发泡及铸件质量的关键指标。发泡剂含量过低，得不到密度低的预发泡珠粒，同时由于珠粒间融合不好，模样强度低；发泡剂含量过高，预发泡时容易造成结块。EPS珠粒预发泡剂的质量分数为6.0% ～6.5% 是比较合适的，最少不低于 5.5%。

（2）剩余苯乙烯单体含量。

控制珠粒中的剩余苯乙烯单体质量分数不大于 0.5%。

（3）珠粒粒度及均匀度。

原始珠粒粒度小些为好，可为铸件最小壁厚的 1/10 ～ 1/9。为使发泡模样表面光洁，发泡模样的壁厚至少由三个珠粒组成。

（4）相对分子质量。

相对分子质量大（18 万 ～ 27 万）的珠粒发泡成型的模样强度、刚度及抗蠕变能力更好，线收缩减少并趋于稳定，发泡剂不易逸散。

（5）珠粒的保存性。

保存性除了与粒度和相对分子质量有关，还与珠粒的生产方式和发泡剂的种类有关。一般说来，温度越高，空气越流通，珠粒尺寸越小，保存性就越差。

2. 可发泡聚甲基丙烯酸甲酯

由于 EPS 含碳量较高，热解后产生的炭渣较多，易引起碳缺陷，因此又开发出了可发泡聚甲基丙烯酸甲酯（EPMMA），分子式为 $(C_5H_8O_2)_n$，碳质量分数为 60%，密度大（0.022 ～ 0.025 g/cm^3），高温分解充分，分解产物主要为气体，总发气量较大，发气迅速，液、固相产物很少，残留物很少，不易产生碳缺陷，同时其发泡剂储存期长，模型收缩率小于 EPS 模型，制模后尺寸会迅速稳定，从而使模型在干燥后可马上组装使用。但 EPMMA 的缺点也很明显，发气量和发气速度大使得浇注时容易产生反喷，并造成铸件表面气孔等缺陷。EPMMA 主要应用于球铁、低碳钢等对表面含碳量要求较高的铸件。

3. 共聚物

经研制，用EPS和EPMMA以一定比例配合而形成的共聚物(STMMA)综合性能较好，既解决了碳缺陷，又解决了发气量大引起的反喷缺陷，已成为目前铸钢和球铁件生产中广泛采用的新材料。其特点是发气量和速度适中，残留物适中，尺寸稳定。

三种材料珠粒的性能指标及应用范围见表2.2。对于增碳量没有特殊要求的铝、铜、灰铁铸件和中碳钢以上的钢铸件，可采用EPS；而对表面增碳有严格要求的低碳钢铸件通常最好采用STMMA；对表面增碳要求特高的少数合金钢件可选用EPMMA。性能要求较高的球铁件对卷入炭黑、夹渣比较敏感，通常也采用STMMA。根据模型的壁厚选择珠粒大小，实际上珠粒越小，预发泡倍率越低，泡沫塑料模型的密度越大。

表2.2 三种材料珠粒的性能指标及应用范围

指标	EPS	STMMA	EPMMA
外观	无色半透明珠粒	半透明乳白色珠粒	乳白色珠粒
珠粒粒径/mm	1#(0.60～0.80)，2#(0.40～0.60)，3#(0.30～0.40)，4#(0.25～0.30)，5#(0.20～0.25)		
表观密度/($kg \cdot m^{-3}$)	550～670		
发泡倍率(≥)	50	45	40
应用范围	铝、铜合金、灰铸铁及一般钢铸件	灰铸铁、球铁、低碳钢及低碳合金钢	球铁、低碳钢、低碳合金钢及不锈钢铸件

注：① 每种粒径的过筛率≥90%。

② 发泡倍率是指在热空气中用3# 料，测试条件分别为：EPS，110 ℃；STMMA，120 ℃；EPMMA，130 ℃；各10 min。

2.2.3 泡沫塑料模样制造方法

泡沫塑料模样制造主要有板材加工和模具发泡成形两种方法。板材加工是指将泡沫塑料板材通过电热丝线切割，或经过车、铣、锯、刨、磨削机械加工，或手工加工，然后胶合装配成所需的泡沫塑料模样的过程，主要用于单件、小批量生产时的大、中型模样。模具发泡成形工艺则适用于成批、大量生产时制作泡沫塑料模样。消失模铸造泡沫塑料发泡成形工艺的生产过程包括预发泡、预发泡珠粒的熟化处理、发泡成型、模型熟化和模型组合五道工序。

1. 预发泡

预发泡是消失模铸造发泡成型工艺的第一道工序，也是至关重要的环节，是将EPS珠粒预发到适当密度，一般通过蒸汽快速加热来进行，微小的珠粒经过加热，体积膨胀至预定大小的过程。一般而言，泡沫模样的密度调整主要是通过调整预发泡的倍数来实现的。其原理是当温度高于80 ℃时聚苯乙烯开始软化，戊烷形成气泡核心，一旦泡孔形成，蒸汽就向泡内渗透，泡孔内压力逐渐增加，孔逐渐长大。

消失模铸造用珠粒的预发泡采用的设备是预发泡机，分为连续式和间歇式。消失模铸造用发泡材料量不大，质量要求高，通常都采用间歇式预发泡机。预发方式主要有真空预发和蒸汽预发两种，其目的是采用发泡剂戊烷使原始珠粒由实心变空心，达到低密度。

(1) 真空预发。

将原始珠粒通过加料口加入真空预发泡机中，抽真空，并在外壁夹层中通入一定温度的蒸汽或油等加热介质。由于真空预发泡机的加热介质(蒸汽或油)不直接接触珠粒，因此，在真空和加热的双重作用下原始珠粒开始发泡，使发泡剂加速汽化逸出，如图 2.3 所示。预发温度和预发时间、真空度的大小和抽真空的时间是影响预发珠粒质量的关键因素，需要进行优化组合。一般真空度设定为 0.06 ～ 0.08 MPa，抽真空时间20 ～30 s，预发时间和温度由夹层蒸汽压来控制。真空预发能够使珠粒获得较低的预发密度，使 EPS 珠粒的预发密度达到 16 kg/m^3，EPMMA 珠粒的预发密度达到 20 kg/m^3。

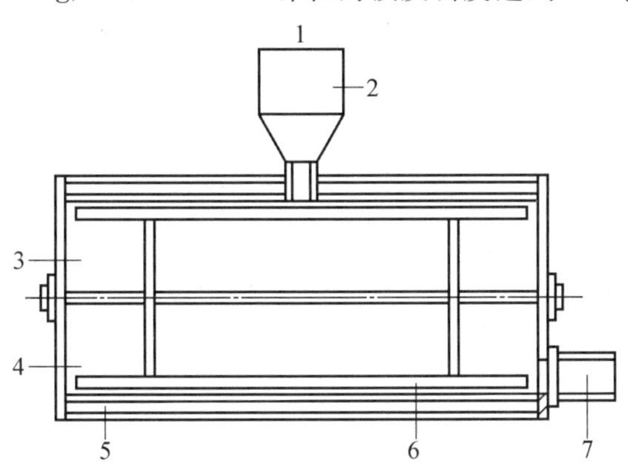

图 2.3　真空预发泡机示意图

1— 原料入口；2— 料斗；3— 加水；4— 抽真空；5— 双壁加热膨胀室；6— 搅拌叶片；7— 卸料口

(2) 蒸汽预发。

这种蒸汽预发泡机不像真空预发机那样通过预热时间来控制预发倍率，而是通过预发泡后的容积定量(即珠粒的预发密度定量)来控制预发倍率，见表 2.3。原始珠粒以一定量从上方加入搅拌筒体，高压蒸汽从底部进入加热向上预发，筒体内的搅拌器不停转动，当预发珠粒的高度达到光电管的控制高度时，自动发出信号，停止进气并卸料。由于珠粒直接与蒸汽接触，因此，预发珠粒的水分较大，需要进行干燥处理。

表 2.3　三种珠粒的预发温度

珠粒材料	EPS	STMMA	EPMMA
预发温度 /℃	100 ～ 105	105 ～ 115	120 ～ 130

2. 预发泡珠粒的熟化处理

从预发泡机卸料到储料仓时，刚刚预发的珠粒被取出，由于骤冷，发泡孔中的发泡剂和渗入蒸汽的冷凝会使泡孔内部处于真空状态，不能立即用来在模具中进行二次发泡成形，否则珠粒会被内外压力差压扁，使模样质量较差。因此，必须将预发泡珠粒放置一段时间，让空气渗入泡孔中，保持泡孔内外压力的平衡，使珠粒富有弹性，以便完成最终的发泡成形，这个存放过程称为熟化处理。熟化处理有专门的熟化仓来存放预发珠粒，EPS的预发泡珠粒的熟化时间一般为 2 ～ 10 h，最合适的熟化温度是 20 ～ 25 ℃。温度过高，发泡剂的损失增大；而温度过低，会减慢空气渗入和发泡剂扩散的速度。最佳熟化时间取决于熟化前预发泡珠粒的湿度和密度，一般来说，预发泡珠粒的密度越低，熟化时间越长；预发泡珠粒的湿度越大，熟化的时间越长。

3. **发泡成型**

将熟化后较松散的珠粒填充到一定形状和尺寸的模具内，再次加热使珠粒二次发泡，发泡珠粒相互黏结成一个整体，形成与模具形状和尺寸一致的整体泡沫塑料模样，这一过程称为发泡成型(也称为终发泡)。

(1) 发泡成型工艺流程。

发泡成型工艺包括模具预热、填料、通蒸汽发泡成型、喷水冷却和脱膜等工序。

① 模具预热。模具合模后需要预热，预热温度一般为 100 ℃，保证在开始制模之前模具是热的和干燥的。如果预热不足，将出现发泡不充分的珠粒状表面，模具中残存的水分会导致模样中出现气孔和孔洞。

② 填料。泡沫塑料珠粒的填充对于获得优质泡沫模样非常重要。泡沫珠粒在模具中填充不均匀或不紧实会使模样出现残缺不全或融合不充分等缺陷，影响产品的表面质量。填充珠粒的方法有手工填料、料枪射料和负压吸料等，其中料枪射料用得最普遍。泡沫塑料珠粒能否充满模具型腔，主要取决于压缩空气和模具上的排气孔设置。压缩空气的压力一般为 0.2 ～ 0.3 MPa。

③ 通蒸汽发泡成型。预发珠粒填满模具型腔后，通入温度大约为 120 ℃、压力为 0.1 ～15 MPa 的蒸汽，保压时间视模具厚度而定，从几十秒至几分钟。此时珠粒的膨胀仅能填补珠粒间空隙，使珠粒表面熔化并相互黏结在一起，获得发泡均匀、表面平滑、密度轻的发泡模样。

④ 喷水冷却。模样在出模前必须进行冷却，以抑制模样出模后继续长大。冷却时使模样降温至发泡材料的软化点以下，进入玻璃态，硬化定形，这样才能获得与模具形状、尺寸一致的模型。冷却方法一般采用喷水冷却，将模具冷却到 40 ～ 50 ℃，喷水雾后接着抽真空，使水雾蒸发、蒸汽凝结，造成理想的冷却，同时真空使残留的水分、戊烷减少，使模样具有较好的尺寸稳定性。

⑤ 脱模。对于简单的模具可以自动出模外，一般根据成型机开模方向，并结合模样的结构特点，选定起模方式。对于简易立式成型机，常采用压缩空气压力推模，或利用水和压缩空气叠加压力推模；对于自动成型机，有机械顶杆顶出模型，或利用真空吸盘吸出模型。

(2) 发泡成型设备。

主要的发泡发泡成型设备有成型机和蒸缸。将发泡模具安装在机器上成型的为成型机，适用于大批量与大、中型泡沫塑料模样的生产；蒸缸成型适用于中小批量、小型模样的生产。

立式成型机的开模方式为水平分型，模具分为上模和下模，如图 2.4(a) 所示。其特点为：模具拆卸和安装方便；模具内便于安放嵌件(或活块)；易于手工取模；占地面积小。

卧式成型机的开模方式为垂直分型，模具分为左模和右模，如图 2.4(b) 所示。其特点为：模具前后上下空间开阔，可灵活设置气动抽芯机构，便于制作有多抽芯的复杂泡沫模样；模具中的水和气排放顺畅，有利于泡沫模样的脱水和干燥；生产效率高，易实现计算机全自动控制；结构较复杂、价格较高。

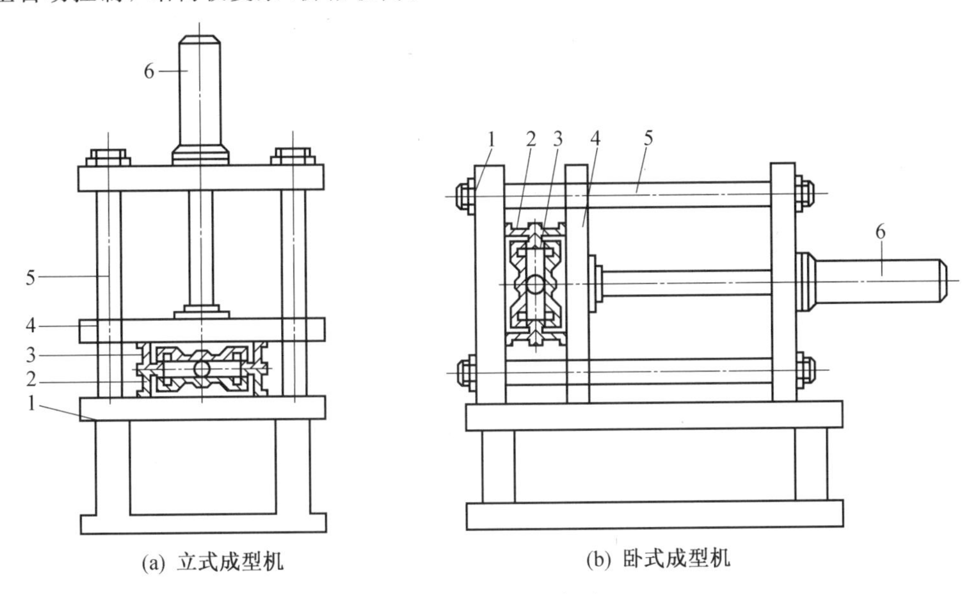

(a) 立式成型机　(b) 卧式成型机

图 2.4　成型机示意图

1— 固定工作台；2— 固定模；3— 移动模；4— 移动工作台；5— 导杆；6— 液压缸

4. 模型熟化

刚制成的泡沫塑料模型需要存放一段时间才能稳定尺寸，这一过程称为模型熟化。泡沫塑料模型从模具中取出后，会有一段时间的膨胀，同时由于模型内部仍存在少量的水分和残留戊烷，膨胀结束后模型会随着它们的蒸发开始收缩，EPS 模型收缩率为 0.7% ~0.9%，EPMMA 和 STMMA 的收缩率为 0.2% ~ 0.4%。一些模型存放周期可长达 30 天。因此生产中为了提高生产效率，常将模型置于 50 ~ 70 ℃ 烘干室中强制干燥 5 ~ 6 h，以快速完成熟化任务。

5. 模型组合

较复杂的泡沫模型一般不能在一副模具内成型，需先将其进行分片，各片单独用模具成型，然后用黏结方法将分片泡沫模型组合成整体泡沫模型。用于黏结的黏结剂有热熔胶、冷黏胶等。热熔胶由于黏结效率高，黏结质量好，被广泛使用。大批量生产的铸件其分块模型胶合必须使用热熔胶在自动胶合机上进行，才能保证黏合精度。中小批量生产的铸件可采用冷黏胶手工黏合，胶合面接缝处应密封牢固，以减少产生铸造缺陷的可能性。这样的工艺路线可充分体现消失模铸造工艺的灵活性。黏结质量对铸件质量会产生影响，应注意在保证黏结强度的情况下，减少用胶量。因为胶与高温金属液接触也会发生热解反应，生成分解产物而影响铸件质量。还要注意黏结面要密闭，不能有缝隙，以防止后续操作时涂料进入缝隙，而成为铸件夹杂。

2.3 消失模铸造所用的涂料

1. 涂料的组成

消失模铸造用涂料的基本组成包括耐火材料、黏结剂、载体(溶剂)、表面活性剂、悬浮剂、触变剂以及其他附加物。消失模铸造用涂料一般为专用涂料，性能不同于普通砂型铸造涂料，主要性能包括足够高的强度、良好的透气性和涂挂性及不流淌性等。

耐火材料是涂料的主要组成，决定了涂料的耐火度、化学稳定性和绝热性。生产不同合金的消失模铸件时，应选用不同的耐火材料制作涂料。铸造铝合金的耐火材料常用硅藻土、滑石粉；铸铁消失模的耐火材料有硅砂、铝矾土、高岭石熟料；铸钢消失模的耐火材料有硅砂、刚玉、锆砂、氧化镁等。表 2.4 为常见的耐火材料的物化性能。

表 2.4 常见的耐火材料的物化性能

耐火材料	化学性能	熔点 /℃	密度 /($g \cdot cm^{-3}$)	线膨胀系数 /($\times 10^{-6}$ ℃$^{-1}$)	热导率 /($W \cdot (m \cdot K)^{-1}$)
刚玉粉	中性	2 000 ～ 2 050	3.8 ～ 4.0	8.6	5.2 ～ 12.5
锆砂粉	弱酸性	＜1 948	3.9 ～ 4.9	4.6	2.1
石英粉	酸性	1 713	2.65	12.5	1.8
铝矾土熟料	中性	1 800	3.1 ～ 3.5	5 ～ 8	—
高岭石熟料	中性	1 700 ～ 1 790	2.62 ～ 2.65	5.0	0.6 ～ 0.8
滑石粉	碱性	800 ～ 1 350	2.7	7 ～ 10	—
氧化镁粉	碱性	＞1 840	3.6	14	2.9 ～ 5.6
硅藻土粉	中性	—	1.9 ～ 2.3	—	0.14
云母	弱碱性	750 ～ 1 100	—	—	—
珠光粉	中性	1 700	3.3	—	—

为保证消失模涂料既有高强度又有高的通气性，要合理地选择黏结剂。黏结剂分无机黏结剂和有机黏结剂。无机黏结剂有黏土、膨润土、水玻璃、硅溶胶等，能够保证涂料常温和高温强度；有机黏结剂有酚醛树脂、糊精、淀粉、聚乙烯醇、聚乙烯醇缩丁醛等，既可提高常温强度，又能在浇注后烧尽，提高透气性。

载体(溶剂)的作用是使耐火材料颗粒悬浮起来，使涂料成为浆状，以便涂敷。水和有机溶剂是两种最常用的载体，以水为载体的涂料称为水基涂料。最常用的有机溶剂为醇类，以各种醇类为载体的涂料称为醇基涂料。一般消失模铸造多采用水基涂料，因为水基涂料较环保，但不容易润湿模组，因此，需要添加表面活性剂(如脂肪醇聚氧乙烯醚 JFC)来改善涂挂性，同时加入另一类表面活性剂 —— 消泡剂(如异丙醇等)，还要加入悬浮剂以使涂料在使用过程中保持密度的均匀性，使过程中不发生沉积现象。触变剂使消失模涂料具有触变性，加入触变剂后在搅拌时涂料黏度下降，在停止搅拌时可使涂料黏度升高，尽快不滴不淌。常用的悬浮剂和触变剂有膨润土、聚丙烯酰胺和羧甲基纤维素钠 CMC。其他附加物如防腐剂，是防止涂料产生发酵、腐败、变质的添加剂。

涂料的配方对其性能影响极大，生产厂家可以购买已配制好的商用涂料或者自行配制。国内外的消失模铸造所用的商品涂料多是直接配成水基的膏状涂料;或购买时为粉状,使用时加水配成水基涂料。

2. 涂料的作用

(1) 提高泡沫塑料模样的强度和刚度,防止在运输、填砂、振动紧实过程中模型被破坏或变形。

(2) 隔离金属液和铸型,防止金属液渗入干砂中,保证铸件表面质量,防止黏砂、砂眼等,同时防止干砂流入金属液与泡沫塑料模的间隙中,防止铸型塌箱等缺陷的发生。

(3) 顺利排除泡沫塑料模型的分解产物(气体或液体),降低铸件表面粗糙度,防止铸件产生气孔和碳缺陷,提高铸件表面质量。

(4) 涂料具有良好的绝热性,使得金属液(尤其是铝合金铸件) 浇注时不至于由于汽化分解而使温度下降过快,防止产生浇不足、冷隔等缺陷。

(5) 提高落砂、清理效率。

3. 涂料的涂挂

消失模铸造涂料的涂挂方法有刷涂法、浸涂法、淋涂法、流涂法和喷涂法五种。单件小批量生产的中大型模样可采用刷涂法、淋涂法或喷涂法,批量大、形状复杂的中小件模样可采用浸涂法或淋涂法。刷涂法用于涂料的修复性补刷和体积较大而无法浸涂的单件生产。浸涂法具有生产效率高、节省涂料、涂层均匀等优点,但由于泡沫模样密度小(与涂料密度相差几十倍) 且本身强度又不高,浸涂时浮力大,容易导致模样变形或折断,因此要根据所制模型采取正确的浸涂工艺来涂挂涂料。流涂法更适合于流水线作业。为了更好地涂挂涂料,保证涂层质量,生产中会经常将两种或两种以上方法结合使用,如浸涂法和淋涂法的结合较为常用。

4. 涂料的干燥

使用水基涂料的模样涂层要经过干燥处理。涂料干燥受泡沫塑料软化温度的限制,常采用低温烘干或常温干燥。生产中,EPS模样常在 40 ~ 60 ℃ 下干燥 2 ~ 10 h,干燥的方式有热空气干燥、微波干燥和远红外干燥等,干燥时应注意模样的放置和用支撑防止模样变形,干燥必须要干透,干燥后的模样还需防止吸潮。

2.4 消失模铸造的工艺要点

消失模铸造工艺较传统砂型铸造工艺简单,省去或简化了很多造型、落砂等工序。消失模铸造工艺包括干砂造型、浇注温度控制、负压控制、浇注速度控制及浇冒口系统设计等。

1. 干砂造型

干砂是消失模铸造工艺中用于填埋泡沫塑料模型的造型材料,最常用的是硅砂,原因是其价格低廉、来源广泛,此外还有镁橄榄石砂、锆砂或人造莫来石质陶粒等。在铸件尺寸精度要求很高的情况下,硅砂在 575 ℃ 时的相变膨胀是不能忽视的,因此就有必要考虑采用镁橄榄石砂、锆砂或人造莫来石质陶粒等膨胀系数小的砂子代替硅砂。型砂的控制对于铸件尺寸精度的影响很大。

干砂造型是将泡沫塑料模型埋入砂箱中，通过振动紧实，使干砂砂粒填充到模型各个部位并获得一定的紧实度，使型砂具有足够的强度抵抗金属液和气体的冲击和压力的过程。第一步向砂箱中加入干砂，将泡沫塑料模型用干砂填埋并使其紧实的操作中必须满足三个要求：① 干砂均匀填埋到泡沫塑料模型内外表面及各个部位；② 型砂有足够的紧实度和密度，足以承受浇注过程中金属液和分解产物（气体和液体）的压力；③ 既要使型砂处处紧实，又不能造成泡沫塑料模型损坏或变形。干砂紧实的实质是：通过振动作用使砂箱内的砂粒产生微运动，砂粒获得冲量后克服周围的摩擦力，使砂粒产生相互滑移及重新排列，最终引起砂体的流动变形及紧实。

干砂振动填充紧实的影响因素主要有振动维数、振动时间、原砂种类、振动加速度和振动频率。

(1) 振动维数。垂直方向的振动是提高干砂紧实率的主要因素，在垂直振动的基础上，增加水平方向的振动，紧实率有所提高，单纯水平方向的振动紧实效果较差，因此振动台最好选用三维振动。

(2) 振动时间。振动开始后的40 s内紧实率变化很快，振动时间为40 ～ 60 s时，紧实率的变化较小，振动时间大于60 s后，紧实率基本不变。因此振动时间一般控制在60 s左右，振动时间更多地要结合铸件和模型组的结构而定。

(3) 原砂种类。研究表明，原砂种类对紧实率具有一定的影响，自由堆积时，圆形砂的密度大于钝角或尖角形砂，振动紧实后，钝角或尖角形砂的紧实率增加较大，另外颗粒度大小对型砂的紧实率也有影响。

(4) 振动加速度。振动加速度用来表示振动的强度，振动加速度一般为 10 ～ 25 m/s^2，获得的平均紧实率较高。

(5) 振动频率。当振动频率大于 50 Hz 后，紧实率的变化不太大。

用不加黏结剂的干砂，当然有可能只靠振实来紧实型砂。但是，对于水平位置的孔或发泡模下面的凹部，均匀地、紧实地填砂是不易做到的。而且泡沫塑料模样强度较低，干砂紧实很容易使模型变形，因此单靠振实干砂获得理想的造型效果对于一些大型铸件来说难度较大。虽然消失模铸造不需要黏结剂，但实际上，在制造大型的形状较复杂的铸件时，可以结合实型造型法直接整体采用自硬砂（如水玻璃自硬砂和树脂自硬砂）来造型，造型速度要快，并应注意通气道的设置；也可以在不易填砂紧实的凹陷部位填充自硬砂，再填埋干砂来造型。

2. 浇注温度控制

因为泡沫塑料模型的存在，在浇注过程中泡沫塑料汽化需要吸收热量，所以消失模铸造的浇注温度应略高于砂型铸造。对于不同的合金材料，与砂型铸造相比，消失模铸造浇注温度一般控制在高于砂型铸造 30 ～ 50 ℃ 下，见表2.5。这高出 30 ～ 50 ℃ 的金属液的热量可满足模型汽化需要的热量。但浇注温度过高会造成金属收缩量和含气量增加，对铸型的热作用增强，引发缩孔、缩松、气孔、粘砂等缺陷。另外，过高的浇注温度使泡沫塑料热解时发气量增加，有时会引起金属液反喷等问题。浇注温度过低铸件容易产生浇不足、冷隔、皱皮等缺陷。

表 2.5 消失模铸造不同合金的浇注温度

合金种类	铸铝	灰铸铁	球墨铸铁	铸钢
浇注温度 /℃	720	1 360 ～ 1 420	1 380 ～ 1 450	1 450 ～ 1 680

3. **负压控制**

负压是消失模铸造的必要措施。负压的作用是：一方面有利于紧实干砂型，增加砂型强度和刚度，防止铸型崩塌导致无法充型或冲砂；另一方面有利于泡沫塑料模样热解产生的气态、液态产物排出，促进金属液充型并减少铸件表面的碳缺陷。负压还有助于提高铸件的复印性，使铸件轮廓更加清晰，这与附壁效应有关。在负压条件下，金属液充型时会发生较大变化。对于厚壁模样，高真空度的情况下可能导致充型时的附壁效应，如图 2.5 所示，即沿型壁的金属液受负压牵引向前形成"包抄"，虽然能够更好地复制铸件外形，但也容易将泡沫塑料分解残余物卷入金属液，导致气孔、渣孔缺陷。因此，负压并不是越大越好。负压的大小及保持时间与铸件材质和模型簇结构及涂料有关。对于透气性较好、涂层厚度小于 1 mm 的涂料，对铸铁件负压大小一般控制在 0.04 ～ 0.06 MPa，对铸钢件取其上限，对铸铝件负压大小一般控制在 0.02 ～ 0.03 MPa。负压保持时间依模型组结构而定，对箱中模型组数量较大的情况，可适当延长负压保持时间。一般在铸件表层凝固结壳达到一定厚度时即可卸去负压。对于涂层较厚及涂料透气性较差的情况，可适当增大负压及保持时间。此外，消失模铸造的负压提供了密闭条件，使得气态分解产物被集中，便于处理，避免扩散到外部环境导致大范围污染，改善了工作环境。

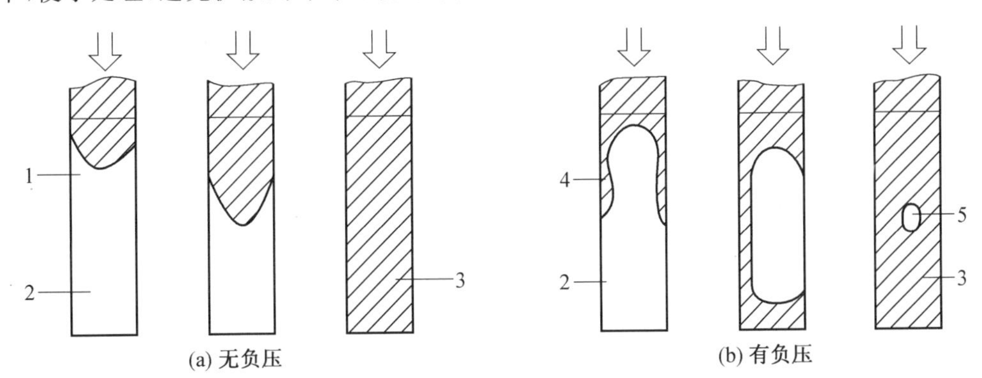

图 2.5 金属液充型时的附壁效应

1— 金属液前沿；2— 泡沫塑料模；3— 铸件；4— 附壁效应；5— 孔洞类缺陷

4. **浇注速度控制**

浇注速度对消失模铸件的质量影响很大。浇注速度过慢会增加金属液的热损失，降低金属液温度，易使铸件产生浇不足、冷隔、皱皮等缺陷。浇注速度过快易使铸型受冲刷及金属液包裹未汽化的泡沫塑料残留物，使模型燃烧残留物不易排出，造成铸件气孔和夹渣等缺陷，严重时容易造成反喷。金属液在型内的上升速度近似等于泡沫塑料模样的汽化速度。正确的浇注方式是一慢二快三稳，最忌中间断续浇注。浇注初期，金属液刚接触泡沫塑料时，金属液建立足够的静压头前，在直浇道没充满时应慢浇，防止金属液飞溅，产生反喷（呛火）现象；当金属液充满直浇道后应加快浇注，越快越好，因为以浇口杯的金属液充满不外溢为原则；浇注后期，当金属液达到模样的顶部或冒口顶部后，应慢浇以防金属液外溢。消失模铸造浇注中最忌讳的是断续浇注，这样容易使铸件产生冷隔缺陷，即先浇入的金属液温度降低，导致与后浇注的金属液之间产生冷隔。而且泡沫塑料模受热退出所占空间后，由于采用的是无黏结剂的干砂型，空隙部分不能长时间保持稳定，必须尽快由金属液填充占据间隙空间，因此在金属液浇注过程中，要注意不能出现金属液断流的情况。另外，消失模铸造多采用封闭式浇注系统，以保持浇注的平稳性。对此，浇口杯的形式与浇注操作是否平稳关系密切。浇注时应保持浇口杯内液面稳定，使浇注动压头平稳。

5. **浇注系统设计**

浇注系统在消失模铸造工艺中占有十分重要的地位，是铸件生产成败的一个关键。在设计浇注系统时，应考虑到这种工艺的特殊性 —— 模型组的存在，使得金属液浇入后的行为与砂型铸造有所不同。而消失模铸造的浇注系统形式与普通砂型铸造类似，大体分为顶注式、侧注式和底注式三种最基本形式，实际生产中，应根据铸件结构特点和铸件材质合理选择浇注系统。但消失模铸造的浇注系统设计尚无成熟的方法，可以借鉴传统砂型铸造的浇注系统设计，并进行适当调整，一般浇注系统要增大 15% ～ 20%。在设计浇注系统各部分截面尺寸时，应考虑到消失模铸造金属液浇注时由于模型存在而产生的阻力，最小阻流面积应略大于砂型铸造。

在消失模铸造中，浇注系统也由泡沫塑料模样制成，并和铸件模样黏结在一起，形成模型组，由于消失模实型浇注的特殊性，消失模浇注系统一般不考虑采用复杂结构形式(如离心式、阻流式、牛角式等)，尽量减少浇注系统组成，如不设横浇道以缩短金属液流动的距离，同时为了减少汽化产物，直浇道也可以制作成空心。还要注意直浇道与铸件之间的距离，应保证充型过程中不因温度升高而使模样变形，以及保持足够的金属压头，以防浇注时呛火。

在生产高质量的铸件时，浇注系统也由成型机模具发泡而成，以保证发泡质量和控制密度。虽然浇注系统的泡沫模并不是铸件的母模，但一旦它产生问题，造成分解产物卷入金属液或造成金属液反喷、铸型破坏等问题，依然会影响铸件的质量。

消失模的冒口按其功能分为补缩作用的冒口、排渣排气作用的冒口和两种功能兼而有之的冒口。排气的冒口一般设置在液体金属最后充满的部分，或两股液流汇合的部位，起到收集液态或气态热解产物，防止出现夹渣、冷隔、气孔缺陷的作用，这类冒口无须考虑金属液的补缩。消失模铸钢件冒口的设计可参照砂型工艺方法，没有原则性的区别。

冒口的设计还可以根据不同模型组的铸件补缩形式来划分。因为铸件品种繁多、形状各异，每个铸件的具体生产工艺都有各自的特点，并且千差万别。这些因素都直接影响浇注系统设计结果的准确性。为此，可将铸件以模型组的组合方式进行分类。针对中小铸件，可按铸件生产工艺特点进行分类，见表 2.6。模型组的组合方式可基本反映铸件的特点以及铸件的补缩形式。浇注系统各部分截面尺寸与铸件大小、模型组的组合方式以及每箱件数都有关系。为此，在设计新铸件的工艺时，应根据铸件特征，参照同类铸件浇注系统特点有针对性地进行计算。

表 2.6 不同模型组的铸件补缩形式

模型组的组合方式	应用范围	补缩方式
一箱一件	较大的铸件	冒口补缩
组合在直浇道上(无横浇道)	小型铸件	直浇道(或冒口)补缩
组合在横浇道上	小型铸件	横浇道(或冒口)补缩
组合在冒口上	小型铸件	冒口补缩

2.5 消失模铸造的缺陷及其预防措施

影响消失模铸造铸件质量的因素有很多,需要对消失模铸造工艺各个环节完全把关,才能及时找到引发缺陷因素及主要原因并加以预防,这样才能保证稳定地获得合格铸件。如填砂紧实或振动紧实时模样会发生变形,从而导致铸件变形。最困难的问题是,铝合金铸件的冷隔和针孔缺陷以及球墨铸件的积炭、皱皮缺陷和低碳钢件的渗碳缺陷等,这些问题是由金属液中模样热解残留物造成的,或是由此而显著加重的。在黑色金属消失模铸件中黏砂也是一个重要的问题,这是由于振动紧实不当或凹陷部位没有填实引起的。消失模铸件缺陷可以归结于模样材料、泡沫塑料密度、铸件结构、干砂紧实、浇冒口系统、负压、浇注工艺、涂层及型砂透气性等诸多因素。

虽然消失模铸件质量如尺寸精度、表面粗糙度等均优于传统砂型铸造,并没有一般砂型铸造的夹砂、错箱及偏芯等缺陷,但消失模铸造有其特殊的一些缺陷,比如铸铁件表面皱皮、铸钢件表面渗碳、黏砂、气孔、炭黑、塌箱、夹渣、节瘤等,以下针对前几种主要的缺陷进行介绍。

1. 铸铁件表面皱皮

表面皱皮是消失模铸铁件特有的表面缺陷。在消失模铸造生产中,它是影响铸件质量和阻碍用于铸铁生产的主要因素之一。在铸件成型后,铸件表面沉积一层光亮碳,清理后铸件表面呈现深浅不一的橘皮状缺陷,又称皱皮。表面皱皮往往存在于大型铸件的上部,或薄壁件的侧面,其产生的主要原因是泡沫塑料模样热解后产生的液相产物中有一种黏稠沥青状再聚合物,这种产物残留于涂层内层,一部分被涂层吸收,另一部分则会在局部金属与涂料层之间形成一薄膜,从而形成细片状或皮屑状的结晶残碳,即光亮碳,其密度小,与铁水润湿性差,可形成碳沉积。

对可能出现的皱皮缺陷的预防措施有:① 合理采用泡沫塑料模料。由于 EPS 含碳量高,因此在三种泡沫塑料中最容易形成光亮碳,在铸铁生产中,应选用含碳量较低的泡沫塑料模料 EPMMA。② 选用低密度泡沫塑料。泡沫塑料密度越高,所形成的液相产物越多,就越容易形成表面皱皮。③ 设计合理的浇冒口系统,使其有利于模型热解产物的分散分布或集中于顶部,排于冒口之中。④ 适当提高浇注温度。使泡沫塑料热解汽化更彻底,气相产物越多,液相产物就越少。⑤ 适当提高负压度。在合理范围内,负压越大越有利于气相、液相残留物通过涂层向型砂内排放。⑥ 提高涂层和型砂的透气性。涂层和型砂的透气性越好,越有利于热解产物的排出,不易形成表面皱皮。⑦ 适当降低合金的含碳量。金属液中含碳量越低,表面皱皮缺陷越不明显。

2. 铸钢件表面渗碳

用消失模铸造工艺生产铸钢件时，其表面或局部表面碳的含量会增加，比本体铸件要求的含碳量要高，这种现象称为增碳或渗碳缺陷。铸件表面渗碳往往很不均匀，从而使表面硬度产生差异，甚至基体组织也不同，随着渗碳量的增大，表面扩大，珠光体量也随之增加，使铸件表面硬度明显增加，强度增大，但延长率有所下降，机械加工性能变差，影响了铸件的表面质量，甚至影响了其使用性能。

铸钢件表面渗碳产生的原因有：① 铸钢件的浇注温度较高（1 550℃ 以上），泡沫塑料模料 EPS 在高温钢液作用下发生分解、裂解，其产物又与钢液作用，同时在涂料和干型砂的作用下发生复杂的物理化学冶金反应，从而发生增碳。② 在铸钢件的高温浇注温度大于 1 550℃ 作用下，EPS 分解产物中的游离碳很多，在浇注过程中，其产物部分被真空泵吸引而排出型外，部分仍积聚在涂料层和钢液间，当铸件本身含碳量很低时，就形成了与钢液成分的碳浓度梯度，由于高温下碳原子和金属晶格都很活泼，分解产物中游离碳将扩散到铸钢件中，使铸钢件表面产生渗碳。③ 铸钢件的含碳量高低直接影响着其渗碳量，含碳量越低的低碳钢，其渗碳趋势就越大，渗碳量越多。渗碳主要出现在低、中铸钢中。

有效的预防措施有：① 选用 EPMMA 和 STMMA 低碳模料。② 控制泡沫塑料模样的密度。采用 EPS 时模样密度控制在 0.016 ～ 0.025 g/cm^3，模型密度低，同样模型所含的泡沫塑料材料就较少，对于厚大的模样，也可以采用空心结构和空心结构的浇注系统。③ 选择合理浇注工艺。合理的浇注工艺设计要能加速模料汽化，减少并错开其分解产物中的液相和固相的接触时间、反应时间，可减少或避免钢件渗碳。选择适宜的浇注温度和浇注速度，浇注系统的结构决定钢液流动方向和速度，浇注温度过高，相应的钢液流动速度也提高，模料分解加快，不易完全汽化，产物中的液相量也增加；同时，钢液与模样的间隙减少，液相分解物常被挤出间隙，挤到涂层和金属液之间，造成接触面增加，碳浓度增加，这些区域渗碳量就增加。④ 其他措施。还需要在模样中加入添加剂（脱碳剂）防止铸钢件渗碳。提高涂层或干砂铸型的透气性，其透气性越好，模料分解的产物逸出越快，从而降低了钢液和模样的间隙中分解物的浓度，并减少了接触时间。另外，还可以使用防渗碳涂料。

3. 黏砂

消失模铸件的黏砂指的是铸件上有一层很难清理的型砂，使铸件清理困难，严重时会使铸件报废，属于一种机械黏砂。

其产生原因有：① 真空度太高；② 浇注温度太高；③ 涂料层太薄；④ 型砂不紧实或不均匀。

有效的预防措施有：① 使用优质涂料，涂料应具有足够的强度和良好的抗急冷急热性能；② 涂层的涂挂必须均匀，并没有遗漏之处；③ 保持适当的浇注温度；④ 采用合理的负压度；⑤ 振动工艺参数合理，干砂铸型各处紧实而均匀；⑥ 干砂粗细合理。

4. 气孔

铸件上有或大或小的、深封闭或半封闭的孔洞，孔壁较光滑，被称为气孔缺陷，气孔多出现在铸件的上表面和死角处，而且多是经过机械加工后才能看到的。

其产生的主要原因有：① 泡沫塑料模样浇注时产生的热解气体未能及时排出铸型型腔，从而留在金属液内造成气孔；② 模样密度过大；③ 模型和涂料干燥不良或黏结胶过多，造成浇注时模型、涂层中水分蒸发，以及黏结胶发气量过大，进入铸件中形成气孔；④ 浇注时金属液产生卷气。

有效的预防措施有：

① 采用低密度泡沫塑料模样；铸铁铸钢件要比铸铝合金件模样密度更低。

② 涂料发气量要小，透气性要高。

③ 模样和涂层应充分干燥。

④ 黏结胶发气量应小，用量也尽量少。

⑤ 选择正确的浇注系统。直浇道不应卷入气体，浇口杯要有足够的容积，浇注过程中一直处于充满状态；进入铸件模型后金属液应平稳推进、逐层置换模样，不产生紊流。

⑥ 负压应合适。过小则不能顺利排除模型热解产物，过大则会将未燃烧的模型块包裹在金属液中引起气孔缺陷。

⑦ 采用正确的浇注方法：a. 浇注温度低，充型前沿金属液不能使泡沫充分热解汽化，未分解的残留物质来不及浮集到金属液上面及冒口中，汽化分解生成的气体及残留物不能及时排出铸型而凝固在铸件中。另外，模样分解不充分，液相残留物会堵塞涂料层，使热解气体排出受阻，在型腔内形成反压力，使充型流动性下降，凝固快。b. 涂料透气性差或负压不足，干砂透气性差，不能及时排除型腔内的气体及残留物，在充型压力下形成气孔。c. 浇注速度慢，浇口杯未充满，暴露直浇道卷入空气，带入杂质，形成携裹气孔和渣孔。d. 浇杯容量小，金属液形成涡流，侵入空气生成气孔。e. 浇口杯及浇注系统之间的连接处密封不好，尤其是直浇道和浇口杯。在负压作用下很容易形成夹砂及气孔。f. 型砂粒度太细，粉尘含量高，透气性差，负压管道内部堵塞，造成负压度失真，使型腔周围的负压值远低于指示负压，汽化物不能及时排出涂料层而形成气孔或皱皮。g. 合理的浇注工艺和负压度。消失模浇注工艺是以充满封闭直浇道为原则，不能忽快忽慢、紊流、断流，更不允许直接暴露直浇道。负压度过大，加剧金属液渗透黏砂，并造成附壁效应，不利于液相泡沫被涂层吸附，生成很多气孔。适宜的负压是排气的保证，也是防止黏砂的措施。h. 模样黏合应选用专用的热熔胶或冷胶，在保证黏牢的情况下，用量越少越好，尽量避免使用汽化缓慢的乳胶。

第 3 章　金属型铸造

3.1　概　　述

金属型铸造(Gravity Die Casting) 是指用金属材料制造铸型,在重力作用下将液态金属浇入金属铸型中,以获得铸件的一种特种铸造方法。由于铸型由金属制成,一副金属型可以浇注几百次至几万次,故金属型铸造又称为永久型铸造(Permanent Mold Casting),也称为硬模铸造。金属型铸造既适用于大批量生产形状复杂的铝合金、镁合金等非铁合金铸件,也适合于生产钢铁金属的铸件、铸锭等。

3.1.1　工艺过程

金属型铸造的工艺过程如图 3.1 所示。

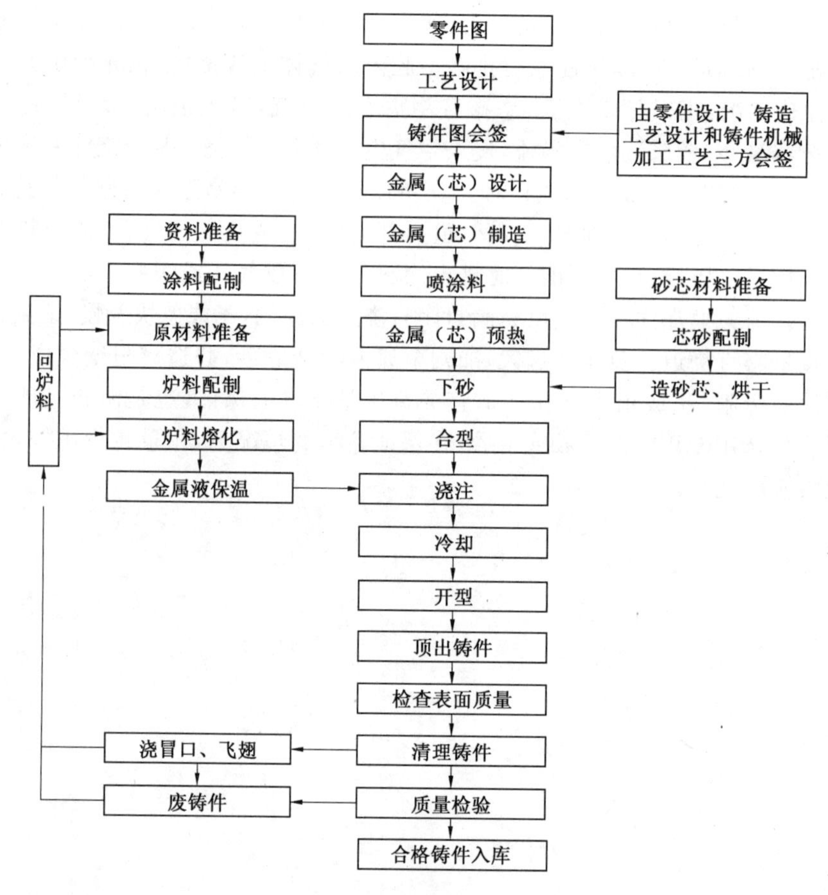

图 3.1　金属型铸造的工艺过程

3.1.2 工艺特点

与砂型铸造相比，金属型铸造的工艺特点如下。

1. 优点

① 组织致密，力学性能高。由于金属型的热导率和热容量大，金属液的冷却速度快，有激冷效果，使铸件晶粒细化，形成的铸件组织更为致密，力学性能比砂型铸造生产的铸件高。如铝合金铸件的强度能提高 20% ～ 25%，而且铸件表面层会形成组织特致密的铸造硬壳，可提高耐腐蚀性。

② 铸件的尺寸和质量稳定，精度较高。金属型铸造能获得较高尺寸精度和较低表面粗糙度的铸件，并且质量稳定性好。铸件的尺寸精度一般为 CT 7 ～ CT 9，轻合金铸件可达 CT 6 ～ CT 8，表面粗糙度可达 Ra6.3 ～ 12.5 μm，最好可达 Ra3.2 μm。

③ 节约造型材料成本，提高生产效率，减少污染。可不用或少用砂芯，减少造型材料，一般可节约造型材料 80% ～ 100%，很大程度上减少了砂处理和运输设备，并能够改善环境、减少粉尘和有害气体，降低劳动强度。

④ 工序简单，易于实现机械化。在中、小铸件生产中由于无须砂处理和运输设备，以及金属型的高使用寿命，所以生产上更容易实现机械化和自动化。

⑤ 工艺出品率高。可比砂型铸造节约 15% ～ 30% 液态金属的消耗。

2. 缺点

① 金属型本身无透气性，必须设置一定的排气系统导出型腔中的空气和砂芯所产生的气体。

② 金属型无退让性，铸件凝固时容易产生裂纹。

③ 金属型铸造对铸件壁厚和大小也有一定限制。金属型的壁厚受一定限制，主要是由于金属液在金属型中冷却较快。如铝合金件为 2.2 ～ 3.5 mm，铸铁和铸钢件分别为 5 mm 和 7 mm；铸件易出现浇不足和冷隔缺陷；铸件的尺寸也受金属型所限不能设计过大，因为金属型过大，金属液充型时间就会过长。

④ 金属型制造周期较长，成本较高。因此只有在大量成批生产时，才能显示出较好的经济效果。

3.2 金属型铸件的成形特点

与砂型铸造相比，金属型铸件的成形特点为：金属型材料的导热性比砂型材料的大；金属型材料没有透气性；金属型材料没有退让性。

1. 金属型材料的导热性大

当液体金属进入铸型后，即形成一个“铸件 — 中间层 — 铸型”的传热系统。其中，金属型铸造的中间层是由铸型内表面的涂料层、铸件冷却收缩或铸型膨胀所形成的间隙，以及铸型表面吸附的气体预热膨胀所形成的气体层组成的。中间层导热系数远比铸件和铸型小得多，见表 3.1。

表 3.1　常见的铸型材料与涂料材料导热系数

材料名称	铸铁	铸钢	铸铝	铸铜	白垩	石棉
导热系数 /(W·(m·K)$^{-1}$)	39.5	46.4	272.6	390.9	0.6～0.8	0.1～0.2
材料名称	黏土	氧化锌	氧化钛	硅藻土	氧化铝	石墨
导热系数 /(W·(m·K)$^{-1}$)	0.6～0.8	<10	<4	<0.04	<18	<13.7

金属型铸造的传热速度主要取决于中间层的传热过程。通过调节中间层热阻(如改变涂料层的成分或厚度),就可以控制铸件的凝固、冷却速度。同时可以适当增加铸型壁厚或加外冷铁来提高传热,因为增加金属型壁的厚度,可以提高其蓄热能力,降低铸型内表面的温度,加速中间层的传热速度,提高铸件的凝固冷却速度。在自然冷却的情况下,一般铸型吸收的热量往往大于铸型向周围散失的热量,铸型的温度会不断升高。在强制冷却条件下,如对金属型外表面采取风冷、水冷等方法,可加强金属型的散热效果,提高铸件的凝固速度。

2. 由金属型无透气性引起的铸件成形特点

由于金属型无透气性,型腔中的气体和涂料、砂芯产生的气体在金属液填充时将不能排出,形成气阻,如图 3.2 所示,造成浇不足、冷隔、金属液返流缺陷,或因这些气体侵入铸件而造成气孔。

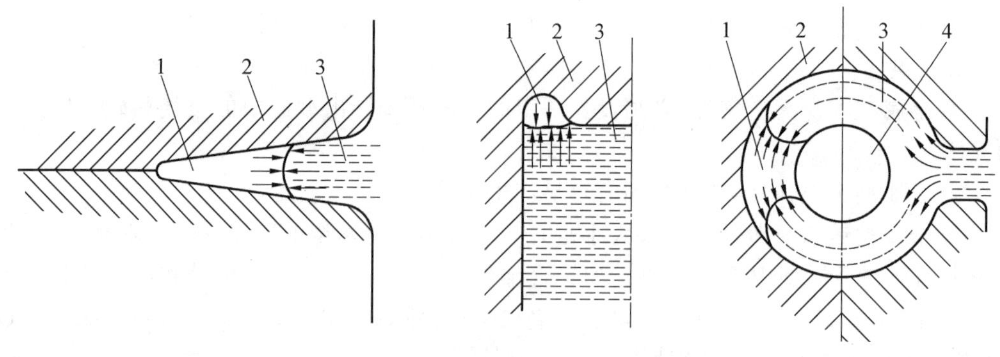

图 3.2　型腔内造成的气阻示意图

1— 气阻;2— 金属型;3— 液态金属;4— 金属型芯

此外,长期使用的金属型,型腔表面可能出现许多细小裂纹,如果涂料层太薄,当金属液填充后,处于裂纹中的气体就会受热膨胀,通过涂料层而渗入金属液中,使铸件出现针孔缺陷,如图 3.3 所示。

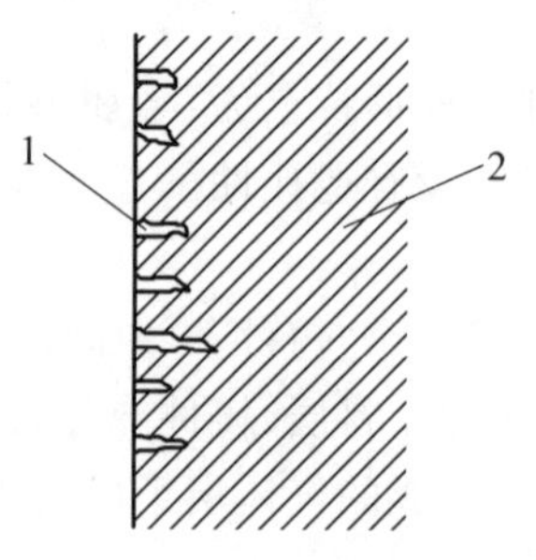

图 3.3　铸件表面的针孔

1— 针孔;2— 铸件

为了避免出现因金属型无透气性而引起的这些缺陷，可以采取开设排气系统的方法来解决，如开排气槽、通气孔、设排气塞等。

3. **由金属型无退让性引起的铸件凝固收缩特点**

在金属型铸造过程中，由于金属铸型和型芯都没有退让性，铸件凝固至固相形成连续的骨架时，其线收缩便会受到金属铸型和金属型芯的阻碍。

当铸件的温度在该合金的再结晶温度以上，处于塑性状态时，收缩受阻将使铸件产生塑性变形，如果塑性变形量过大，铸件可能会出现热裂。当铸件温度降至合金再结晶温度以下时，合金处于弹性状态，金属铸型、型芯的阻碍收缩就可能在铸件中产生内应力。当内应力大于铸件此时的强度极限时，铸件就会出现冷裂。更多的情况是铸件中产生的拉应力会使铸件与金属型的接触面产生大的压力，当将铸件自金属型中取出或将金属型芯自铸件中取出时，大的压力所引起的接触面上的摩擦力会阻碍铸件或金属型芯的取出，使生产过程不能顺利进行，或使铸件或金属型受损。

因此，考虑到金属铸型、金属型芯无退让性的特点，为防止铸件产生裂纹，并顺利取出铸件，就要采取一些措施，如尽早地取出型芯和从铸型中取出铸件；设计简易平稳的抽芯和顶件结构；可将严重阻碍铸件收缩的金属型芯改为砂芯；增大金属型铸造斜度和涂料层厚度；在涂料层中添加润滑成分。

3.3 金属型的设计

3.3.1 金属型的结构形式

金属型是金属型铸造的基本工艺装备，它在很大程度上影响铸件质量及生产效率。金属型的设计包括金属型结构设计、金属型的加热和冷却、金属型材料的选用，还包括确定金属型的尺寸精度、表面粗糙度及金属型的使用寿命等。

金属型的结构取决于铸件形状、尺寸大小、分型面选择等因素。按照金属型分型面的空间位置不同，常见的金属型可分为整体金属型、水平分型金属型、垂直分型金属型和综合分型金属型四种结构。

1. **整体金属型**

整体金属型（图 3.4）无分型面，结构简单，铸件在一个型内形成，尺寸稳定性好。铸型上面可以是敞开的或覆以砂芯，铸型左右两端设有圆柱形转轴，通过转轴将金属型安置在支架上。安放固定型芯后浇注，待铸件凝固完毕，将金属型绕转轴翻转 180°，铸件则从型中落下。再把铸型翻转至工作位置，继续准备下一循环。整体金属型多用于外形较简单的铸件中，操作方便，生产效率高。

2. **水平分型金属型**

水平分型金属型的分型面处于水平位置，金属型由上下两部分组成，如图 3.5 所示，铸件主要部分或全部在下半型中。这种金属型可将浇注系统设在铸件的中心部位，金属液在金属型腔中的流程短，温度分布均匀，铸件不易变形。由于浇冒口系统贯穿上半型，如果把浇冒口系统设在金属上半型中，则铸件出型将发生困难，因而常用砂芯形成浇冒口系统，将铸件留在下半型中。此类金属型上型的开合操作不方便，且铸件高度受到限制，多用于简单铸件，特别适合生产高度不大的中型或大型平板类、圆盘圆筒类和轮类铸件。

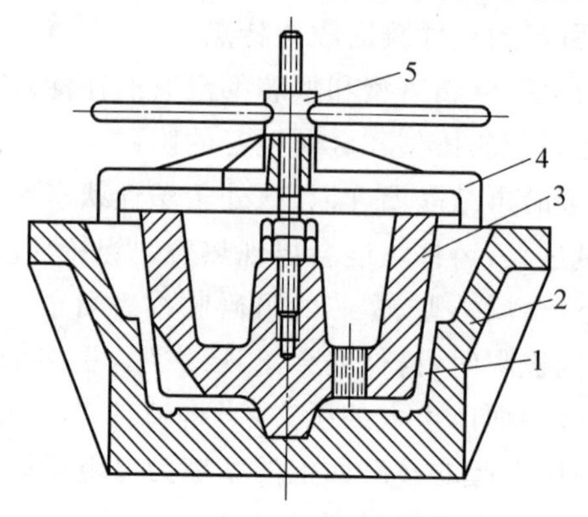

图 3.4 整体金属型

1— 铸件；2— 金属型；3— 型芯；4— 支架；5— 扳手

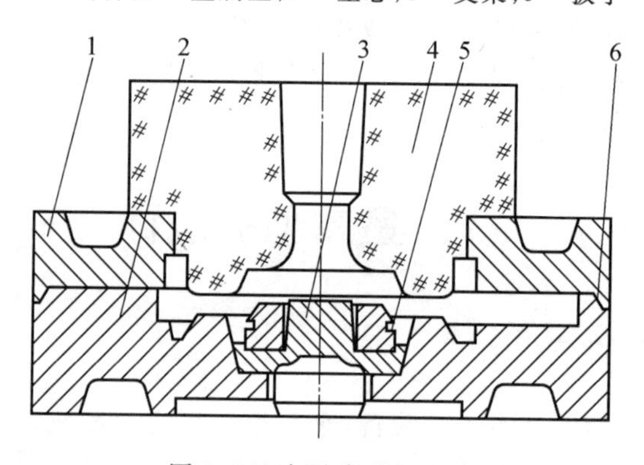

图 3.5 水平分型金属型

1— 上型；2— 下型；3— 型块；4— 砂芯；5— 嵌件；6— 止口定位

3. 垂直分型金属型

垂直分型金属型由左右两块半型组成，分型面处于垂直位置(图 3.6)。铸件可配置在一个半型或两个半型中。铸型易于设置浇冒口，设在分型面上的浇冒口不会阻碍铸件取出，开合和操作方便，容易实现机械化，但放置砂芯、镶块不方便，常用于生产小型铸件。

4. 综合分型金属型

对于较复杂的铸件，铸型分型面有两个或两个以上，既有水平分型面，也有垂直分型面，有时还可倾斜。这种金属型称为综合分型金属型，如图 3.7 所示。铸件主要部分可配置在铸型本体中，底座主要固定型芯；或铸型本体主要是浇冒口，铸件大部分在底座中。大多数铸件都可应用这种结构，它主要用来生产形状复杂的铸件。

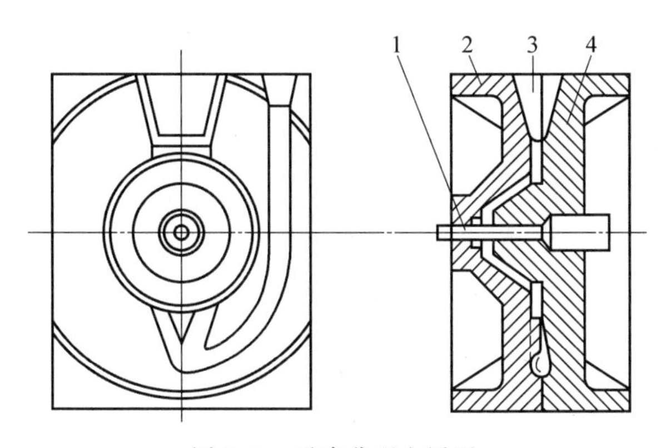

图 3.6 垂直分型金属型

1— 金属型芯;2— 左半型;3— 浇注系统;4— 右半型

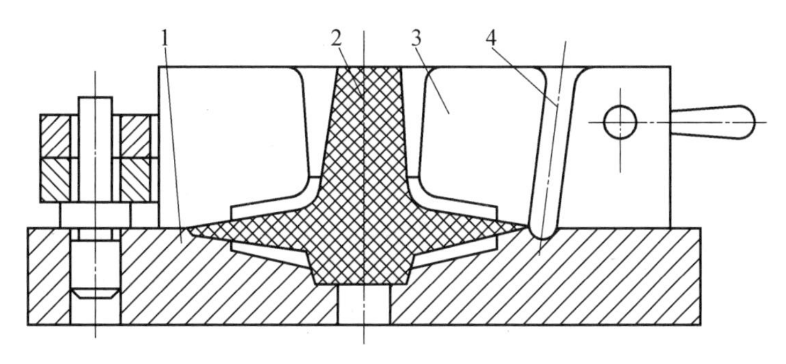

图 3.7 综合分型金属型

1— 底板;2— 型芯;3— 上半型;4— 浇注系统

3.3.2 金属型型腔尺寸的确定

如图 3.8 所示,金属型型腔和型芯尺寸主要根据铸件外形和内腔的名义尺寸确定,同时考虑收缩及公差等因素的影响,计算公式如下:

$$A_x = (A + A\varepsilon + 2\delta) \pm \Delta A_x \tag{3.1}$$

$$D_x = (D + D\varepsilon - 2\delta) \pm \Delta D_x \tag{3.2}$$

式中,A_x, D_x 为型腔和型芯尺寸;A,D 为铸件外形和内孔的名义尺寸;ε 为铸件的线收缩率,%;δ 为金属型的涂料层厚度,mm;ΔA_x,ΔD_x 为金属型型腔和内孔尺寸制造公差,mm。

涂料层厚度 δ 一般取 0.1 ~ 0.3 mm,型腔凹处取上限,凸出取下限。铸件的线收缩率可查阅相关手册,如铝硅合金、铝铜合金 ε 值为 0.6 ~ 0.8,铸铁、铸钢的 ε 值分别为 0.8 ~ 1.0 和 1.5 ~ 2.0。型腔和内孔的尺寸制造公差与名义尺寸大小有关,可查阅相关手册,如 A 为 50 ~ 260 mm,ΔA_x 为 ± 0.15 mm;当 A 大于 630 mm 时,ΔA_x 为 ± 0.4 mm。必须指出,由于影响型腔尺寸的因素多而复杂,不易掌握它们规律性,因此在实际生产中,由经验公式确定的尺寸只能提供参考,并加以试验修正。

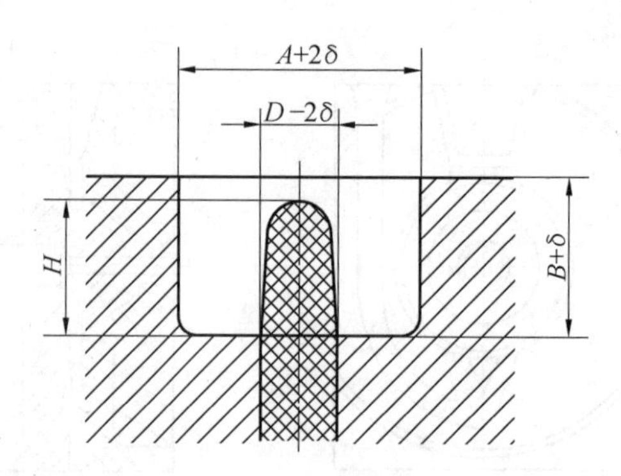

图 3.8 涂料层厚度对金属型型腔尺寸的影响

3.3.3 金属型壁厚设计

金属型在工作过程中，其壁厚除了传递和积蓄铸件的热量外，还承受着高温液态金属的压力及交变热应力及开合型机械力的作用。因此，金属型壁厚大小不仅影响铸件凝固，而且还影响铸型的寿命和生产效率。从铸件－金属型这一系统的热交换分析看，金属型壁厚对铸件凝固虽有影响，但它不如涂料和冷却介质的影响强烈。因此在确定金属型壁厚时，一般还要考虑金属型的受力和工作条件。若金属型壁太厚，则金属型笨重，手工操作时劳动强度大；若型壁太薄，则刚度差，金属型容易变形，缩短金属型使用寿命。因此，金属型需要确定一个最佳的壁厚。金属型壁厚与铸件壁厚、材质及铸件外廓尺寸、金属型材料性能等有关。当金属型生产铝、镁合金铸件时，壁厚一般不小于 12 mm，而生产铜合金和黑色金属铸件时，壁厚不小于 15 mm。为了在不增加壁厚的同时，提高金属型的刚度，并达到减轻质量的目的，通常在金属型外表面设置加强筋形成箱形结构。

3.3.4 金属型抽芯机构的设计

金属型中采用的型芯可以是金属型芯，也可以是砂芯，或两者同时兼有，但一般情况下，应尽量使用金属芯，避免使用砂芯。因为金属芯有很多优点，如：生产率较高，使用操作方便；尺寸稳定，表面粗糙度较低，减少零件加工余量，节省金属；便于抽芯机械化自动化，便于组织生产，缩短生产周期；能够加速铸件冷却，铸件结晶组织细密、均匀，有助于提高铸件的力学性能，减少形成部分铸件缺陷的可能；避免由于制造砂芯而需要的相应设备及工装，节省车间占地面积等。

为了及时地从铸件中取出型芯，很多金属型中都要设置抽芯机构，抽芯机构可以采用手动、气动、液压传动和电动等方式。以下为几种常见的手动抽芯机构，某些传动部分可以直接用在其他动力的抽芯机构上。

1. 撬杆抽芯机构

如图 3.9 所示，型芯利用带有主台阶的型芯头定位，型芯头长度应比型芯最大直径大 2～5 mm，型芯头长度可取型芯最大直径的 0.05～2 倍，在主台阶上设计辅台阶，辅台阶用于辅助撬杆压撬抽拔型芯，辅台阶的直径应足够撬拔型芯使用。

2. 齿轮－齿条抽芯机构

如图 3.10 所示，齿轮－齿条抽芯机构是一种应用较广泛的抽芯机构，其特点是抽芯

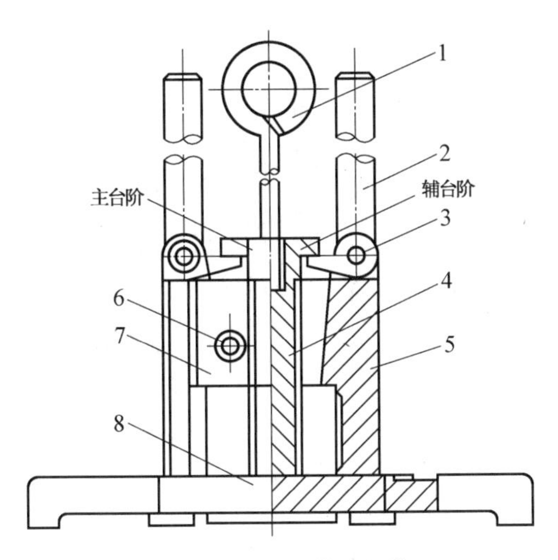

图 3.9 撬杆抽芯机构

1— 提手；2— 撬杆；3— 轴；4— 金属芯；5— 右半型；6— 手柄；7— 左半型；8— 底座

平稳，但结构较复杂。型芯既可做成整体的，也可做成装配式的。整体式齿轮齿条抽芯机构的结构简单，但若型芯报损则齿条也跟着报废。装配式齿轮齿条抽芯机构的结构较复杂，但型芯报损时齿条不至于报废。根据型芯的轮廓尺寸及抽芯力的大小，齿轮、齿条模数一般取 2.5～4 mm。齿轮－齿条抽芯机构适用于抽拔金属型底部和侧部的型芯，不适用于抽拔上部型芯，否则影响浇注和取出铸件。

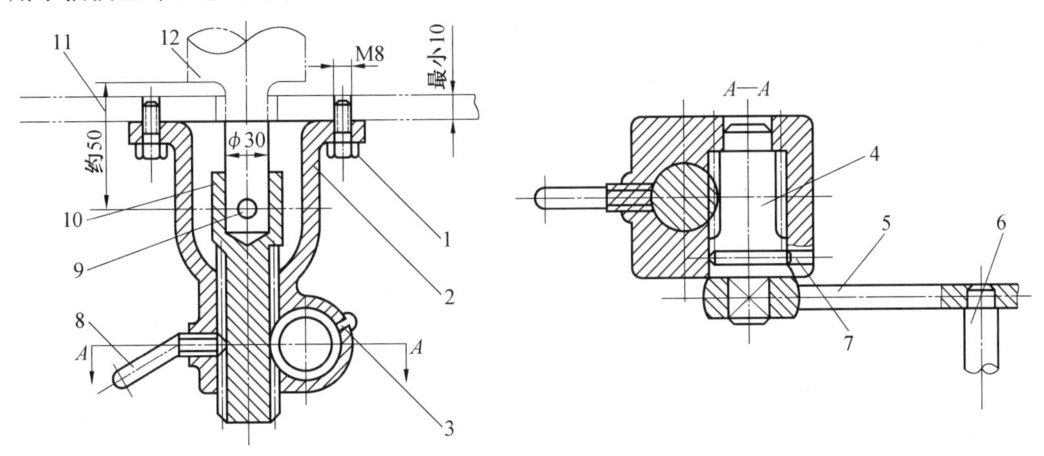

图 3.10 齿轮－齿条抽芯机构

1— 螺栓；2— 壳体；3— 油杯；4— 齿轴；5— 摇臂；6— 手柄；7— 止动螺钉；
8— 压紧螺钉；9— 插销；10— 齿条；11— 底座；12— 型芯

3. 螺杆抽芯机构

如图 3.11 所示，螺杆抽芯机构利用螺母螺杆的相对运动，经压块反作用力可以获得很大的轴向拉力。螺杆抽芯机构制造简单，抽芯平稳可靠，没有跳动，适用于抽拔较长而包紧力较大的型芯，如上型芯和侧型芯。

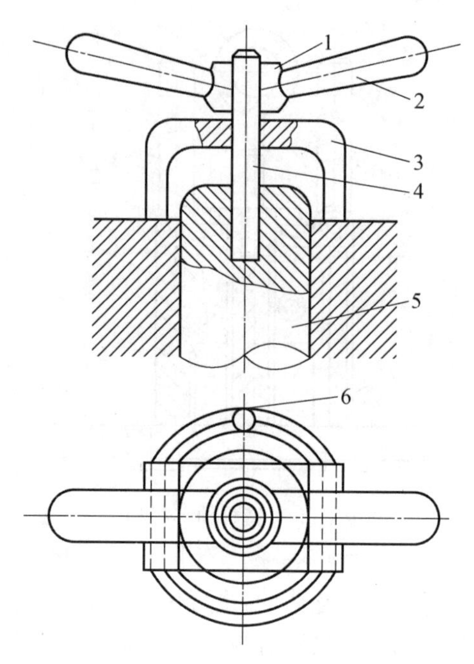

图 3.11 螺杆抽芯机构

1— 螺母;2— 手把;3— 压块;4— 螺杆;5— 型芯;6— 销钉

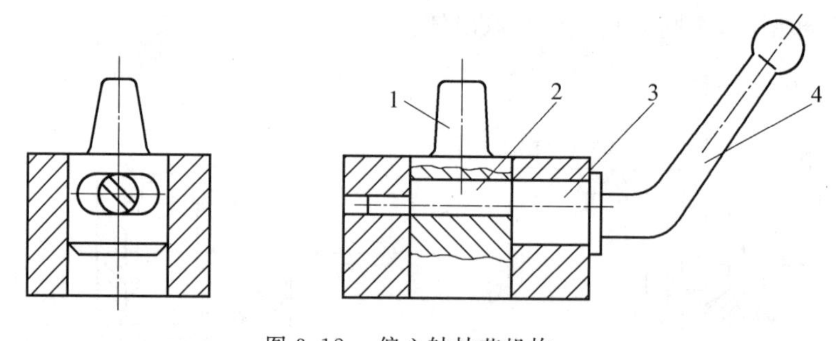

图 3.12 偏心轴抽芯机构

1— 型芯;2— 偏心轴;3— 轴头;4— 手把

4. 偏心轴抽芯机构

如图 3.12 所示,偏心轴抽芯机构结构简单,使用方便,缺点是芯头处椭圆孔制造与芯轴不够垂直或金属型上的圆孔位置偏斜时,抽拔型芯会使型芯出现轻微的旋转,可能会拉伤铸件。偏心轴抽芯机构适用于抽拔位于金属型底部的型芯。

3.3.5 金属型排气系统设计

因金属型材料本身无透气性,因此必须要合理地设计排气系统,设计得不合理将直接影响型腔内空气的排出,使铸件产生浇不足、冷隔、外形轮廓不清晰、气孔等缺陷。

确定排气系统在金属型中的位置后,在拟定浇注系统时,必须考虑金属液的充型过程应有利于将型腔中浇注时卷入的气体和挥发物所产生的气体排出。若可能,最好开设明冒口,利用明冒口直接排气;在分型面上可开设排气槽,型腔中的凹处及个别凸起部位钻孔,装入排气塞,以利于排气,在型腔各配合面(如芯座、活块、顶杆与型体的配合面)等,应开设排气槽。排气系统的截面面积应等于或大于浇注系统的最小截面面积。排气系统的设置应不影响开型及抽芯。

排气的方式有以下几种:

① 利用金属型上的明冒口或在暗冒口的顶部、型腔上部的型壁上开设直径为 1～10 mm 的圆孔作为排气孔。

② 利用分型面或型腔零件的组合面间隙进行排气。

③ 在分型面或型腔零件的组合面上、芯座或顶杆表面上开排气槽,如图 3.13 所示,要求既能迅速排出型腔中的气体,又能防止液体金属侵入,排气槽又称通气槽、通气沟。

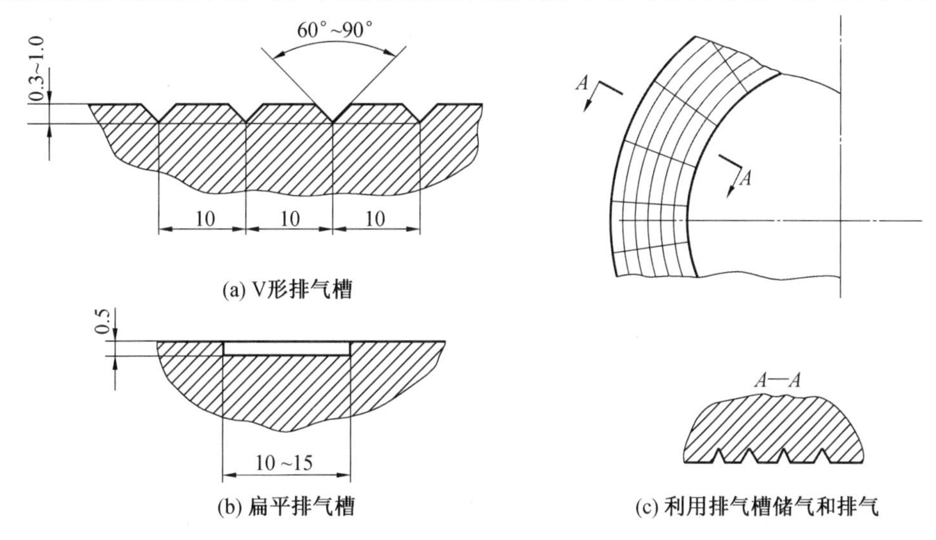

图 3.13 金属型所用排气槽

④ 开设排气塞。排气塞又称通气塞,可用钢或铜棒制成。图 3.14 所示为一种排气塞的形状和尺寸,排气塞一般安装在型腔中排气不畅而易产生气窝处,避免铸件缩松、浇不足、成形不良、轮廓不清等缺陷。为此,设计时必须研究金属液充型顺序,确定在型腔中会产生气体聚集而不易排出的部位。利用镶块与金属型本体的结合面排气,在结合面上做出排气槽。

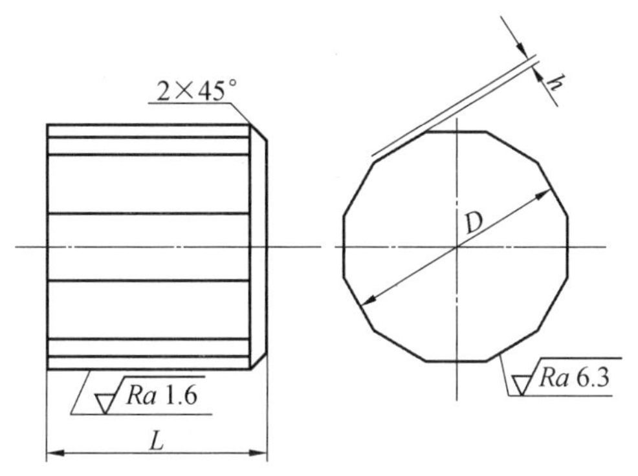

图 3.14 排气塞的形状和尺寸

3.3.6 金属型的定位、导向及锁紧机构

金属型合型时，首先需要两半型定位准确，一般采用两种方法，即止口定位和定位销定位。对于上下分型且分型面为圆形的，可以采用止口定位。对于矩形分型面大多采用定位销定位，定位销应设在分型面轮廓之内。当金属型本身尺寸较大，而自身的重量也较大时，为保证开合型定位方便，可采用导向形式。

对于手工操作的金属型，为防止液态金属进入分型面，合型后需要将两个半型相互锁紧。常用的锁紧机构有摩擦锁紧机构、楔销锁紧机构、偏心轴锁紧机构和套钳锁紧机构。

1. 摩擦锁紧机构

摩擦锁紧机构常用于铰链式或对开式中、小型金属型，其制造简单，操作方便，构造如图 3.15 所示。

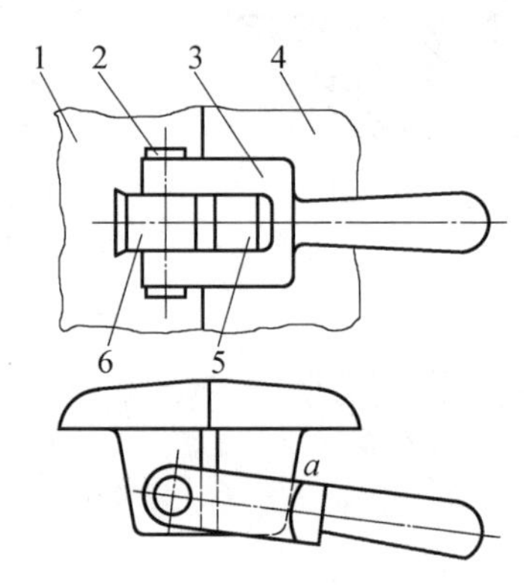

图 3.15 摩擦锁紧机构的构造

1— 左半型；2— 销子；3— 摩擦固紧手柄；4— 右半型；5，6— 凸耳

2. 楔销锁紧机构

楔销锁紧机构如图 3.16 所示，主要用于垂直分型铰链式金属型，锥孔斜度为4° ～ 5°，在合箱位置时两凸耳上锥孔的中心线偏差为 1 ～ 1.5 mm。

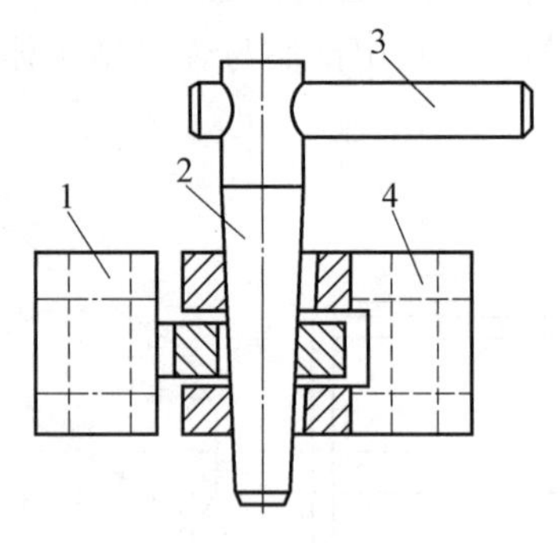

图 3.16 楔销锁紧机构

1，4— 凸耳；2— 楔销；3— 手柄

3. 偏心轴锁紧机构

偏心轴锁紧机构是用得最多的一种锁紧机构，有多种形式。如图 3.17 所示，铰链式

金属型偏心锁是用安装在金属型上的手柄1、锁扣2,通过转动偏心手柄3,从而夹紧两半型的。铰链式金属型偏心锁使用及制造都很方便,但偏心手柄经常转动易磨损,需要时常修理,只适用于生产铸件批量不大的小型金属型。还有图3.18所示的对开式金属型偏心锁,它是用开口销5,将锁扣固定在金属型的凸耳之间,通过偏心手柄1的转动,将两半型锁紧的。对开式金属型偏心锁锁紧操作方便可靠、效率高,广泛应用于中型金属型。

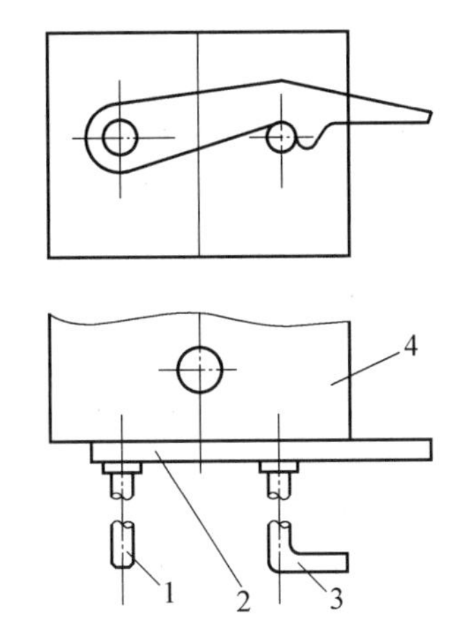

图3.17 铰链式金属型偏心锁

1— 手柄;2— 锁扣;3— 偏心手柄;4— 金属型

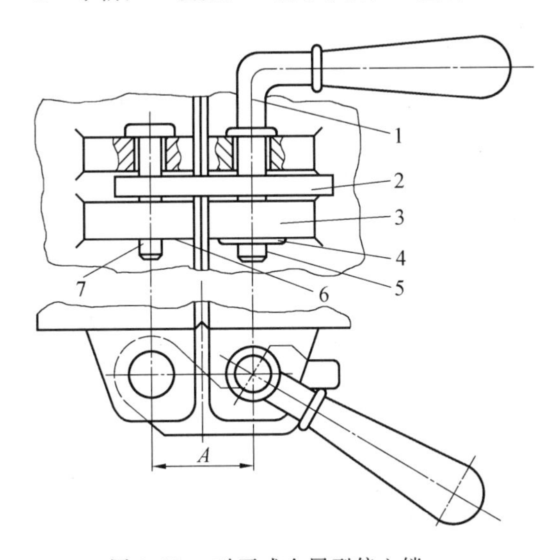

图3.18 对开式金属型偏心锁

1— 偏心手柄;2— 锁扣;3— 凸耳;4— 垫圈;5— 开口销;6— 垫圈;7— 轴销

4.套钳锁紧机构

套钳锁紧机构又称螺旋锁紧机构,它能承受很大的力,工作也很可靠,使用中无须特殊维护。缺点是操作时速度较慢,其仅适用于大、中型金属型。

3.3.7　顶出铸件机构

由于金属型没有退让性，加上金属铸件在型内停留时与型腔的一些表面贴得很紧，使铸件的收缩受阻，因此会导致铸件出型阻力增大，严重的会使铸件发生开裂，甚至损伤金属型，故在金属型中要设置顶出铸件机构，以便及时、平稳地取出铸件。

设置顶出铸件机构的主要部件在于顶杆，一般常用圆柱形，可以是单个顶杆机构或组合顶杆机构。

设计金属型的顶出机构时需要注意以下几点：① 要把顶出铸件机构设置在开型后铸件停留的半型中。② 确定铸件在开型后所停留的位置，位置与铸件形状及分型面的选择等因素有关。可以将铸件在两个半型中对称布置，借助于两个铸型中铸件的不同铸造斜度，使铸件留在铸造斜度小的半型中；也可以将在分型面上的两个半型上不对称地设置浇冒口系统，以保证铸件停留在与铸型接触面较大的半型中。③ 在铸件最终停留的半型内设置顶杆使受到出型阻碍的铸件顺利取出。顶杆应布置在铸件出型时受阻力最大的部位，而且要使铸件受力均匀，防止铸件在顶出时变形；顶杆应具有一定数目，以防铸件被顶出时发生顶杆歪斜，使铸件表面变形，顶杆端面的直径应足够大，以免铸件被顶的铸件部位上单位面积受力过大而出现深的压痕。尤其需要注意不应在铸件重要面上的部位设置顶杆。为了使顶杆受热膨胀时不会被卡死在金属型上的顶杆孔中，顶杆与顶杆孔之间应有一定的配合间隙，一般采用 H12/h12 级配合。

对于综合分型面的金属型，开型后金属应停留在底座中。对于平直分型金属型，当生产批量小时，铸件应停留在固定的半型中；当生产大型铸件时，铸件应停留在移动的半型中。对于水平分型金属型，一般情况下都使铸件停留在下半型中，当有大的上半型芯时，铸件可停留在上半型中。

金属型中常见的顶杆机构有以下几种类型。

（1）弹簧顶杆机构。

弹簧顶杆机构适用于形状简单，只需一根顶杆的铸件，如图 3.19 所示，在顶杆端面将铸件顶出金属型之后弹簧可以自动地把顶杆回复至初始位置。弹簧顶杆的缺点是弹簧受热后易失去弹性，需经常更换弹簧。

（2）组合式顶杆机构。

组合式顶杆机构类似压铸机顶出机构，一般由电动、液压或机械传动装置完成开合型动作，形式较为复杂，针对形状复杂的铸件。在顶出铸件时顶杆机构应使铸件受力均匀，因此要设置多个能同步动作的顶杆 —— 通常用顶杆板将多个顶杆的一端连接在一起，使顶杆同步动作，顶出铸件时，使顶杆板带动多个顶杆一起动作顶出铸件，在完成开型后，铸件必须留在动型板上，以利于正常生产，如图 3.20 所示。

（3）楔锁顶杆机构。

楔锁顶杆机构相当于在弹簧顶杆机构中的弹簧与金属型接触端面以外，在顶杆上开一个楔形的孔，用紧固楔代替弹簧打入楔形的孔，使顶杆复位浇注，浇注完毕后退出紧固楔，敲击顶杆脱出铸件，如图 3.21 所示。

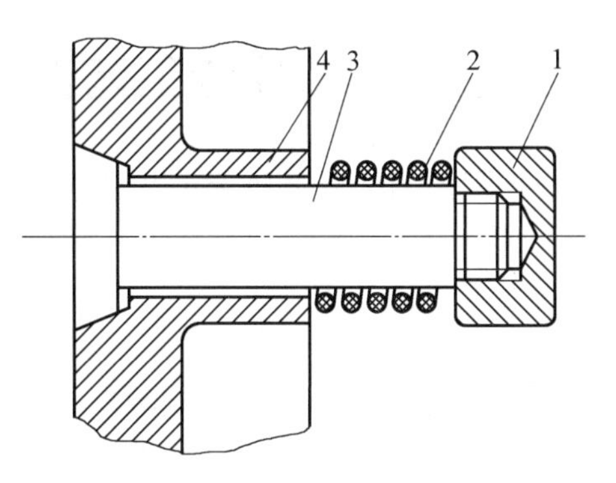

图 3.19 弹簧顶杆机构

1— 螺母;2— 弹簧;3— 顶杆;4— 金属型

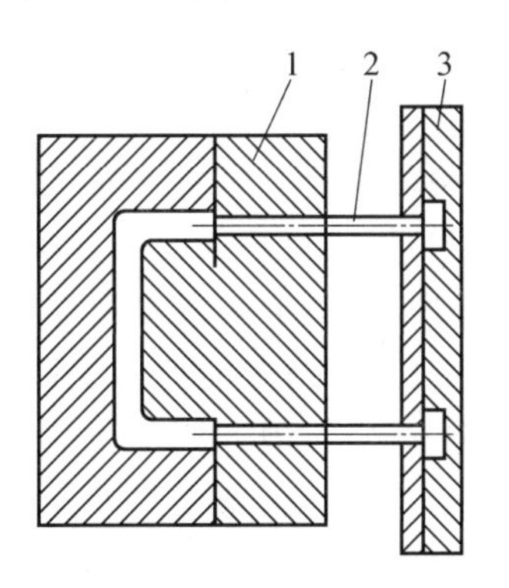

图 3.20 组合式顶杆机构

1— 金属型;2— 顶杆;3— 顶杆板

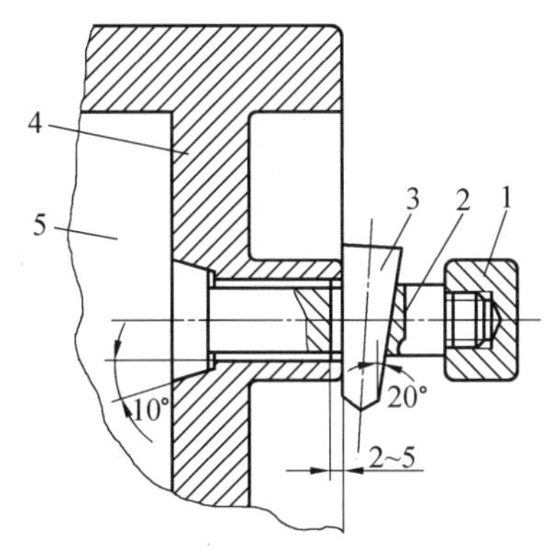

图 3.21 楔锁顶杆机构

1— 螺母;2— 顶杆;3— 紧固楔;4— 金属型;5— 型腔

3.4 金属型铸件的工艺设计

为了保证铸件质量、简化金属型结构、降低铸造工艺成本，必须要对铸件结构进行分析，并制订合理的金属型铸件工艺。

3.4.1 铸件结构的工艺性分析

合理的金属型铸件结构工艺性，是保证铸件质量、发挥金属型铸造优点的重要条件。合理的金属型铸件结构应满足以下原则：铸件结构不应阻碍出型、抽芯、收缩；铸件的壁厚差不应太大，以避免铸件各个部分温差过大而引起缩裂和缩孔；金属型铸件有允许的最小壁厚。金属型铸件的最小壁厚可查阅有关设计和铸造手册。

3.4.2 铸件在金属型中的浇注位置

铸件的浇注位置直接关系到型芯和分型面的数量、液态金属的导入位置、冒口的补缩效果、排气的通畅程度以及金属型结构的复杂程度等方面。浇注位置的选择原则有：保证金属液在充型时流动平稳、排气方便，避免金属液发生卷气和氧化；有利于金属液顺序凝固，补缩良好，以保证获得组织致密的铸件；应使型芯数目尽量减少，安放方便、稳定，而且易于出型；有利于金属型结构简化，铸件出型方便等。图 3.22 所示为某一铸件在金属型中的两种浇注位置。如果采用图 3.22(a) 的浇注位置，浇注时易导致下列问题：冲芯；金属液流紊乱，容易进渣和卷气；所需的冒口较大；在金属芯附近的厚壁得不到补缩；易产生缩孔和缩松；冒口切割工作量较大；铸件出型必须设顶出机构或抽芯机构。若按照图 3.22(b) 的设计，就克服了上述缺点，且型芯稳定，砂芯消耗量减少。

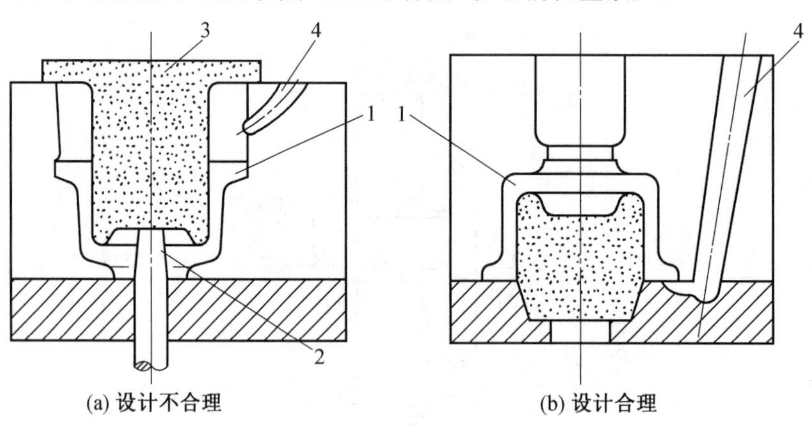

图 3.22 铸件在金属型中的两种浇注位置

1— 铸件；2— 金属芯；3— 砂芯；4— 浇口

3.4.3 铸型分型面的选择

分型面的形式一般有垂直、水平和综合分型三种。分型面的选择原则有：为了简化金属型结构，提高铸件精度，形状简单的铸件最好都布置在半型内，或大部分布置在半型内；分型面数目应尽量少，保证铸件外形美观，铸件出型和抽芯方便；选择的分型面应保证设置浇冒口方便，金属充型时流动平稳，有利于型腔里的气体排出；分型面不得选在加工基准面上；尽量避免曲面分型，减少拆卸件及活块数量，原因是曲面分型及采用活块不仅使金属型结构复杂，制造难度增大，而且会导致金属型使用寿命下降，降低生产效率。

3.4.4 浇注系统的设计

1. 浇注系统的设计原则

金属型铸造的浇注系统设计与普通砂型铸造浇注系统设计作用和原理相同，需根据合金种类及其铸造性能，铸件的结构特点及对铸件的技术要求，金属型铸造冷却速度快，排气条件差、浇注位置受限制等特点，综合加以考虑来设计浇注系统。但因金属型的特殊性，如冷却快、排气差等，还需要更多地注意以下几点：

① 由于金属型冷却速度快，金属液流动性丧失过快，因此，要求浇注系统必须保证金属液在规定时间内充满型腔，一般浇注时间不超过 20 ～ 25 s；浇口尺寸应适当加大，但应尽可能避免产生紊流。

② 要使金属液平稳流入型腔，内浇口的位置不会使金属液直接冲击型壁和型芯。

③ 金属型排气差，金属液进入型腔须不妨碍气体排出。

④ 铸型的温度场分布应合理，有利于铸件实现顺序凝固，浇注系统一般开设在铸件的热节或壁厚处，以便于铸件得到补缩。

⑤ 浇注系统结构应简单，使铸型开合、取件方便。

2. 浇注系统的形式

与普通砂型铸造相同，根据内浇口的位置，金属型的浇注系统的结构形式大致也可以分为顶注式、底注式和中注式三种。顶注式一般热分布较合理，有利于实现顺序凝固，可以减少金属液的消耗，但金属液流动不平稳，不容易挡渣；底注式金属液流动较平稳，有利于排气，但温度分布不合理，不利于铸件顺利凝固；中注式兼有上述两者的特点。

3. 浇注系统尺寸的确定

浇注系统尺寸的确定步骤为：先确定浇注时间，再计算最小截面面积，然后按比例计算出其他组元的截面面积。

(1) 浇注时间的确定。金属型冷却速度快，为防止浇不足、冷隔等缺陷，浇注速度应比砂型铸造快，浇注时间的计算方法有两种：① 可以用砂型铸造浇注时间公式计算，然后根据经验将浇注时间减少 20% ～ 40%；② 对铝、镁合金铸件，还可以由金属型型腔高度和型内液面上升速度来决定，即

$$t = \frac{h}{v} \tag{3.2}$$

$$v = \frac{1}{\delta}(2 \sim 4.2) \tag{3.3}$$

式中，v 为金属液在金属型中的平均上升速度，cm/s；δ 为铸件的壁厚，mm；h 为金属型型腔的高度，mm。

(2) 最小截面面积确定。可根据浇注时间、金属液流经浇注系统最小截面处的允许最大流动线速度 v_{max} 来计算出最小截面面积 A_{min}，即

$$A_{min} = \frac{G}{\rho v_{max} t} \tag{3.4}$$

式中，A_{min} 为最小截面面积，cm^2；G 为铸件质量，g；ρ 为金属液密度，g/cm^3；v_{max} 为最小截面允许的最大流动速度，cm/s。

为防止金属液在浇注时卷入气体和氧化、飞溅以及使浇注系统能起挡渣作用，一般 v_{max} 值不能太大。对于镁合金，$v_{max} < 130$ cm/s；对于铝合金，$v_{max} < 150$ cm/s。

(3) 其他组元的截面面积。浇注铝、镁合金时，为了防止出现飞溅和二次氧化造渣现象，需要降低金属液的流速，常采用开放式浇注系统，此时浇注系统中的最小截面面积应当是直浇道的截面。故各组元的截面面积比例关系如下：

对于大型铸件(> 40 kg)，$A_{直} : A_{横} : A_{内} = 1 : (2 \sim 3) : (3 \sim 6)$；

对于中型铸件(20 ～ 40 kg)，$A_{直} : A_{横} : A_{内} = 1 : (2 \sim 3) : (2 \sim 4)$；

对于小型铸件(< 20 kg)，$A_{直} : A_{横} : A_{内} = 1 : (1.5 \sim 3) : (1.5 \sim 3)$，若浇注系统中无横浇道，则 $A_{直} : A_{内} = 1 : (0.5 \sim 1.5)$。

浇注黑色金属时，通常采用封闭式浇注系统。此时绕注系统中的最小截面面积为内浇口的截面面积，各组元截面面积之间的关系为

$$A_{直} : A_{横} : A_{内} = (1.15 \sim 1.25) : (1.05 \sim 1.25) : 1$$

3.4.5 金属型的加热和冷却装置

在生产过程中，为保持连续生产，提高生产效率，必须不断对金属型进行加热或冷却，以保持金属型温度在合适范围内。

1. 加热装置

(1) 喷灯或煤气火焰预热。多见于小型金属型手工浇注，还可以将少量金属液直接浇入金属型中。虽然此法方便、简捷，但操作不安全，会缩短金属型的工作寿命。

(2) 设置电阻丝。在金属型需加热处设置电阻丝，如图 3.23 所示。该法最为可靠，使用方便，装置紧凑，在工作过程中加热温度可以自动调节。对于小型金属型，则可将电阻丝安装在金属型铸造机上，对整个金属型进行加热；对于大、中型金属型，也可将活动电阻丝加热器直接放在敞开的金属型上加热；对于大型金属型，可直接将电阻丝装在金属型型体上。

(3) 安放管状电热元件。当金属型壁厚超过 35 mm 时，可采用管状电热元件加热，这种方法热效率高、拆装方便、寿命长。在不影响金属型强度的情况下，安放管状电热元件时离分型面越近越好，如图 3.24 所示。

(4) 设置煤气喷嘴。对于小型金属型，可以用移动式煤气喷嘴直接对金属型加热，对大、中型金属型则应根据工艺要求分别设置煤气喷嘴加热，力求金属型物体受热均匀。

2. 冷却装置

在很多场合，金属型在连续生产情况下，温度会不断升高，常会因其温度太高而不得

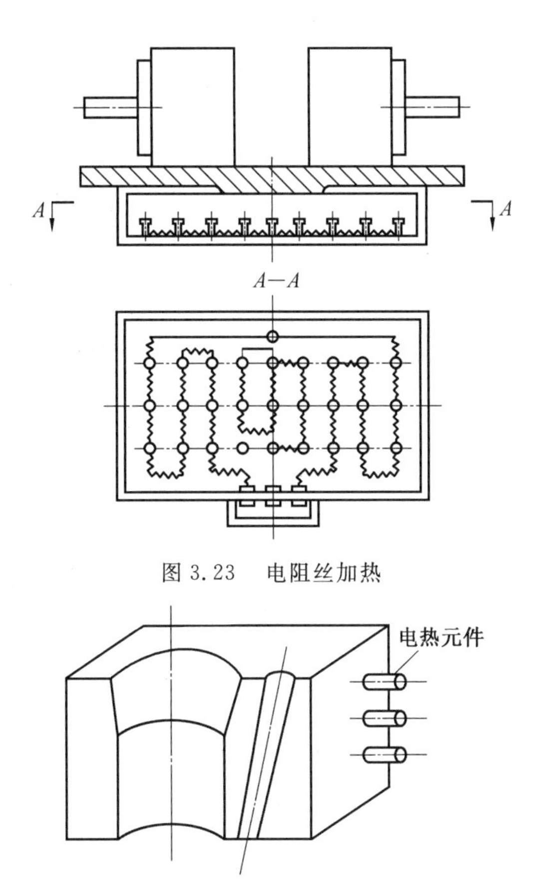

图 3.23　电阻丝加热

图 3.24　管状电热元件

不中断生产，需待金属型温度降下来，再进行浇注，所以常采取以下措施加强金属型的冷却。

(1) 制作散热片(散热针、刺)。在金属型的背面做出散热片或散热刺，如图 3.25 所示，以增大金属型向周围散热的效率，散热片的厚度为 4 ～ 12 mm，片间距为散热片厚度的 1 ～ 1.5 倍。散热刺平均直径为 10 mm 左右，间距为 30 ～ 40 mm。该法适用于铸铁制的金属型。

(2) 风冷。在金属型背面留出抽气空间，用铁板封住，采用抽气机抽气，或用压缩空气吹气，通过金属型背面上较大的气体对流，达到降低金属型温度的目的。此法散热效果较好，不易在金属型中产生太大的热应力，使用较安全，可有效提高金属型的生产效率和使用寿命。

(3) 水冷。用水强制冷却金属型，即在金属型或型芯的背面通循环水或设喷水管加强铸型的冷却，如图 3.26 所示。用水冷却金属型效果最好，但应避免冷却速度过快，使金属型壁中的温度差过大引起较大的内应力而降低金属型使用寿命。同时，还需要仔细检查铸型上的裂纹以防止水渗入铸型工作表面。此法多用于铜合金铸件上。

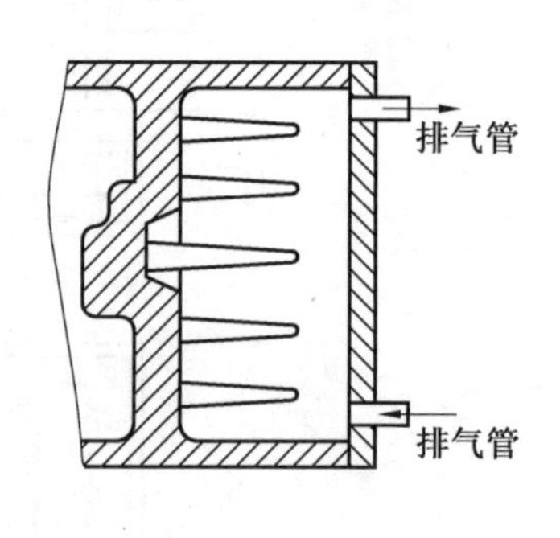

图 3.25　散热片与散热刺

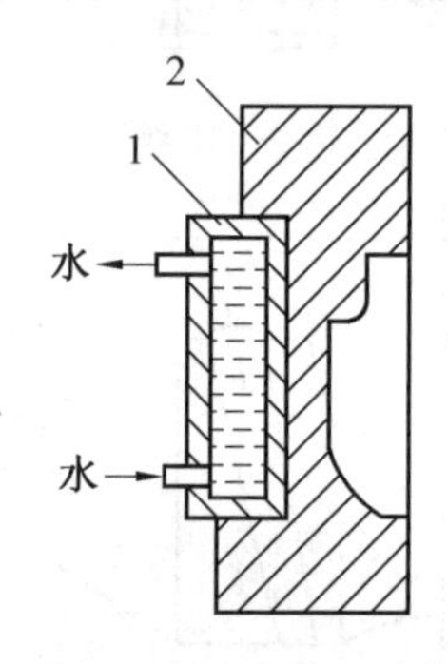

图 3.26　水冷示意图

1— 冷却水管；2— 金属型

(4) 热管冷却(酒精或氨水)。热管是一种高效的传热元件，可在热管中通入酒精或氨水，在汽化端和冷凝端往复循环冷却，即使在温度梯度较小的情况下，也能够高效地传热，其导热能力比铜大 100 ～ 1 000 倍。图 3.27 所示为热管结构示意图。

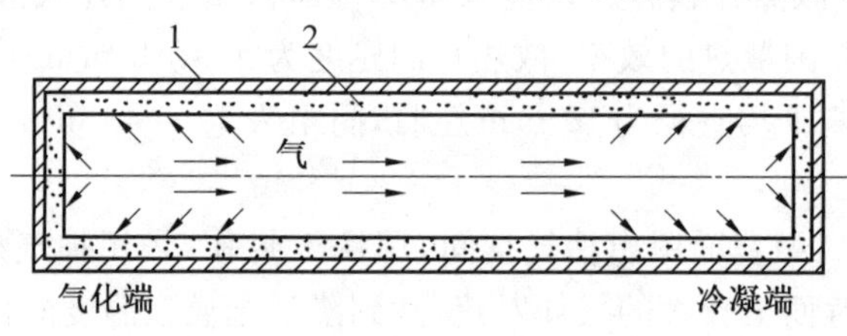

图 3.27　热管结构示意图

1— 外壳；2— 毛细管组织层

3.4.6　金属型的破坏原因

金属型作为较贵重的模具，其服役寿命的长短在保证生产的正常进行、产品的质量及控制生产成本等方面起到了关键的作用。尽可能延长金属型的服役寿命，需要深入探究金属型的破坏原因，以便采取相应的预防措施。

金属型的破坏原因主要有以下几种。

1. **应力的叠加**

如果采用铸铁作为制型材料，其坯件事先未经消除应力的时效处理，或者时效处理的程度不够，就可能导致铸造应力存在于制成的金属型型体中。铸铁件中常有铸造应力，浇注铸件时，铸铁铸型中温度分布不均匀会使金属型型体中产生新的热应力。若产生的热应力与金属型中的原有残余应力的方向相同，则两种应力会互相叠加，叠加应力有可能使金属型某部位的应力值大于此处金属型材料的抗拉强度值，金属型上就可能出现贯通性的裂缝。

这种破坏常在新的金属型试浇初期出现。裂缝一般在铸型外表面上有应力集中的部位(尖的凸起物、铸造缺陷)处出现。所以，铸铁金属型的毛坯应经充分的时效处理后再进行机械加工，铸型外表面上应尽可能消除应力集中的结构和减少铸型外表面上铸造缺陷的存在。浇注前铸型应先预热。

2. **热应力疲劳**

金属型连续生产时，每生产一次铸件，金属型型壁就会经历一次加热和冷却的过程。在浇注之前，如认为金属型型壁内厚度方向上的温度是基本一样的，则在高温液态金属进入铸型后，其内表面层上的温度会迅速上升，而型壁中间层和型壁外表面处的温度还来不及同步上升，便会出现图 3.28(a) 所示的型壁内部在壁厚方向上的温度分布。

铸型内表面层上的温度升得很高，而中间层和外表面层的温度较低，铸型内表面层的线膨胀量便比中间层和外表面层要大得多，即型壁的中间层和外表面层阻碍内表面层的膨胀，内表面层受压，中间层受拉，而外表面层上的应力很小，因紧靠它的型壁内层温度升得不高。铸件在型内凝固时，型壁的中间层和外表面层上的温度逐渐上升，型壁上的温度分布曲线逐渐平缓[图 3.28(b)]，但铸型壁靠近内表面层仍受压应力，外表面层上出现拉应力。自铸型中取出铸件后，金属型内表面直接与空气接触，降温较快，而型壁中间层的温度仍较高，此时铸型内、外表面层需收缩较多，而型壁中间层因温度较高而阻碍表面层的收缩，型壁内、外表面层上产生拉应力，如图 3.28(c) 所示。因此每浇注一次铸件，金属型内表面就经受一次交变热应力的作用。在长期的工作过程中，金属型内表面就要经受很多次交变热应力的作用，当这种交变热应力超过金属铸型材料的高温疲劳强度值时，金属型内表面就会出现微小裂缝。裂缝处易形成应力集中，所以随着浇注次数的增多，应力集中使裂缝不断扩展，最后在金属型表面形成明显的网状裂缝，严重时，金属型会因此报废。

同时，网状裂缝中还可能存储空气和积聚氧化铁，浇注时，裂缝中的空气受热膨胀，就可能进入铸件中，使之形成针孔和细小贯穿孔。如浇注的金属为铸铁或钢，则其中的C会与Fe发生氧化反应，从而使产生的气体进入铸件造成同样的气孔缺陷。热应力疲劳的裂缝还容易在铸型表面切削加工时的刀痕处或者在铸造缺陷处形成，因为这些地方是产生应力集中常见的部位。

因此，可以采用合适的涂料来减轻金属型工作表面的受热程度，尽可能使用光洁程度较高的金属型工作表面，或一旦发现在铸型内表面上有微小裂缝时就及时地将其磨去，以延缓裂缝的扩展趋势，适当地减轻热应力疲劳的破坏作用。

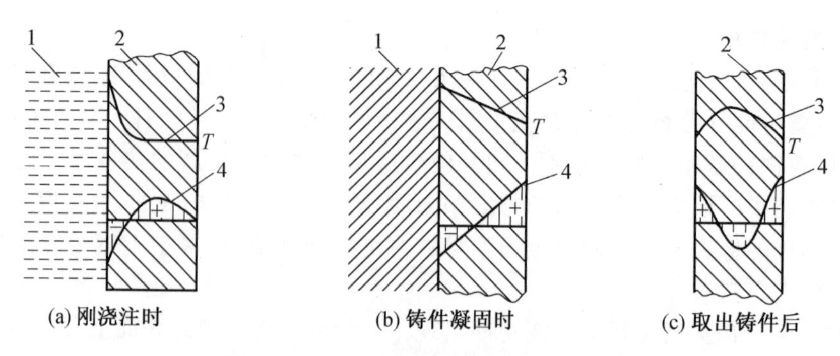

图 3.28 金属型受交变热应力示意图

1— 铸件;2— 金属型壁;3— 温度分布曲线;4— 应力分布曲线

3. 铸铁生长

当铸铁作为金属型的材料时,铸铁中的珠光体会在浇注金属的热作用下分解为石墨和铁素体,珠光体体积会逐渐增大,这种增大称为铸铁生长。但这种生长不在金属型整体内同步均匀地进行,有些部位生长得较多,有些部位则生长很少。如同热应力的形成机理一样,相变较快的部位生长受阻,这些部位的材料受压,相变较慢的部位来不及生长,这些部位阻碍相变较快部位的生长,它本身受拉。这种应力如同热应力一样会加快热应力疲劳裂缝的扩展。严重时,还会和铸造应力、热应力一起引起金属型的弯曲变形,致使型腔尺寸变化,降低铸件的尺寸精度,还会使两个半型不能严密合型,易在铸件上出现飞边。

4. 氧气侵蚀

热应力疲劳使裂缝中存有空气,而空气中的氧会在高温浇注情况下加速与金属型壁上的金属发生氧化反应,此时伴有体积膨胀,同时,还会使裂缝中的金属变得疏松,造成裂缝进一步扩展。

5. 金属液的冲刷

浇注时,高温液体金属流过金属型表面,具有热冲击的作用,金属型工作表面在高温金属液的冲刷下,温度迅速升高,其强度也很快降低,故在受冲刷的金属型表面上会较早地出现裂缝。有时受金属液冲刷侵蚀的金属型表面甚至会和铸件黏合在一起(尤其在压力铸造铝合金铸件时,因冲刷得厉害,铝与铁又有亲和力,所以常会遇到这种现象),如强行取下铸件,则会进一步破坏金属型的表面。当然,这种铸件粘型现象有时还和金属型受冲刷处的裂缝有关,在裂缝较大时,冲刷金属型的金属液有时会钻入裂缝,导致铸件粘型现象的产生。

因此,金属型铸造时应合理设计浇注系统,避免金属型某部位受集中剧烈的冲刷。考虑金属型铸造工艺时要选择合适的涂料,尽可能减轻金属液对铸型表面的直接冲刷。

6. 铸件的摩擦

因金属型没有退让性,铸型中受铸件包覆的部位会在取出铸件时承受较大的表面接触摩擦,这种摩擦会使金属型受损。浇注后温度升得较高的铸型部位,由于其膨胀量大,强度又下降得多,就更易被摩擦破坏,因此采取选择合适的涂料(如采用减小摩擦因数的涂料),控制好铸型各处的工作温度,尽可能早地自铸型中取出铸件等措施,都可减轻铸件对铸型的摩擦破坏。

为了提高金属型的服役寿命，应在综合考虑以上金属型破坏原因的基础上合理地选择金属型的材料和机械加工的质量，同时还要制订合理的铸造工艺，规定科学的操作规程和金属型的维护制度。

3.5 金属型铸造的工艺要点

3.5.1 金属型材料的选择

根据金属型遭破坏的原因可以得出制造金属型的材料需要满足的几个要求：耐热性和导热性好；高温稳定性好；具有一定的强度、韧性及耐磨性；机械加工性能好。金属型常用材料包括灰铸铁、球铁或钢等，铸铁的加工性能好、价廉，一般工厂均能自制，并且又耐热、耐磨，是一种较常用的金属型材料，满足铸件的一般性需求。对铸件质量要求较高时，应使用碳钢和低合金钢等。此外，金属型还可以采用铝合金制造，对铝型表面进行阳极氧化处理，获得一层由 Al_2O_3 及 $Al_2O_3 \cdot H_2O$ 组成的氧化膜，熔点和硬度较高，耐热耐磨。既可以铸造生产铝件、铜件，还可以生产黑色金属件。常用的金属型材料见表 3.2。

表 3.2 常用的金属型材料

材料类别	常用牌号	零件特点	用途
铸铁	HT150、HT200	接触液体金属零件及一般件	型体、底座、浇冒口等
优质碳素钢	20、25、30、45	要求渗碳耐磨	轴、型芯、活动块、齿轮等
碳素工具钢	50CrVA	承受冲击负荷	顶杆、拉杆、承压零件等
铜	T1、T2、T3、T4 等	高导热性	排气塞、激冷块

3.5.2 金属型的预热

金属型预热是浇注前的第一道工序。为保证铸件质量和提高金属型寿命，金属型在工作时需要一个合适的温度范围。在开始生产时，为了去除金属型工作表面上所吸附的水分，减轻浇注第一个铸件时金属液的高温对金属型的热冲击并保证金属型更好地填充型腔，避免金属型导热性大导致的液体金属冷却速度大，流动性剧烈降低，引起铸件出现冷隔、浇不足夹杂、气孔等缺陷，同时避免浇注时使未预热的金属型受到强烈的热击，应力倍增使其遭到破坏，必须对金属型进行预热，从而使其达到工作温度。

预热温度也会对后续的涂料产生影响。预热温度过低，涂料中水分不易蒸发，涂料容易流淌；预热温度过高，涂料不易黏附，会造成涂料层不均匀，使铸件表面粗糙。不同材质的金属型，预热温度也有所不同。常用的金属型预热温度见表 3.3。

表 3.3 常用的金属型预热温度

铸造合金	铝镁合金	铜合金	铸铁	铸铜
预热温度 /℃	150 ～ 200	80 ～ 120	80 ～ 150	100 ～ 250

在金属型喷完涂料之后还需进一步加热至金属型的工作温度，金属型工作温度太低，金属液冷却速度太快，易造成铸件冷隔、浇不足等缺陷，使铸铁件产生白口；金属型工作温度太高，会导致铸件力学性能下降，缩短金属型寿命，降低生产效率。金属型的工作温度与浇注合金的种类、铸件的结构、大小和壁厚有关。表 3.4 所示为浇注不同合金铸件需要的金属型工作温度。

表 3.4　浇注不同合金铸件需要的金属型工作温度

合金种类	铝合金	镁合金	铸铁	铸钢	锡青铜	铅青铜
预热温度 /℃	200 ~ 300	200 ~ 250	250 ~ 350	150 ~ 300	150 ~ 225	100 ~ 125

3.5.3　金属型用涂料及涂敷工艺

在金属型铸造中，应根据铸造合金的性质、铸件的特点选择合适的涂料，这是获得优质铸件和提高金属型寿命的重要环节。涂料的主要成分基本有三种：耐火材料，如氧化锌、滑石粉、硅藻土等；黏结剂，如水玻璃等；溶剂，如水等。涂料应符合以下技术要求：要有一定黏度，便于涂挂；涂挂后不发生龟裂和脱落，便于清除；具有良好的耐火度；具有良好的高温稳定性，自身不产生大量气体，不与合金发生化学反应等。

1. 涂料的作用

① 保护金属型。在浇注过程中，涂料可减轻高温金属液对金属型型壁的冲蚀和热冲击，防止铸件粘型；在取出铸件时，涂料可减轻铸件对金属型和型芯的摩擦，并使铸件易于从型中取出。

② 调节铸件各部位在金属型中的冷却速度。采用不同种类和厚度的涂料能调节铸件在金属型中各部位的冷却速度，并控制铸件凝固补缩顺序，获得内部质量较好的铸件。

③ 改善铸件表面质量。防止因金属型较强的激冷作用使铸件表面产生冷隔或流痕，并防止铸件表面形成白口层。

④ 利用涂料层蓄气、排气。因为涂料层有一定的孔隙度，所以有一定的蓄气、排气作用。

2. 涂敷工艺

在喷刷涂料之前，应仔细清理金属型的工作面和通气塞，去除旧的涂料层、锈蚀以及黏附的金属毛刺等。新投入使用的金属型，可用稀硫酸洗涤，或经轻度喷砂处理，以改善金属型表面对涂料的黏附力。

清理好的金属型预热至表 3.5 的温度时，即可涂敷涂料。涂敷涂料时应注意金属型不同部位要求的涂料层厚度。例如，对于非铁合金铸件，通常的涂料层厚度为：浇冒口部位0.5 ~ 1 mm(个别情况可达 4 mm)；铸件厚大部分的金属型型腔 0.05 ~ 0.2 mm；铸件薄壁部分处的金属型型腔 0.2 ~ 0.5 mm。对于铸件上的凸台、肋板和壁的交界处，为了更快地冷却，可将喷好的涂料刮去。

3.5.4 金属型的浇注工艺

1. 浇注温度

金属型的传热速度大，导致浇入金属型的金属液冷却速度大，因此，金属液的浇注温度要比普通砂型铸造的高。一般要结合几个因素来确定合适的合金浇注温度：①对于形状复杂及薄壁铸件，浇注温度应偏高些，而对于形状简单、壁厚及质量大的铸件，浇注温度可适当降低。②金属型预热温度低时，应提高合金的浇注温度。为了充满铸件的薄断面，提高合金的浇注温度比提高金属型的温度效果要好。③浇注速度快时，可适当降低浇注温度；需缓慢浇注的铸件，浇注温度应适当提高。④顶注式浇注系统可采用较低的浇注温度，底注式浇注系统要求较高的浇注温度。⑤当金属型中有很大的砂芯时，可适当降低合金的浇注温度。几种常用合金的浇注温度见表3.5。

表3.5 几种常用合金的浇注温度

铸造合金	铝合金	镁合金	铸铁	铸钢	锡青铜	铝青铜
浇注温度/℃	680～750	720～780	1 300～1 400	1 420～1 480	1 050～1 150	1 130～1 200

2. 浇注方式

金属型铸造浇注时需要结合金属型铸造特点控制好浇注速度和方式：

①浇注一定要平稳，不可中断液流，为了防止金属液飞溅所引起的铸件气孔、夹渣、铁豆等缺陷，应尽可能使金属液沿浇道壁流入型腔。

②浇注时按照先慢、后快、再慢的浇注原则。

③浇包嘴应尽可能靠近浇口杯，以免金属液流过长造成氧化使铸件产生氧化夹杂。

④为了使金属液充型更稳，可以采用倾斜浇注法，即开始浇注时将金属型倾斜一个角度(一般为45°)，然后随浇注过程的进行而逐渐放平。倾斜浇注可以有效防止铝合金铸件产生气孔、夹渣等缺陷。金属型的转动是通过浇注台或铸造机转动机构实现的。

3.6 金属型铸件的常见缺陷

金属型铸件常见的缺陷有气孔和针孔、缩孔及缩松、裂纹等。

1. 气孔和针孔

气孔和针孔产生的原因有：金属液中溶解的气体在浇注温度较低时，析出的气体来不及上逸；炉料潮湿、腐蚀、带有油污或夹杂物等；涂料中含有过多的发气材料；型芯未烘干或存放时间过长；浇注系统排气设计不合理；浇注时有断流和气体卷入等。

预防措施有：严禁使用被污染的铸造铝合金材料，如粘有有机化合物及被严重氧化腐蚀的材料；控制熔炼工艺，加强除气精炼；控制金属型涂料厚度，过厚易产生针孔；模具温度不宜太高，对铸件厚壁部位采用激冷措施，如镶铜块或浇水等；采用砂芯时严格控制水分，尽量用干芯；修改不合理的浇冒口系统，使液流平稳，避免气体卷入；模具与型芯应预先预热，然后上涂料，结束后必须要烘透方可使用；设计模具与型芯应考虑足够的排气措施。

2. 缩孔及缩松

缩孔及缩松产生的原因有：合金的液态和凝固收缩大于固态收缩且在液态和凝固收缩时得不到足够金属液的补充；浇注温度过高时易产生集中缩孔；浇注温度过低时易产生分散缩松；浇注系统和冒口与铸件连接不合理，产生较大的接触热节。

预防措施有：合理设计内浇道和冒口位置，保证其凝固，且有补缩能力；控制涂层厚度，厚壁处减薄；调整金属型各部位冷却速度，使铸件厚壁处有较大的激冷能力；适当降低金属浇注温度。

3. 裂纹

裂纹产生的原因有：铸件壁厚相差较大，无过渡，冷却速度差别大使收缩不一致，造成铸件局部应力集中；铸件内部的残留应力大；开型过早或过晚；铸造斜度小；涂料层薄等。

预防措施有：实际浇注系统时应避免局部过热，减少内应力；模具及型芯斜度必须保证在 2° 以上，浇冒口一经凝固即可抽芯开模，必要时可用砂芯代替金属型芯；控制涂料层厚度，使铸件各部分冷却速度一致；根据铸件厚薄情况选择适当的模温；细化合金组织，提高热裂能力；改进铸件结构，消除尖角及壁厚突变，减少热裂倾向。

第4章　压力铸造

4.1　概　　述

压力铸造(Die Casting)简称压铸，它是在高压作用下，将液态或半液态金属以高速度压入铸型型腔，并在高压下凝固成形而获得轮廓清晰、尺寸精确铸件的一种成形方法。

高压和高速是压铸的两大特点，也是其区别于其他铸造方法的基本特征。压铸压力通常在20～200 MPa，填充速度为0.5～70 m/s，填充时间很短，一般为0.01～0.2 s。

4.1.1　压铸的工艺特点

在压铸工艺中，熔体填充铸型的速度每秒可高达十几米甚至上百米，压射压力高达几十兆帕甚至数百兆帕。由于高速高压，压铸必须采用金属模具。上述特性决定了压铸工艺的以下优点：

① 可以得到薄壁、形状复杂，且轮廓清晰的铸件。

② 可生产高精度、尺寸稳定性好、加工余量少及高光洁度的铸件。

③ 铸件组织致密，具有较好的力学性能，表4.1所示是不同铸造方法生产的铝合金、镁合金铸件的力学性能比较。

表4.1　不同铸造方法生产的铝合金、镁合金铸件的力学性能比较

合金种类	压　铸			金属型铸造			砂型铸造		
	抗拉强度/MPa	伸出率/%	硬度(HBW)	抗拉强度/MPa	伸出率/%	硬度(HBW)	抗拉强度/MPa	伸出率/%	硬度(HBW)
铝合金	200～220	1.5～2.2	66～86	140～170	0.5～1.0	65	120～150	1～2	60
铝硅合金(含铜0.8%)	200～300	0.5～1.0	85	180～220	2.0～3.0	60～70	170～190	2～3	65
镁合金(含铝10%)	190	1.5	—	—	—	150～170	1～2	65	—

④ 生产效率高，容易实现机械化和自动化操作，生产周期短。

⑤ 材料利用率高且可以将其他材料的嵌件直接嵌铸在压铸件上。

⑥ 铸件表面可进行涂覆处理。

除上述优点外，压铸也存在一些缺点：

① 高压高速填充，快速冷却，型腔中的气体来不及排出，导致压铸件中常出现气孔及氧化夹杂物，降低铸件质量。

② 压铸机和压铸模费用昂贵，不适用小批量生产。

③ 压铸件尺寸受到限制，因受到压铸机锁模力及装模尺寸的限制而较难压铸大型压铸件。

④ 压铸合金种类受到限制，目前主要适用于低熔点的压铸合金，如锌、铝、镁、铜等有色合金。

4.1.2 压铸机的分类

压铸机分类方法有很多，按使用范围可分为通用压铸机和专用压铸机；按锁模力大小可分为小型机（≤4 000 kN）、中型机（4 000～10 000 kN）和大型机（≥10 000 kN）；通常，主要桉机器结构和压射室（以下简称压室）的位置及其工作条件加以分类，压铸机的分类及特点见表 4.2。

表 4.2 压铸机的分类及特点

类别	结构形式	简图	特点
冷室压铸机	卧式	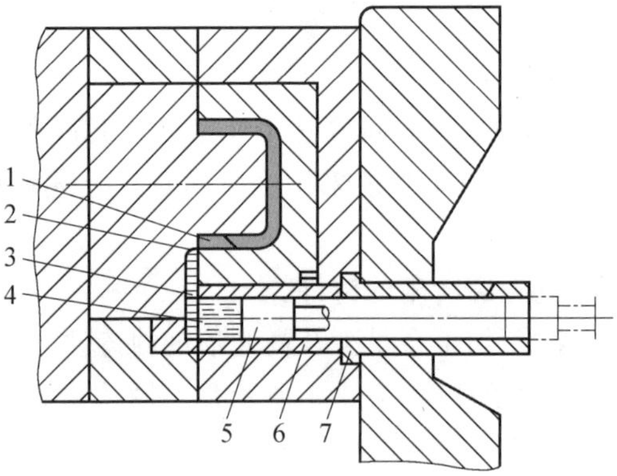 1— 铸件；2— 内浇道；3— 横浇道；4— 余料；5— 压射冲头；6— 浇口套；7— 压室	① 设置有中心和偏浇道。 ② 操作程序少，生产效率高，易实现自动化。 ③ 适用于压铸非铁合金和钢铁金属。 ④ 采用中心浇道时模具结构复杂。 ⑤ 金属在压室内空气接触面积大，压射时易卷入空气和氧化夹渣。 ⑥ 金属液进入型腔时转折少，压力损耗小。
	立式	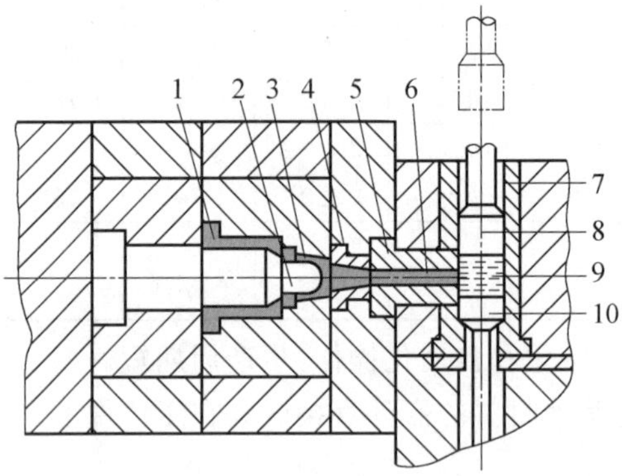 1— 铸件；2— 分流器；3— 内浇道；4— 浇口套；5— 喷嘴；6— 直浇道；7— 压室；8— 上压射冲头；9— 余料；10— 下压射冲头	① 易于设计中心浇道。 ② 压射机构直立，占地面积小。 ③ 金属液进入型腔时经过转折，压力损耗较大。 ④ 切断余料机构复杂，维修不便。

续表 4.2

<table>
<tr><th>类别</th><th>结构形式</th><th>简图</th><th>特点</th></tr>
<tr><td>冷室压铸机</td><td>全立式</td><td> 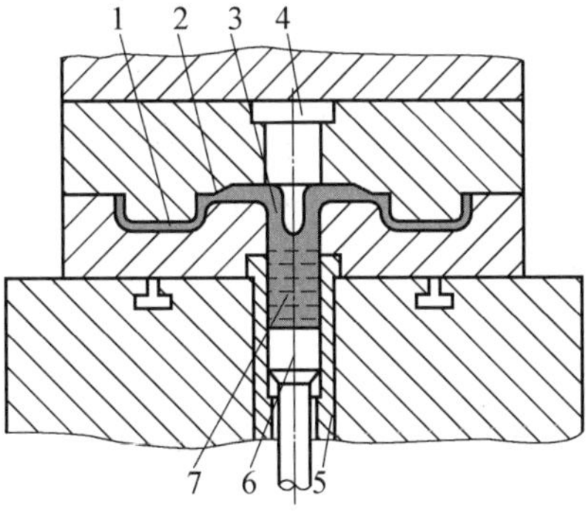1— 铸件；2— 内浇道；3— 横浇道；4— 分流器；
5— 压室；6— 压室冲头；7— 余料</td><td>① 模具水平放置，广泛用于压铸电机转子类零件
② 占地面积小
③ 金属液进入型腔时转折少，流程短，压力损耗小</td></tr>
<tr><td>热室压铸机</td><td>活塞式</td><td> 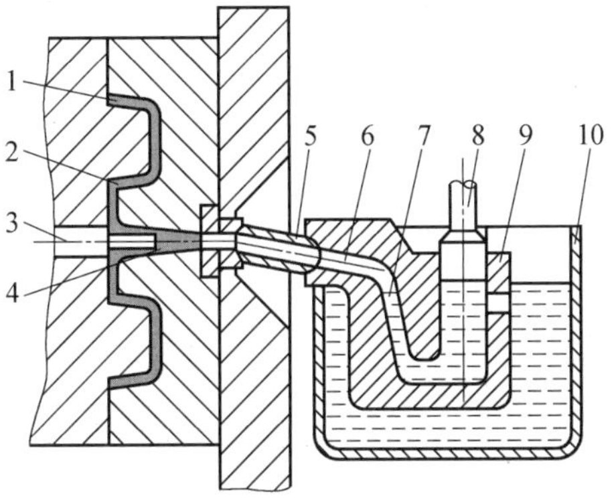1— 铸件；2— 内浇道；3— 分流器；
4— 直浇道；5— 喷嘴；6— 浇道；7— 金属液；
8— 压射冲头；9— 浇壶；10— 炉体</td><td>① 压铸过程全自动，生产效率高
② 压射比压较低
③ 金属液从液面下进入型腔，杂质不易卷入</td></tr>
</table>

4.1.3 压铸方法的分类

常见的压铸方法分类见表 4.3。

表 4.3 压铸方法分类

<table>
<tr><th colspan="3">压铸方法分类</th><th>说明</th><th colspan="2">压铸方法分类</th><th>说明</th></tr>
<tr><td rowspan="4">按压铸材料分</td><td colspan="2">单金属压铸</td><td rowspan="4">目前主要是非铁合金</td><td rowspan="2">按压铸机分</td><td>热压室铸</td><td>压室浸在保温坩埚中</td></tr>
<tr><td rowspan="3">合金压铸</td><td>铁合金</td><td>冷压室铸</td><td>压室与保温炉分开</td></tr>
<tr><td>非铁合金</td><td rowspan="2">按合金状态分</td><td>全液态压铸</td><td>常规压铸</td></tr>
<tr><td>复合材料</td><td>半固态压铸</td><td>一种压铸新技术</td></tr>
</table>

4.1.4 应用概况

压铸件应用范围和领域十分广泛，几乎涉及所有工业部门，如：交通运输领域的汽车、造船、摩托车工业；电子领域中的计算机、通信器材、电气仪表工业；机械制造领域的机床、纺织、建筑、农机工业;国防工业;医疗器械领域;家用电器以及日用五金等领域。

压铸件所用材料多为铝合金(占 70% ~ 75%),锌合金占 20% ~ 25%,铜合金占 2% ~3%,镁合金约占 2%。近年来镁合金的应用在不断扩大,在汽车产业中镁合金的应用逐年增加,不仅减轻了汽车的净质量,也提高了汽车的性价比。镁合金压铸在 IT 产业中的电子、计算机、手机等领域也被大量应用,具有很好的发展前景。

压铸件的质量由几克到数十千克,尺寸从几毫米到几百以至上千毫米。随着科学技术的发展和真空压铸、充氧压铸、精速密压铸及半固态压铸技术的成熟应用,压铸件的应用范围将不断扩大。

4.2 压铸成形原理

4.2.1 工艺原理

1. 卧式冷室压铸机压铸工艺原理

卧式冷室压铸机压铸工艺原理如图 4.1 所示。动型和定型合型后,金属液浇入压室,压射冲头向前运动,金属液经浇道被压入型腔冷却凝固成形。开型时,余料借助压射冲头前伸的动作离开压室,和铸件一起贴合在动型上,随后顶出、取件,完成一个工作循环。

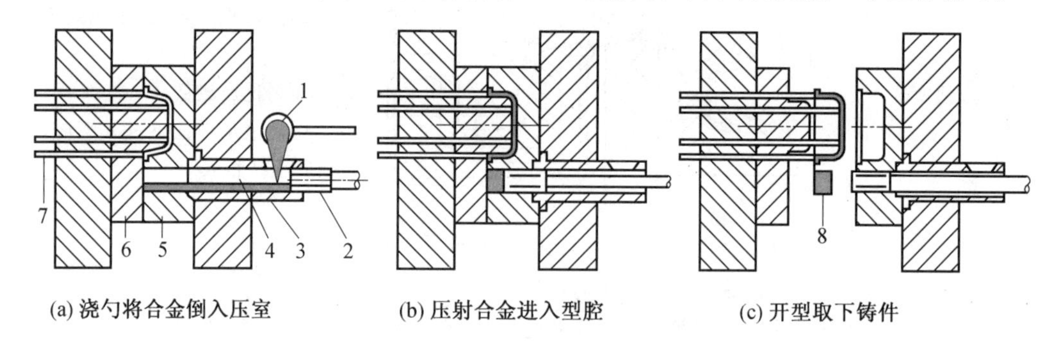

图 4.1 卧式冷室压铸机压铸工艺原理

1— 浇勺;2— 压射冲头;3— 压室;4— 合金;
5— 定型;6— 动型;7— 顶杆机构;8— 浇注余料和铸件

2. 立式冷室压铸机压铸工艺原理

立式冷室压铸机压铸工艺原理如图 4.2 所示。动型和定型合型后,浇入压室的金属液被返料冲头托住(已封住喷嘴口),当压射冲头向下接触到金属液面时,返料冲头开始下降(下降高度由分配阀控制)。当打开喷嘴时,金属液被压入型腔,凝固后,压射冲头退回,返料冲头上升,切断余料并将其顶出压室。开型取件后反料冲头恢复原位,完成一个工作循环。

3. 全立式冷室压铸机压铸工艺原理

全立式冷室压铸机压铸工艺原理如图 4.3 所示。将液态金属浇入压室后动型和定型合型,压射冲头向上运动将液态金属压入型腔,冷凝后开型顶出铸件,完成一个工作循环。

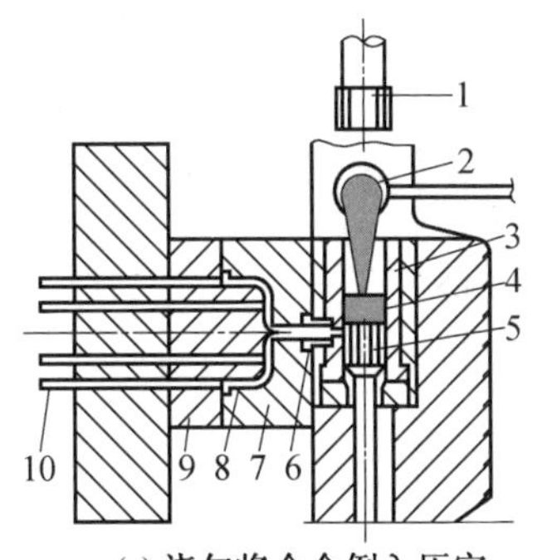

(a) 浇勺将合金倒入压室

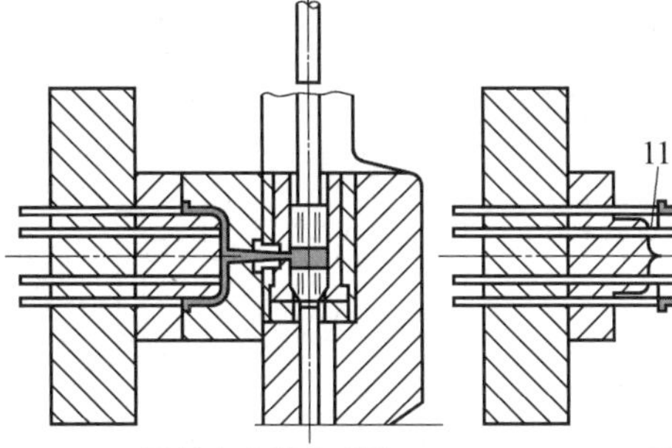
(b) 压射合金进入型腔

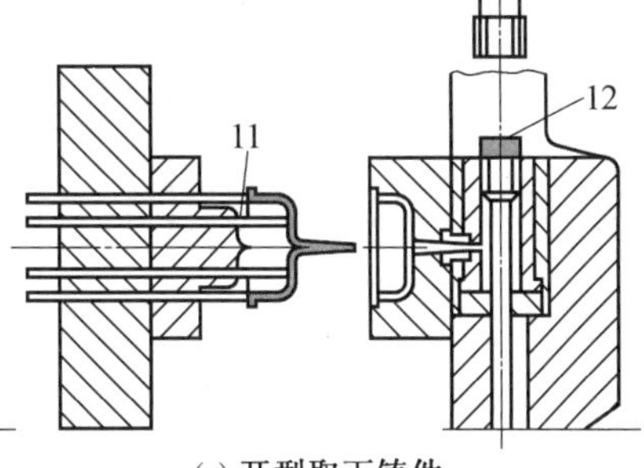

(c) 开型取下铸件

图 4.2 立式冷室压铸机压铸工艺原理

1— 压射冲头；2— 浇勺；3— 压室；4— 合金；5— 反料冲头；6— 浇口套；

7— 定型；8— 型腔；9— 动型；10— 顶杆；11— 分流锥；12— 浇注余料

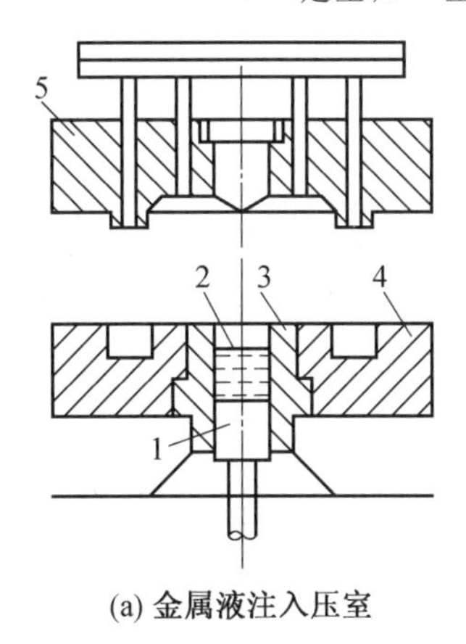

(a) 金属液注入压室

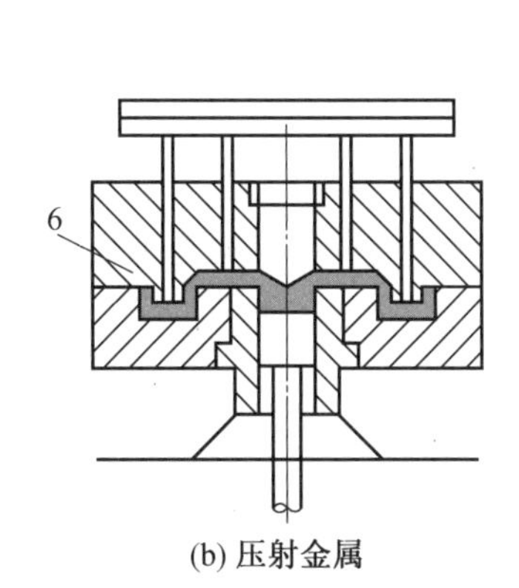

(b) 压射金属

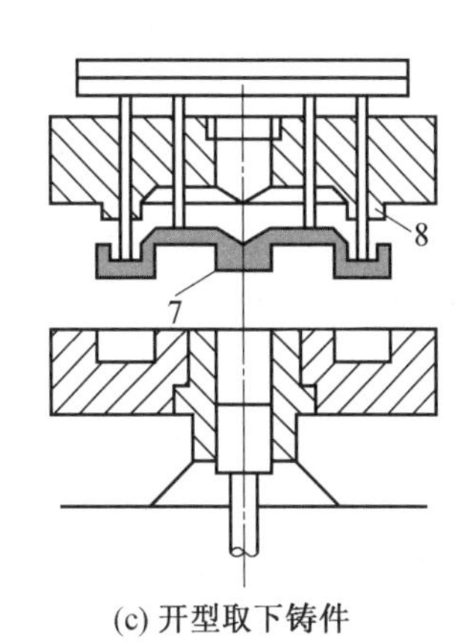

(c) 开型取下铸件

图 4.3 全立式冷室压铸机压铸工艺原理

1— 压射冲头；2— 金属液；3— 压室；4— 定型；

5— 动型；6— 型腔中的铸件；7— 浇注余料；8— 顶杆

4. 热压室压铸机压铸工艺原理

热压室压铸机压铸工艺原理如图 4.4 所示。当压射冲头上升时，坩埚内的金属液通过进料口进入压室。合型后在压射冲头作用下，金属液经喷嘴喷射入浇道并进入压铸型，保压冷却凝固成形。压射冲头回升，随后开型取件，完成一个工作循环。

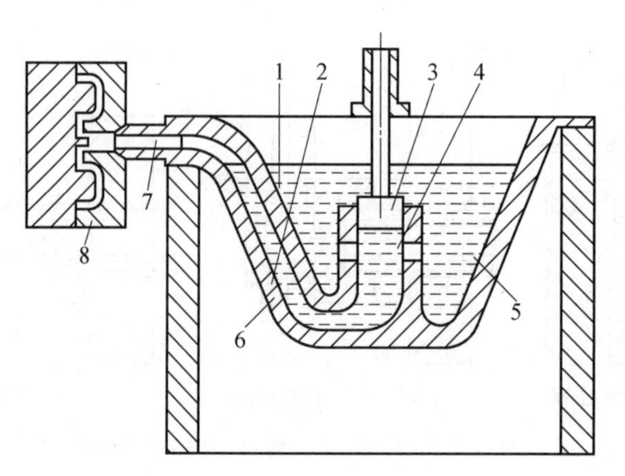

图 4.4　热压室压铸机压铸工艺原理

1— 液态金属；2— 坩埚；3— 压射冲头；4— 压室；
5— 进料口；6— 通道；7— 喷嘴；8— 压铸型

4.2.2　填充理论

液态金属在压铸型腔中的流动也与砂型、金属型及低压铸造有着本质的区别。迄今为止，许多学者对压铸型腔内液体金属的流动充型做了较为深入的研究，典型的填充理论有以下三种。

(1) 弗洛梅尔理论。

1932 年弗洛梅尔根据锌合金液 0.5 ～ 15 m/s 的速度填充矩形型腔的试验，提出了"喷射" 填充理论，如图 4.5(a) 所示。金属液从内浇道进入型腔时，保持其截面面积形状不变，撞击到对面型壁后，沿型壁由四面向内浇道方向折回，充满型腔。涡流中易卷入空气及涂料燃烧形成的气体，使压铸件凝固后形成 0.1 ～ 1 mm 的孔洞，降低了压铸件的致密度。

(2) 勃兰特理论。

1937 年勃兰特利用铝合金液以 0.3 m/s 的内浇道速度慢速填充一个矩形截面的压铸型试验，提出了"全壁厚" 填充理论，如图 4.5(b) 所示。金属液从内浇道进入型腔后，随即扩展至型壁，以"全壁厚" 形态沿整个型腔向前流动，直至型腔充满为止。

(3) 巴顿理论。

1994 年巴顿在研究弗洛梅尔和勃兰特等的填充理论之后提出了"三阶段" 填充理论，如图 4.5(c) 所示。金属液以接近内浇道的形状进入型腔，撞击到对面的型壁，并沿着型腔表面向各方向扩展，形成压铸件薄壳层。后续金属液沉积在薄壳层内空间里，直至充满铸型。金属液完全充满型腔后，与浇注系统和压室构成一个封闭的水力学系统，在压力的作用下压实压铸件。

从流体力学和传热学角度出发，影响金属液填充形态的主要因素是压力、通过内浇口的流量及金属液的黏度(受温度影响)。三阶段填充理论与喷射填充理论的实验结果基本一致，全壁厚填充理论只在特定的条件下出现，上述三个理论不是孤立的，而是随着压铸件的形状、尺寸和工艺而改变的。

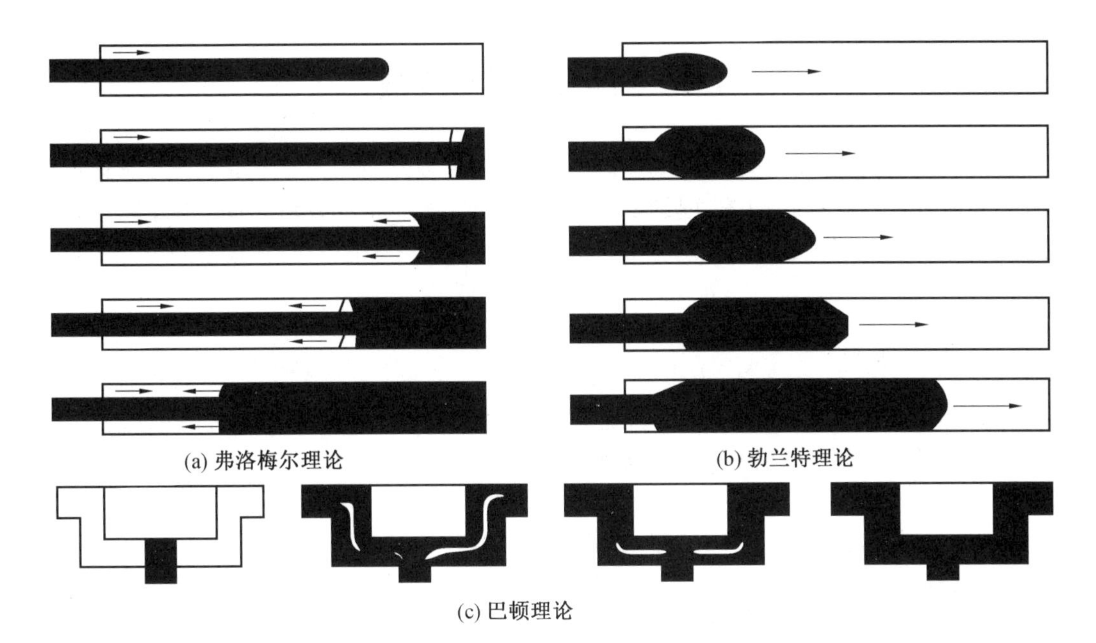

图 4.5 填充理论

4.2.3 能量转换

压铸填充过程中,金属液流动时间极短,只有 0.03 ~ 0.08 s,致使通过传导和辐射消散热量的时间很短,大部分热量被压铸型吸收。金属流的运动速度非常高,其动能在瞬间减小为零,这些能量将会转化为其他形式的能量。假定流动金属的大部分动能变成热能,这些动能包括内浇口的摩擦、靠近型壁的黏滞阻力、填充时的湍流等,根据流动金属的动能及能量转换原理可得

$$\Delta T = P/427\rho c \tag{4.1}$$

式中,ΔT 为压射过程中铸件内可能的最大升温,℃;P 为作用于液体上的压力,Pa;ρ 为液体金属的密度,kg/m^3;c 为液体金属的比热容,J/(kg · K)。

4.2.4 充型的连续性

压铸填充过程中,金属液满足质量守恒定律。设 A 是流线型流体的截面面积(可以是变化的),ρ 为金属液密度,v 是流体流经该截面面积的速度,由流体力学可知

$$\rho A v = C(常数) \tag{4.2}$$

式(4.2) 即为压铸过程的流动连续性原理,它不仅可应用于全封闭的通道,也适用于填充阶段型腔内的无阻碍流动。

4.3 压铸工艺参数

压铸机、压铸合金和压铸模是压铸生产中的三大基本要素，而压铸工艺是将三要素进行有机组合和运用的过程。压铸工艺主要是研究压力、速度、温度、时间及填充特性等工艺参数的相互作用与规律，科学地选择与控制各工艺参数，从而获得轮廓清晰、组织致密的压铸件的工艺。

4.3.1 压力

压铸压力是由高压泵产生，借助蓄能器传递给压射活塞，并通过压射冲头施加于压铸室内金属液的。在压铸过程中压力不是常数，一般用压射力和压射比压来表示。

1. 压射力

压射力是指压铸机的压射机构推动压射活塞(压射冲头）运动的力，即压射冲头作用于压室中金属液面上的力。压射力的大小取决于压射缸的截面面积和工作液的压力，可用下式计算：

$$F_y = p_g \pi D^2/4 \tag{4.3}$$

式中，F_y 为压射力，N；p_g 为压射缸内的工作液压力，MPa；D 为压射缸的直径，mm。

有增压机构的压射力为

$$F_y = p_{gz} \pi D^2/4 \tag{4.4}$$

式中，p_{gz} 为增压时压射缸内的工作液压力，MPa。

压射速度与压力的变化与作用如图 4.6 及表 4.4 所示。

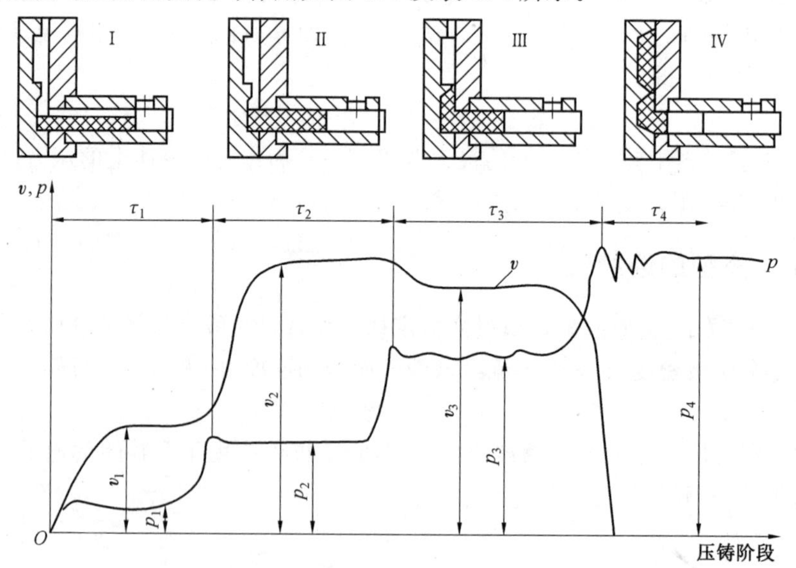

图 4.6 压铸不同阶段压射速度与压力的变化

表 4.4 压射速度与压力的变化与作用

压射阶段	压射速度	压力	压射过程	压力作用
Ⅰ 第一阶段 τ_1	v_1	p_1	压射冲头以低速前进封住浇料口，推动金属液，压力在压室内平稳上升，使压室内空气慢慢排出	克服压室与压射冲头、液压缸与活塞之间的摩擦力，称为慢压射第一阶段
Ⅱ 第二阶段 τ_2	v_2	p_2	压射冲头较快前进，金属液被推至压室前端，充满压室并堆积在内浇道前沿	由于内浇道在整个浇注系统中阻力最大，压力 p_1 升高足以突破内浇注阻力，此阶段后期，由于内浇道阻力产生第一个压力峰，称为慢压射第二阶段
Ⅲ 第三阶段 τ_3	v_3	p_3	压射冲头按要求的最大速度前进，金属液充满整个型腔与排溢系统	金属液突破内浇道阻力，填充型腔，压力升至 p_3，在此阶段结束前，由于水锤作用，压力升高，产生第二个压力峰，即快压射速度，称为第三阶段
Ⅳ 第四阶段 τ_4	v_4	p_4	压射冲头的运动基本停止，但稍有前进	此阶段为最后增压阶段，压铸机没有增压时，此压力为 p_3，有增压时，压力为 p_4，压力作用于正在凝固的金属液上，使之压实，消除或减少缩松，提高铸件密度

2. **压射比压**

比压是压室内金属液在单位面积上所受的压力，即压射力与压室截面面积的比值。填充时的比压称为压射比压，用于克服浇注系统和型腔中的流动阻力，特别是内浇口的阻力，从而达到内浇口应具有的速度。有增压机构时，增压后的比压称为增压比压，它决定了压铸件最终所受的压力和胀型力。压射比压计算式为

$$p_b=\frac{F_y}{A_g}=\frac{4F_y}{\pi d^2} \tag{4.5}$$

式中，p_b 为压射比压，MPa；F_y 为压射力，N；d 为压射冲头直径，mm；A_g 为压室冲头受压面积，mm^2。

压铸过程中采用较高的比压，不但可以得到轮廓清晰、表面光洁和尺寸精确及带有复杂表面形状的压铸件，还可改善压铸件的致密度，从而提高压铸件的强度。采用较高的比压可获得较高的填充速度，降低浇注温度的同时还能保证金属液的流动性，减少压铸件的缩孔和缩松，提高铸件质量。但过高的比压会使压铸型受金属液冲刷并增加合金粘模的可能性，反而降低压型寿命。

由式(4.5)可见，比压与压铸机的压射力成正比，与压射冲头直径的平方成反比，所以比压可通过调整压力和冲头直径来实现。

选择比压要考虑的主要因素见表 4.5，各种合金选用的计算比压见表 4.6。通常计算比压要高于实际比压，其压力损失折算系数 K 见表 4.7。

表 4.5　选择比压要考虑的主要因素

因素	选择条件	说明
压铸件结构特性	壁厚	薄壁件选用高比压，厚壁件增压比压要低
	铸件形状复杂程度	形状复杂件选用高比压，形状简单件增压比压要低
	工艺合理性	工艺合理性好，比压选低
压铸件合金特性	结晶温度范围	结晶温度范围大，选用高比压；结晶温度范围小，增压比压要低
	流动性	流动性好，选用较低比压；流动性差，压射比压要高
	密度	密度大，压射比压、增压比压均应高，反之则均应低
	比强度	要求比强度大，压射比压要高，反之压射比压要低
浇注系统	浇道阻力	浇道阻力大，浇道长，转向多，在同样的截面面积下，内浇道厚度小，增压比压应高些
	浇道散热速度	散热速度快，压射比压要选高，反之压射比压要低
排溢系统	排气道分布	排气道分布合理，压射比压、增压比均要高
	排气道截面面积	排气道截面面积足够大，压射比压、增压比均要高
内浇道速度	要求内浇道速度	内浇道速度高，压射比压要高
温度	金属液与压铸型温差	温差大压射比压要高，温差小压射比压要低

表 4.6　各种合金选用的计算比压　　MPa

合金	铸件壁厚＜3 mm		铸件壁厚＞3 mm	
	结构简单	结构复杂	结构简单	结构复杂
锌合金	30	40	50	60
铝合金	35	45	55	60
铝镁合金	35	45	50	60
镁合金	40	50	60	70
铜合金	50	60	70	80

表 4.7　压力损失折算系数 K

条件	K 值		
直浇道导入口截面面积 A_1 与内浇道截面面积 A_2 之比(A_1/A_2)	＞1	＝1	＜1
立式冷室压铸机	0.66～0.70	0.72～0.74	0.76～0.78
卧室冷室压铸机	0.88		

4.3.2　压射与填充速度

1. 压射速度

压室内压射冲头推动金属液移动的速度，称为压射速度或压射冲头速度。压射速度分为慢压射速度和快压射速度两个阶段。

(1) 慢压射速度。

慢压射速度分为两个阶段：第一阶段是排出压室内的空气，将金属液推至压室前端，封住浇料口；第二阶段是冲头继续前进，将金属液推至内浇道前沿。慢压射速度的选择见表 4.8。

表 4.8 慢压射速度的选择

压室充满度 /%	压射速度 /(cm · s^{-1})	压室充满度 /%	压射速度 /(cm · s^{-1})
≤ 30	30 ～ 60	> 60	10 ～ 20
30 ～ 60	20 ～ 30	—	—

(2) 快压射速度。

快压射速度先确定填充时间，然后按下式计算：

$$v_{yh} = \frac{4V}{\pi d^2 t} \times [1 + (n-1) \times 0.1] \tag{4.6}$$

式中，v_{yh} 为快压射速度，cm · s^{-1}；V 为型腔容积，cm^3；n 为型腔数量；d 为压射冲头直径，cm；t 为填充时间，s。

此公式所计算的压射速度为获得最佳质量的最低速度，对于一般压铸件可提高 1.2 倍，对于较大镶嵌件或大压型压铸小铸件可提高 1.5 ～ 2 倍。

2. 填充速度

填充速度是指金属液通过内浇口进入型腔的速度，也称内浇口速度。内浇口速度和液体流量与内浇口等紧密相关。较高的内浇口速度采用较低的比压也能使金属液在凝固之前迅速填充型腔，获得轮廓清晰、表面光洁的铸件。

填充速度也不可过高，否则金属液呈雾状填充型腔，易卷入空气形成气泡，或黏附型壁难以与后进入的金属液熔合而形成表面缺陷和氧化夹杂。

(1) 填充速度的选择。一般推荐的填充速度见表 4.9。不同的填充速度对压铸件的力学性能有不同的影响。

表 4.9 推荐的填充速度

<table>
<tr><th rowspan="2">铸件质量 /g</th><th colspan="4">填充速度 /(cm · s^{-1})</th></tr>
<tr><th>锌合金</th><th>铝合金</th><th>镁合金</th><th>铜合金</th></tr>
<tr><td>< 500</td><td rowspan="4">20 ～ 40</td><td>30</td><td rowspan="4">40 ～ 75</td><td rowspan="4">30 ～ 40</td></tr>
<tr><td>500 ～ 1 000</td><td>40</td></tr>
<tr><td>1 000 ～ 2 500</td><td>50</td></tr>
<tr><td>> 2 500</td><td>60</td></tr>
</table>

(2) 填充速度与压射速度和压力的关系。根据等流量连续流动原理，填充速度与压射速度有关，其计算式为

$$Av = A_n v_c$$

$$v_c = vA/A_n = \pi d^2 v / 4A_n \tag{4.7}$$

式中，v_c 为填充速度，m/s；v 为压射速度，cm · s^{-1}；A 为压室面积，cm^2；A_n 为内浇口截面面积，cm^2；d 为压射冲头直径，cm。

从式(4.7) 可知，填充速度与压射冲头直径的平方以及压射速度成正比，与内浇口截面面积成反比，可以通过改变上述三个因素来调节填充速度。

依照水力学原理，压射比压与填充速度的关系可以用下式表示：

$$v_c = \sqrt{\frac{2gp_b}{\rho}} \tag{4.8}$$

式中，v_c 为填充速度，$cm \cdot s^{-1}$；g 为重力加速度；p_b 为压射比压，MPa；ρ 为合金密度，$g \cdot cm^{-3}$。

由于液体金属为黏性液体，它流经浇注系统时会因流速或流向改变以及摩擦阻力而引起动能损失，故式(4.8)可改写为(下式与实际值相差较大)

$$v_c = \mu \sqrt{\frac{2gp_b}{\rho}} \tag{4.9}$$

式中，μ 为阻力系数，其值可取 0.3 ~ 0.6。

4.3.3 温度

合金的浇注温度和压铸模的工作温度对于填充、成形和凝固过程及压铸型的寿命和稳定生产等都有很大的影响。

(1) 浇注温度。

浇注温度通常用保温炉中液体金属的温度来表示。浇注温度过高易使压铸件产生裂纹或晶粒粗大，还可能造成粘型，过低又易产生冷隔、浇不足或表面流纹等缺陷。浇注温度一般应高出合金液相线 20 ~ 30 ℃。确定浇注温度时应结合压力、压铸模温度及填充速度考虑。

压铸中常采用较低的浇注温度，使铸件收缩小，减少缩孔、缩松和裂纹的发生，并提高压铸模的寿命。压铸合金浇注温度的推荐值见表 4.10。

表 4.10 压铸合金浇注温度的推荐值 ℃

合金		铸件壁厚 ≤ 3 mm		铸件壁厚 > 3 mm	
		结构简单	结构复杂	结构简单	结构复杂
锌合金	含铝	420 ~ 440	430 ~ 460	410 ~ 430	420 ~ 440
	含铜	520 ~ 540	530 ~ 550	510 ~ 530	520 ~ 540
铝合金	含硅	610 ~ 630	640 ~ 680	590 ~ 630	610 ~ 630
	含铜	620 ~ 650	640 ~ 700	600 ~ 640	620 ~ 650
	含镁	640 ~ 660	660 ~ 700	620 ~ 660	640 ~ 670
镁合金		640 ~ 680	660 ~ 700	620 ~ 660	640 ~ 680
铜合金	普通黄铜	850 ~ 900	870 ~ 920	820 ~ 860	850 ~ 900
	硅黄铜	870 ~ 910	880 ~ 920	850 ~ 900	870 ~ 910

注：锌合金浇注温度不宜超过 450 ℃，否则会使晶粒粗大。

(2) 压铸模的工作温度。

压铸模温度过高或过低都会影响型腔使用寿命和生产的正常进行。生产中应将压铸模温度控制在一定范围内，这就是压铸模的工作温度。在连续生产过程中，压铸模吸收金属液的热量若大于向外散失的热量，温度就会不断升高，可采用空气或循环冷却液(水或油)进行冷却。为提高铸型寿命，应对压铸模预先加热至 150 ~ 180 ℃。压铸模工作温度大致可按下式计算：

$$T_m = \frac{1}{3}t_j \pm \Delta T \tag{4.10}$$

式中，T_m 为压铸模工作温度，℃；t_j 为金属液浇注温度，℃；ΔT 为温度波动范围，一般取 25 ℃。

不同压铸合金的压铸模预热温度及连续工作温度见表 4.11。对于薄壁复杂铸件取上限，对于厚壁简单件取下限。

表 4.11 不同压铸合金的压铸模预热温度及连续工作温度 ℃

合金	温度	铸件壁厚 ≤ 3 mm		铸件壁厚 > 3 mm	
		结构简单	结构复杂	结构简单	结构复杂
铅锡合金	连续工作保持温度	85 ~ 95	90 ~ 100	80 ~ 90	85 ~ 100
锌合金	预热温度	130 ~ 180	150 ~ 200	110 ~ 140	120 ~ 150
	连续工作保持温度	180 ~ 200	190 ~ 220	140 ~ 170	150 ~ 200
铝合金	预热温度	150 ~ 180	200 ~ 230	120 ~ 150	150 ~ 180
	连续工作保持温度	160 ~ 240	250 ~ 280	150 ~ 180	180 ~ 200
铝镁合金	预热温度	170 ~ 190	220 ~ 240	150 ~ 170	170 ~ 190
	连续工作保持温度	200 ~ 220	260 ~ 280	180 ~ 200	200 ~ 240
镁合金	预热温度	150 ~ 180	200 ~ 230	120 ~ 150	150 ~ 180
	连续工作保持温度	180 ~ 240	250 ~ 280	150 ~ 180	180 ~ 220
铜合金	预热温度	200 ~ 230	230 ~ 250	170 ~ 200	200 ~ 230
	连续工作保持温度	300 ~ 330	330 ~ 350	250 ~ 300	300 ~ 350

4.3.4 时间

压铸生产时，填充时间、增压时间、持压时间和留模时间与比压、填充速度、内浇口截面面积等因素相互制约，密切相关。

(1) 填充时间。

自金属液开始进入型腔到充满为止所需的时间称为填充时间。填充时间的长短取决于压铸件的体积、壁厚及复杂程度。对于壁厚大而简单的压铸件填充时间要长，反之填充时间则短。铸件的平均壁厚与填充时间的选择见表 4.12。

表 4.12 铸件的平均壁厚与填充时间的选择

铸件平均壁厚 δ/mm	填充时间 t/s	铸件平均壁厚 δ/mm	填充时间 t/s
1	0.010 ~ 0.014	5.0	0.048 ~ 0.072
1.5	0.014 ~ 0.020	6.0	0.056 ~ 0.064
2.0	0.018 ~ 0.024	7.0	0.066 ~ 0.100
2.5	0.022 ~ 0.032	8.0	0.076 ~ 0.116
3.0	0.028 ~ 0.040	9.0	0.088 ~ 0.138
3.5	0.034 ~ 0.050	10.0	0.100 ~ 0.160
4.0	0.040 ~ 0.060	—	—

(2) 增压时间。

增压时间是指金属液充型结束至增压压力形成所需的时间，增压时间越短越好。增压时间应根据压铸合金的凝固时间决定，特别是内浇口的凝固时间，增压阶段中的建压时间必须小于内浇口凝固的时间，否则金属液一旦凝固压力将无法传递，即使增压也起不到压实铸件的作用。增压时间由压铸机压射系统性能所决定，不能任意调节，目前最先进压铸机的增压时间可达到 0.01 s 以内。

(3) 持压时间。

持压时间是金属液充满型腔至内浇口完全凝固，压射系统继续保持压力的时间。持压时间的长短取决于压铸件合金的性质和厚度。高熔点合金且厚壁的压铸件持压时间要长，反之则短。持压时间不足易导致铸件产生缩孔和缩松，如内浇道处的金属液未完全凝固，过早撤压会在内浇道近处出现孔洞。持压时间也不能过长，影响生产率。

(4) 留模时间。

留模时间是指持压结束到开型顶出铸件的这段时间。留模时间的长短取决于铸件出模温度的高低。如留模时间太短，铸件出模温度太高会导致铸件强度低，且顶出时铸件易变形；留型时间不宜过长，铸件出模温度太低，导致顶出铸件阻力增大，也会降低生产率。

在压铸工艺参数中，压力、填充速度、温度和时间各参数既相互制约又相互呼应，在实践中应综合分析，合理选择或通过计算确定。

4.4 压铸件的工艺设计

4.4.1 压铸件结构工艺性

① 尽量消除铸件内部侧凹，方便压铸模制造。

② 减小铸件壁厚或使壁厚均匀，以减少铸件气孔、缩孔或变形。

③ 尽量消除铸件上的深孔、深腔。

④ 设计的铸件要便于脱模、抽芯，减少模具上的活动块等。压铸件结构设计改进实例见表 4.13。

表 4.13 压铸件结构设计改进实例

结构要求	不合理	合理	说明
消除内部侧凹	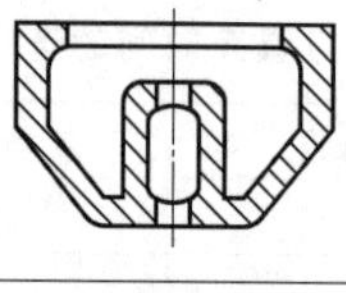	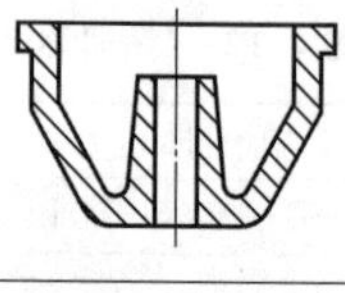	压铸模制造简单、方便
	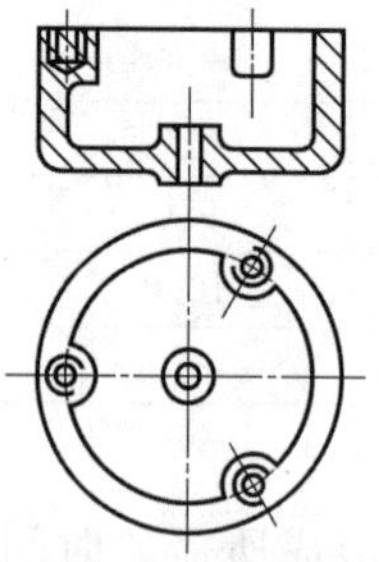	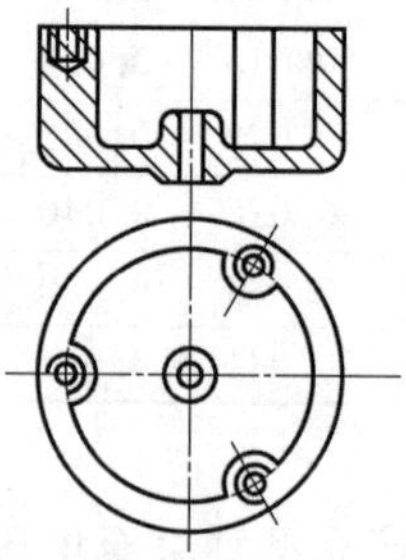	
	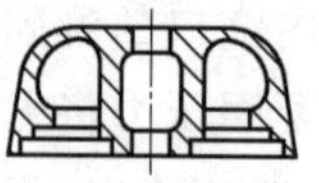	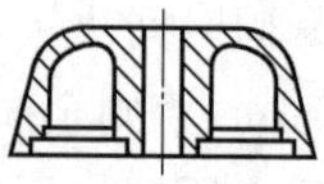	

续表 4.13

结构要求	不合理	合理	说明
改善壁厚,减少铸件气孔、缩孔或变形	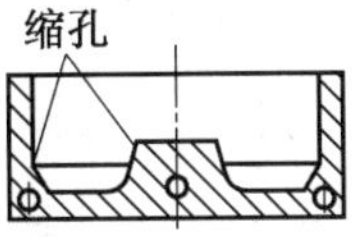 缩孔	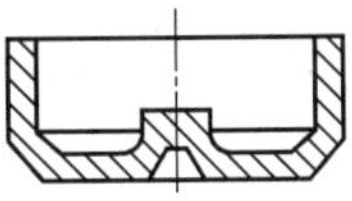	利用肋减少壁厚或使壁厚均匀,提高铸件致密性,减少气孔
	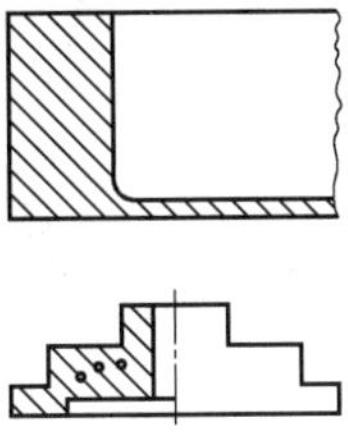	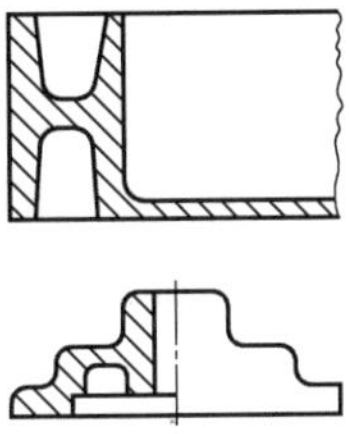	
	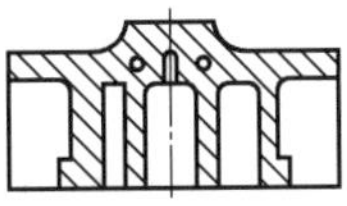	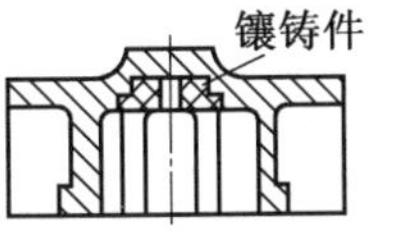 镶铸件	利用镶铸件消除厚截面
消除深腔	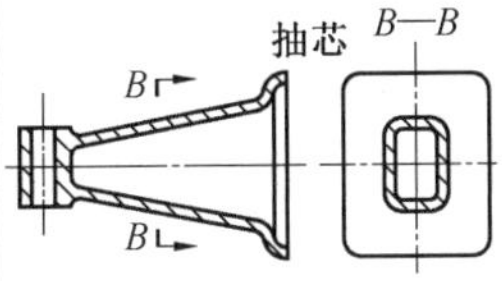 抽芯 B—B B B	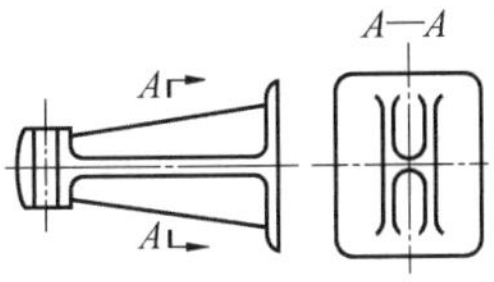 A—A A A	利用肋消除深腔,使铸件易脱模
	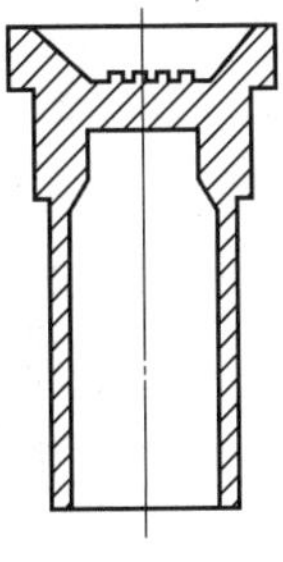	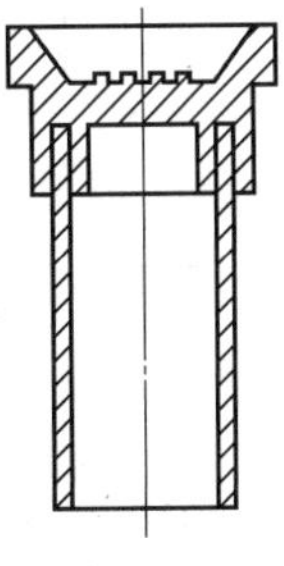	利用镶件消除深腔

续表 4.13

结构要求	不合理	合理	说明
消除深腔	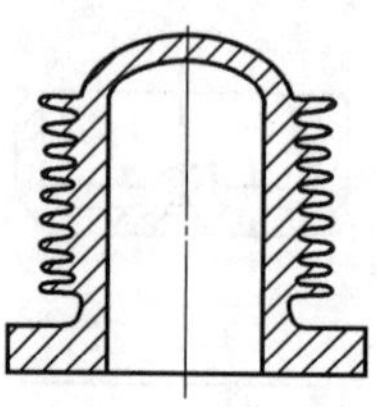	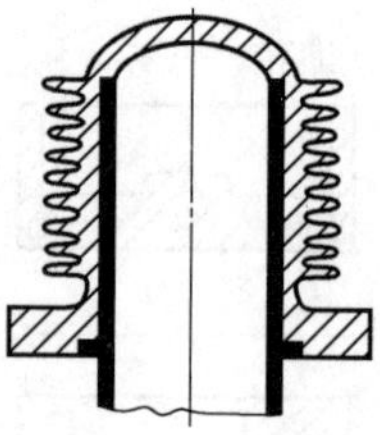	利用镶件消除深腔
减少抽芯	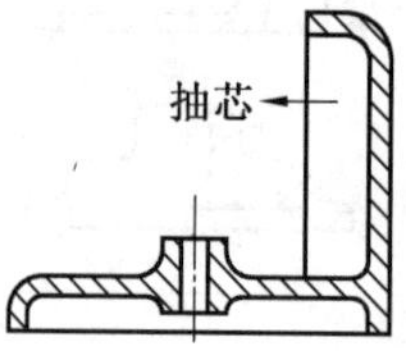	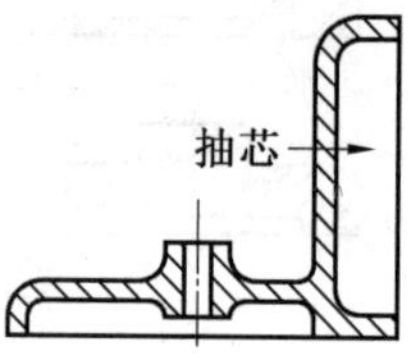	简化压铸模制造，便于脱模
	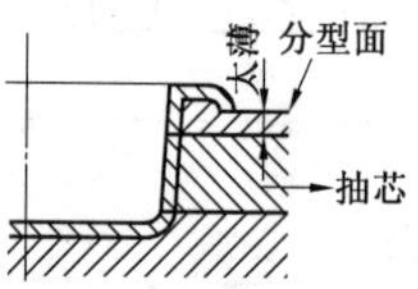	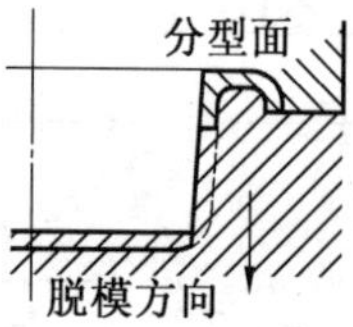	
	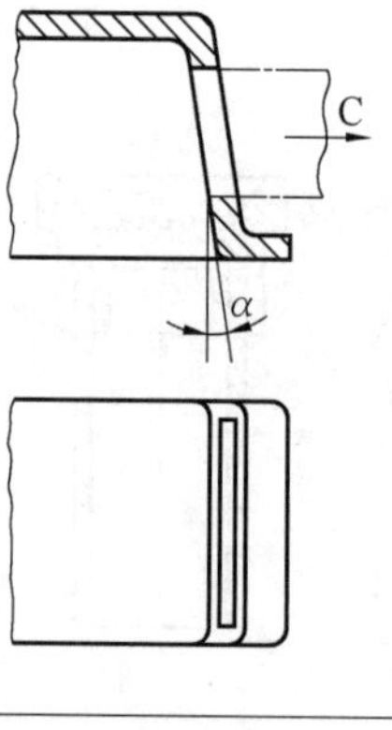	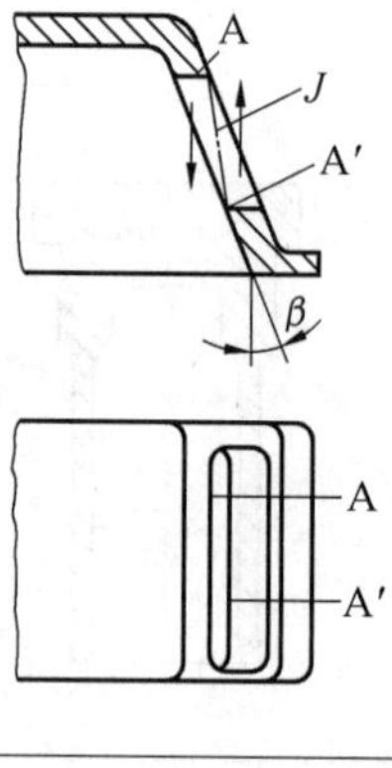	斜度为 α 时，侧孔要采用抽芯 C 的方法；当斜度加大至 β 时，侧孔 A 端和 A′ 端各自在动模与定模的成形部分，则可省去抽芯结构，J 为动、定模成形部分的接合线

续表 4.13

结构要求	不合理	合理	说明
消除活动型芯	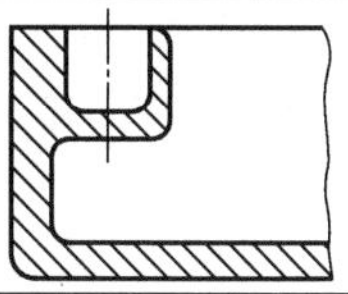	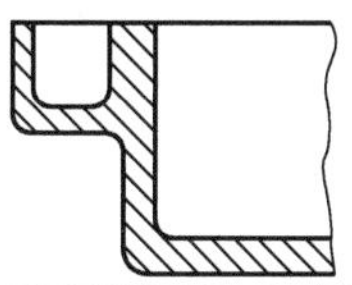	压铸模制造简单、方便
	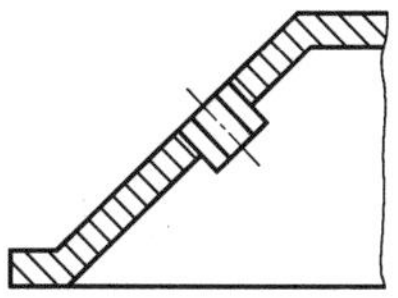	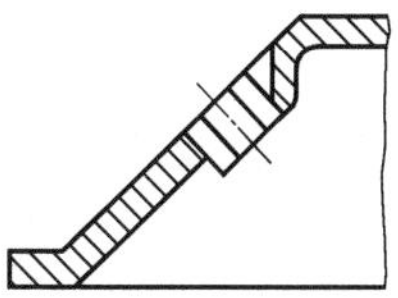	
	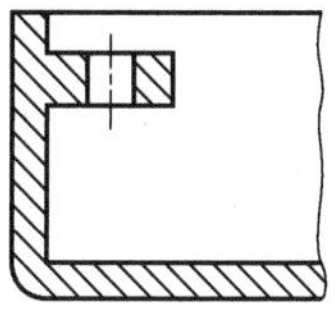	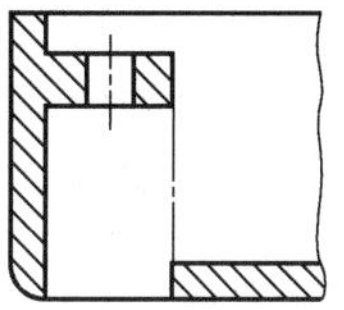	

4.4.2 壁厚和肋

(1) 压铸件壁厚。

不同壁厚的压铸件的密度和强度是不一样的，如铝合金压铸件，其不同壁厚时的密度和强度见表 4.14。因此，压铸件设计时必须合理确定铸件壁厚，尽量使铸件壁厚均匀，消除尖角，不宜太薄或过厚。

压铸件合理的壁厚见表 4.15，压铸件表面积相应的最小壁厚推荐值见表 4.16。

表 4.14 不同壁厚时铝合金压铸件的密度和强度

铸件壁厚 /mm	密度 /(g·cm^{-3})	铸件壁厚 /mm	抗拉强度 /MPa
2	2.86	2	270
5	2.78	3	240
7	2.74	6.5 ～ 8.6	175

表 4.15 压铸件合理的壁厚

	$a \times b^2$/cm^3	壁厚 s/mm			
		锌合金	铝合金	镁合金	铜合金
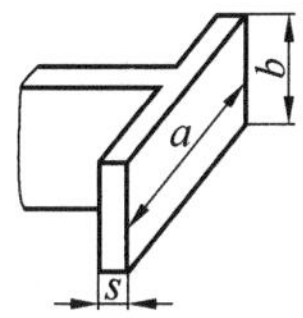	< 25	0.8 ～ 4.5	1.0 ～ 4.5	1.0 ～ 4.5	1.5 ～ 4.5
	25 ～ 100	0.8 ～ 4.5	1.5 ～ 4.5	1.5 ～ 4.5	1.5 ～ 4.5
	100 ～ 400	1.5 ～ 4.5(4.6)	2.5 ～ 4.5(4.6)	2.5 ～ 4.5(4.6)	2.5 ～ 4.5(4.6)
	> 400	1.5 ～ 4.5(4.6)	1.5 ～ 4.5(4.6)	2.5 ～ 4.5(4.6)	2.5 ～ 4.5(4.6)

注：① 在比较优越的条件下，合理壁厚范围可取括号内的数据。

② 根据不同的使用要求，压铸件壁厚可以增大至 12 mm。

表 4.16 压铸件表面积相应的最小壁厚推荐值

压铸件表面积 /cm^2	最小壁厚 /mm				
	铅锡合金	锌合金	铝合金	镁合金	铜合金
< 25	0.5 ~ 0.9	0.6 ~ 1.0	0.7 ~ 1.0	0.8 ~ 1.2	1.0 ~ 1.5
25 ~ 100	0.8 ~ 1.5	1.0 ~ 1.5	1.0 ~ 1.5	1.2 ~ 1.8	1.5 ~ 2.0
100 ~ 250	0.8 ~ 1.5	1.0 ~ 1.5	1.5 ~ 2.0	1.8 ~ 2.3	2.0 ~ 2.5
250 ~ 400	1.5 ~ 2.0	1.5 ~ 2.0	2.0 ~ 2.5	2.3 ~ 2.8	2.5 ~ 3.5
400 ~ 600	2.0 ~ 2.5	2.0 ~ 2.5	2.5 ~ 3.0	2.8 ~ 3.5	3.5 ~ 4.0
600 ~ 900	—	2.5 ~ 3.0	3.0 ~ 3.5	3.5 ~ 4.0	4.0 ~ 5.0
900 ~ 1 200	—	3.0 ~ 4.0	3.5 ~ 4.0	4.0 ~ 5.0	—
1 200 ~ 1 500	—	4.0 ~ 5.0	4.0 ~ 5.0	—	—
> 1 500	—	> 5.0	> 6.0	—	—

铸件的外侧边缘应保持一定的壁厚，其壁厚 s 与深度 h 的关系见表 4.17。

表 4.17 铸件边缘壁厚

	壁厚 s/mm
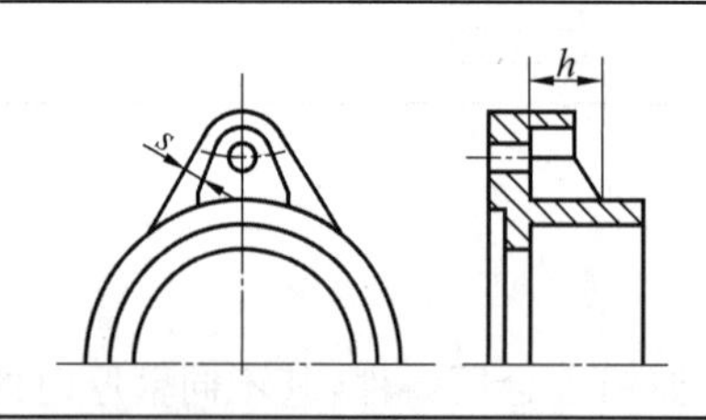	$s \geqslant (1/4 \sim 1/3)h$ 当 $h < 4.5$ 时，$s \geqslant 1.5$

(2) 压铸件的肋。

肋的目的是增加零件的强度和刚性，同时使金属的流路顺畅，改善压铸的工艺性。一般采用的肋结构与铸件壁厚的关系见表 4.18。

表 4.18 肋结构与铸件壁厚的关系 mm

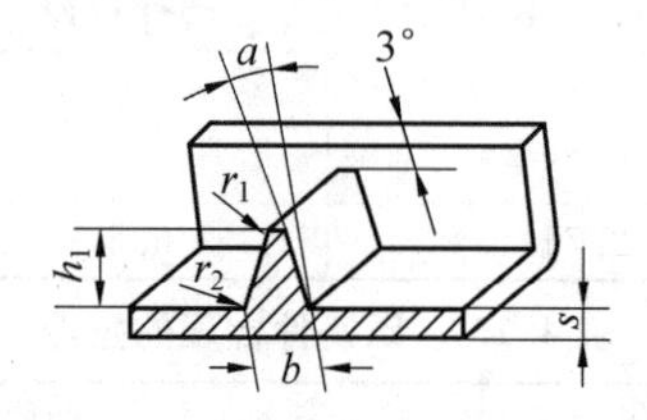

结构尺寸	说明
$b = (1.0 \sim 1.4)s$ $h_1 \leqslant 5s$ $a \leqslant 3°$ $r_1 = \dfrac{0.5b\cos a - s\sin a}{1 - \sin a}$ $r_2 = \dfrac{1}{3}(b+s) \sim \dfrac{2}{3}(b+s)$	b— 肋的根部宽度 s— 铸件壁厚 h_1— 肋的高度 a— 斜度 r_1— 外圆半径 r_2— 内圆半径

4.4.3 铸造圆角

在压铸件壁与壁的连接处，不论是直角，还是锐角或钝角，都应设计成圆角。只有当预计选定为分型面的部位上才不采用圆角连接，而是必须为尖角。连接处采用圆角不仅有利于金属液流动，便于成形，减少涡流，而且可以防止在尖角处产生应力集中，有利于保证铸件质量。对模具来说，可以消除尖角处的应力集中而延长使用寿命。铸造圆角半径的计算见表 4.19。

表 4.19 铸造圆角半径的计算 mm

两相连壁的厚度	图例	圆角半径	说明
相等壁厚	h, r, R, h	$r_{min}=Kh$ $r_{max}=h$ $R=r+h$	对于锌合金铸件，$K=1/4$； 对于铝、镁、铜合金铸件， $K=1/2$
不同壁厚	h, r, R, h_1	$r\geqslant\frac{h+h_1}{3}$ $R=r+\frac{h+h_1}{2}$	

肋高度 h_1、斜度 a 和圆角半径 r_1 的关系见表 4.20。

表 4.20 肋高度 h_1、斜度 a 和圆角半径 r_1 的关系

h_1/mm	a	r_1/mm	h_1/mm	a	r_1/mm
$\leqslant 20$	3°	$\leqslant 0.527b-0.05s$	$>30\sim40$	2°	$\leqslant 0.518b-0.36s$
$>20\sim30$	2°30′	$\leqslant 0.522b-0.046s$	$>40\sim60$	1°30′	$\leqslant 0.513b-0.027s$

注：s 为铸件壁厚；b 为肋的根部宽度。

4.4.4 铸孔与铸槽

压铸工艺的特点之一是能直接铸出比较深的小孔，对一些精度要求不是很高的孔，可以不再进行机械加工，节省工时和费用。铸孔最小孔径及孔径与孔深的关系见表 4.21。

表 4.21 铸孔最小孔径及孔径与孔深的关系 mm

合金	最小孔径 d		深度为孔径 d 的倍数			
	经济上合理	技术上可行	不通孔		通孔	
			$d>5$	$d<5$	$d>5$	$d<5$
锌合金	1.5	0.8	6d	4d	12d	8d
铝合金	2.5	2.0	4d	3d	8d	6d
镁合金	2.0	1.5	5d	4d	10d	8d
铜合金	4.0	2.5	3d	2d	5d	3d

铸件上的螺纹孔常常是先压铸出符合要求的型芯孔，然后加工(多数是攻螺纹)制成的。对于锌合金和铝合金铸件，可在预制的型芯孔中直接用螺钉拧装而省去攻螺纹的工

序。铸造槽隙、槽深原则上可参考铸孔，但不能过大，其尺寸见表4.22。

表4.22 槽隙、槽深尺寸

mm

压铸合金类型	锌合金	铝合金	镁合金	铜合金
最小宽度 b	0.8	1.2	1.0	1.5
最大深度 H	12	10	12	10
厚度 h	12	10	12	8

4.4.5 螺纹与齿轮

在一定条件下，锌、铝、镁合金的铸件可以直接压铸出螺纹。因压铸螺纹的表层具有耐磨和耐压的优点，虽然其尺寸精度及表面粗糙度方面比机械加工稍差，但对一般用途的螺纹来说影响不大，所以常常被采用。可压铸的螺纹尺寸见表4.23。

表4.23 可压铸的螺纹尺寸

mm

合金	最小螺距	最小螺纹外径		最大螺纹长度(螺纹的倍数)	
		外螺纹	内螺纹	外螺纹	内螺纹
锌合金	0.75	6	10	8	5
铝合金	1.0	10	20	8	4
镁合金	1.0	6	14	6	4
铜合金	1.5	12	—	6	—

压铸齿轮的最小模数可按表4.24选取，对于精度要求高的齿轮，齿面应留有0.2～0.3 mm的加工余量。

表4.24 压铸齿轮的最小模数

压铸合金类型	锌合金	铝、镁合金	铜合金
最小模数 m	0.3	0.5	1.5

4.4.6 网纹及图案

在压铸件上可以压铸出各种凸纹、网纹、文字、标志和图案。通常压铸的形状都是凸体的，因为在模具上加工凹形的网纹、文字、标志和图案比较方便。铸件上的凸纹、网纹、文字、标志和图案均应不使用锐角并避免尖角，笔画和图形亦应尽量简单，便于模具加工，避免模具尖角处开裂，从而延长模具的使用寿命。

压铸凸纹或直纹，其纹路一般应平行于脱模方向，并且有一定的起模斜度。推荐的凸纹与直纹的结构尺寸见表4.25。

压铸文字的大小一般不小于GB/T 14691—1993规定的五号字体。文字凸出高度应大于0.3 mm，线条宽度一般为凸出高度的1.5倍，常取0.8 mm，线条间最小距离为0.3 mm，起模斜度为10°～15°。图案设计应力求简单。

表 4.25 推荐的凸纹与直纹的结构尺寸 mm

简图	零件直径 D	凸纹半径 R	凸纹节距 t	凸纹高度 h
	<18	$0.5\sim1.0$	$5R\sim6R$	$0.8R$
	$18\sim50$	$0.8\sim4.0$	$5R$	
	$50\sim80$	$1.0\sim5.0$	$5R$	
	$80\sim120$	$2.0\sim6.0$	$4R\sim5R$	
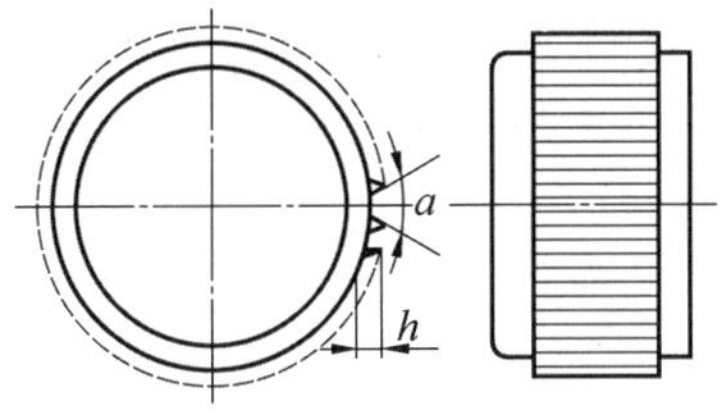	$a=90^\circ\sim100^\circ, h=0.6\sim1.2$			

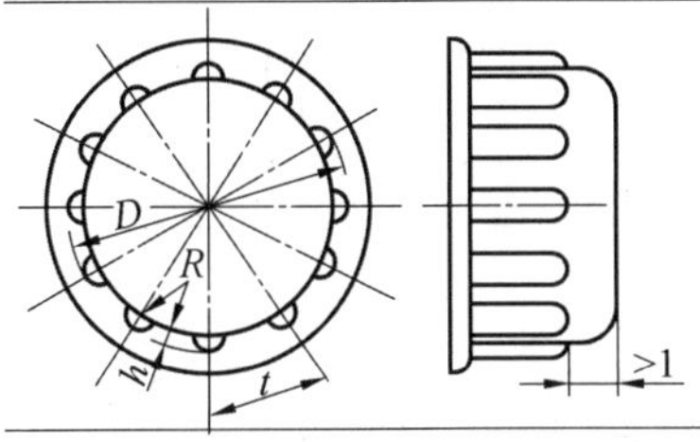

4.4.7 嵌铸

把金属或非金属的零件(嵌件)先嵌放在压铸模内,再与压铸件铸合在一起。这样既可充分利用各种材料的性能(如强度、硬度、耐蚀性、耐磨性、导磁性、计电性等),以满足不同条件下使用的要求,又可弥补因嵌铸零件铸造工艺性差的缺点,从而解决具有特殊技术要求零件的压铸要求。

铸入的嵌件的形状很多,一般为螺杆(螺栓)、螺母、轴、套、管状制件、片状制件等。其材料多为铜、钢、纯铁和非金属材料,也有用性能高于铸件本体金属的,或者用具有特种性质的(如耐磨、导电、导磁、绝缘等)。

嵌件必须稳固牢靠,铸入部分应制出直纹、斜纹、滚花、凹槽、凸起或其他结构,以增强嵌件与压铸合金的结合强度。嵌件的固定方法见表 4.26 和表 4.27。

嵌件周围应有一定厚度的金属层,以提高铸件与嵌件的包紧力,并防止金属层产生裂纹,金属层厚度可按嵌件直径选取,见表 4.28。

表 4.26 轴类嵌件的固定方法

螺钉头	螺栓	开槽	凸台滚花	十字槽	十字头
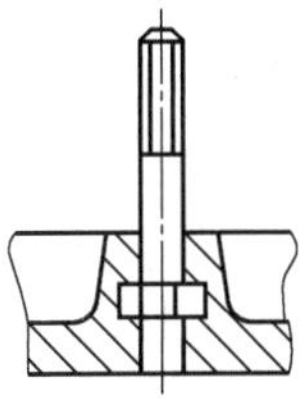	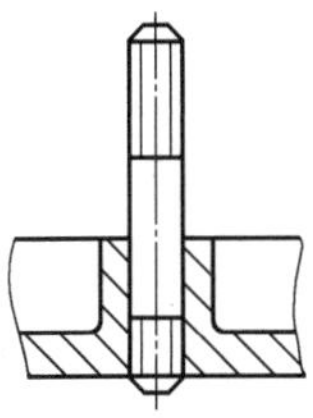	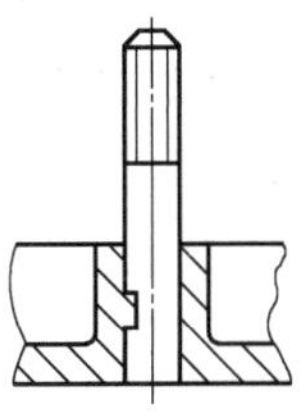	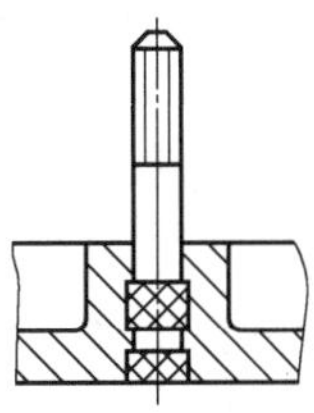	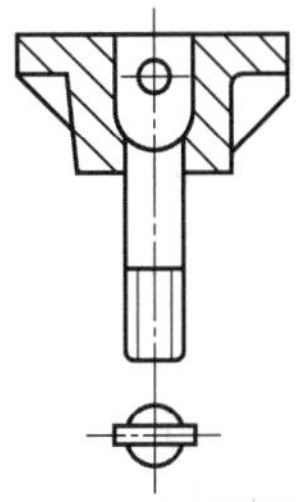	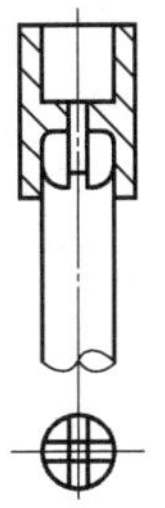

表 4.27 套类嵌件的固定方法

平槽	凸缘削平	六角环槽	尖锥销槽	滚花环槽
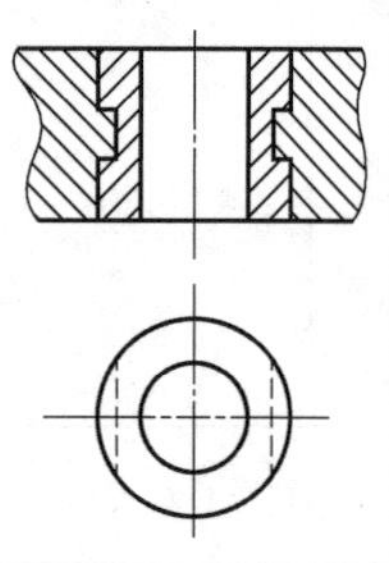	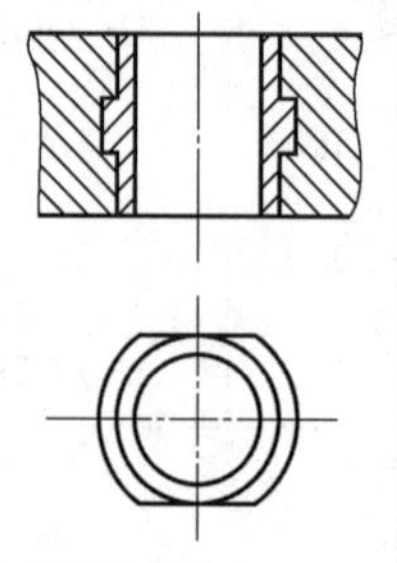	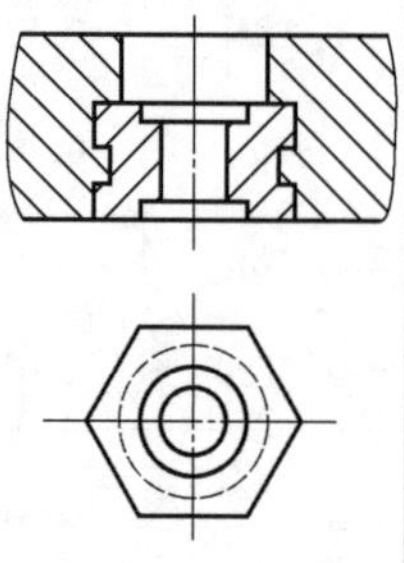	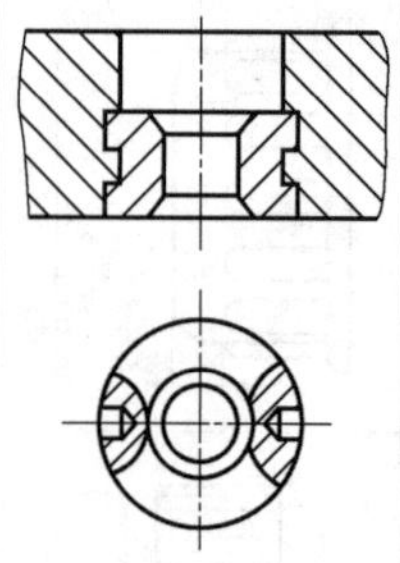	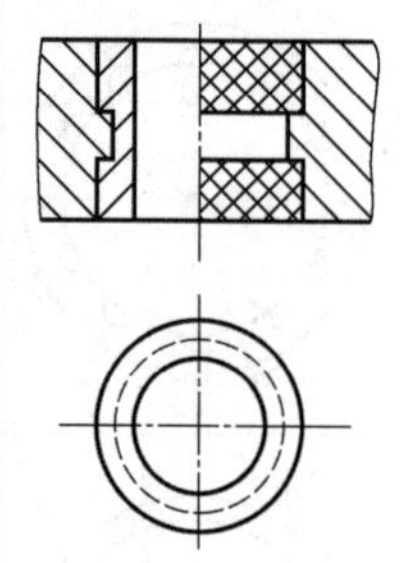

表 4.28 嵌件直径及周围金属层最小厚度

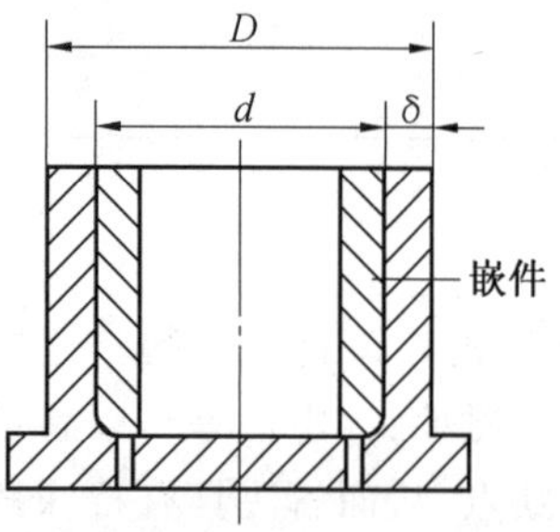

嵌件直径 d	周围金属层最小厚度 δ	周围金属层外径 D
1.0	1.0	3
3	1.5	6
5	2	9
8	2.5	13
11	2.5	16
13	3	19
16	3	22
18	3.5	25

嵌件的包紧部分不允许有尖角，避免铸件产生应力集中而发生开裂。设计铸件时，要保证嵌件在受到金属液冲击时不脱落、不偏移，使嵌件在模具中的定位合理。嵌件应有倒角，以利于安放并避免铸件裂纹。同一铸件上嵌件不宜安放太多，以免压铸时因安放嵌件而降低生产率和影响正常工作循环。对带嵌件的压铸件最好不要进行热处理和表面处理，以免嵌件在铸件中松动和产生腐蚀。嵌件在压铸前最好能镀以耐蚀性保护层，以防止嵌件与铸件本身产生电化学腐蚀。

4.4.8 铸造斜度

铸造斜度又称起模斜度，其目的是保证铸件顺利地从压铸模型腔中取出，合理地设计铸造斜度十分必要。

GB/T 8844—2003 中指的起模斜度，在 GB/T 13821—1992、GB/T 15114—1994、GB/T 15117—1994 和 JB 2702—1980 中均称为铸造斜度。铸件无特殊要求时，内侧壁(承受铸件收缩力的侧面)的起模斜度见表 4.29(GB/T 8844—2003)，对构成铸件外侧壁的起模斜度取表 4.29 中数值的二分之一。圆形孔的起模斜度见表 4.30(GB/T 8844—2003)。文字符号的起模斜度取 10°～15°。当图样中未注起模斜度方向时，按减少铸件壁厚方向制造。

表 4.29 铸件内侧壁未注起模斜度

起模高度 /mm		≤3/>3～6	>6～10/>10～18	>18～30/>30～50	>50～80/>80～120	>120～180/>180～150
起模斜度	锌合金	3°/2°30′	2°/1°15′	1°15′/1°	0°45′/0°30′	0°30′/0°15′
	镁合金	4°/3°30′	3°/2°15′	1°30′/1°15′	1°/0°45′	0°30′/0°30′
	铝合金	5°30′/4°30′	3°30′/2°30′	1°45′/1°30′	1°15′/1°	0°45′/0°30′
	铜合金	6°30′/5°30′	4°/3°	2°/1°45′	1°30′/1°15′	1°/—

表 4.30 圆形孔未注起模斜度

起模高度 /mm		≤3/>3～6	>6～10/>10～18	>18～30/>30～50	>50～80/>80～120	>120～180/>180～150
起模斜度	锌合金	2°30′/2°	1°30′/1°15′	1°/0°45′	0°30′/0°30′	0°20′/0°15′
	镁合金	3°30′/3°	2°/1°45′	1°30′/1°	0°45′/0°45′	0°30′/0°30′
	铝合金	4°/3°30′	2°30′/2°	1°45′/1°15′	0°/0°45′	0°35′/0°30′
	铜合金	5°/4°	3°/2°30′	2°/1°30′	0°15′/1°	—

各类合金铸件的最小铸造斜度见表 4.31。

表 4.31 最小铸造斜度

合金种类	锌合金	镁铝合金	铜合金
铸件内腔	0°20′	0°30′	0°45′
铸件外壁	0°10′	0°15′	0°30′

4.4.9 加工余量

由于压铸模具为金属型，带来的激冷效果可使压铸件表面层细密，机械强度高，因此应尽量减少铸件的加工余量，能不机械加工的地方最好不要加工，压铸件的加工余量见表 4.32。

表 4.32 压铸件的加工余量(RMA)(GB/T 6414—1999) mm

铸件基本尺寸	要求的机械加工等级		
	B	C	D
<40	0.1	0.2	0.3
40～63	0.2	0.3	0.3
63～100	0.3	0.4	0.5
100～160	0.4	0.5	0.8
160～250	0.5	0.7	1.0
250～400	0.7	0.9	1.3
400～630	0.8	1.1	1.5
630～1 000	0.9	1.2	1.8
1 000～1 600	1.0	1.4	2.0
1 600～2 500	1.1	1.6	2.2
2 500～4 000	1.3	1.8	2.5

4.5 分型面的确定

4.5.1 分型面的形式

分型面是动模与定模的分界面。分型面确定后，压铸模具的基本结构即随之确定，因此，分型面的设计对整个压铸模具结构十分重要。分型面常有平直分型面、倾斜分型面、阶梯分型面和曲面分型面等形式，如图 4.7 所示，图中箭头表示分型方向。对于形状较为复杂的压铸件，还有双分型面、三分型面及复合分型面等结构。

4.5.2 分型面的确定原则

确定分型面时需考虑以下几点：

① 浇注系统的布置及内浇道的位置和方向。

② 定模与动模各自所包含的成形部分。

③ 排气条件的劣势。

④ 铸件几何形状及起模斜度的方向。

⑤ 成形部分零件的镶拼方法。

⑥ 铸件尺寸的精度。

⑦ 生产时模具的清理工作和清理效果。

⑧ 铸件表面美观的修整工作。

⑨ 压铸件的生产批量和生产操作。

⑩ 压铸模机械加工工艺性，尽量延长压铸模使用寿命。

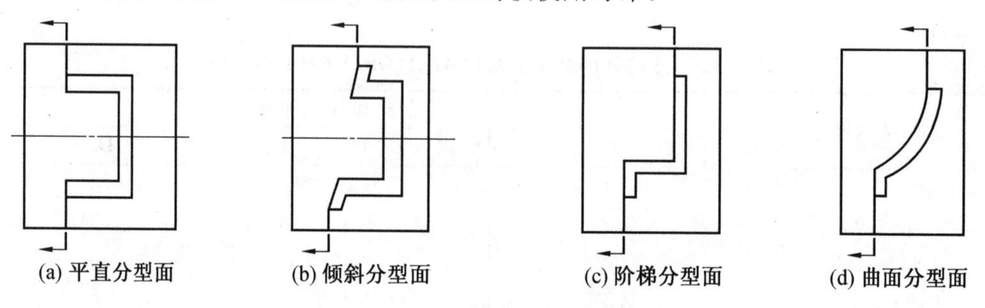

图 4.7 分型面的基本形式

4.5.3 分型面的选择

分型面的选择见表 4.33。

表 4.33　分型面的选择

原则	不合理	合理
便于分型和取出铸件，分型面选在外轮廓尺寸最大的断面处	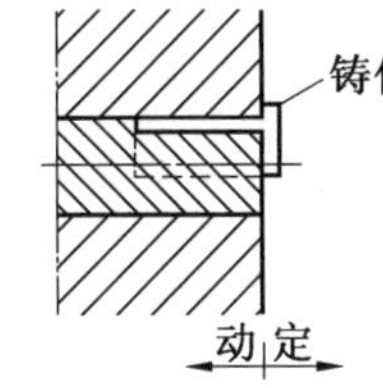	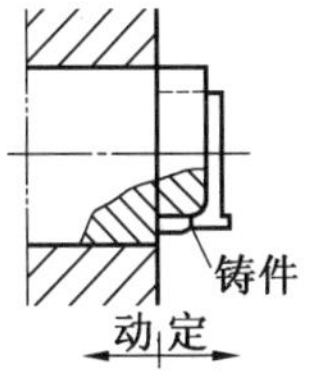
开模后应使铸件留在动模内，故铸件包紧力较大部分应放在动模部分	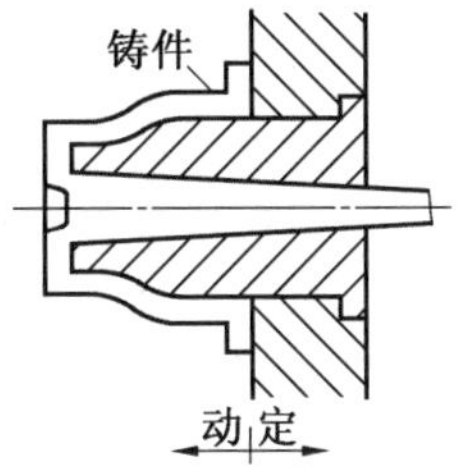	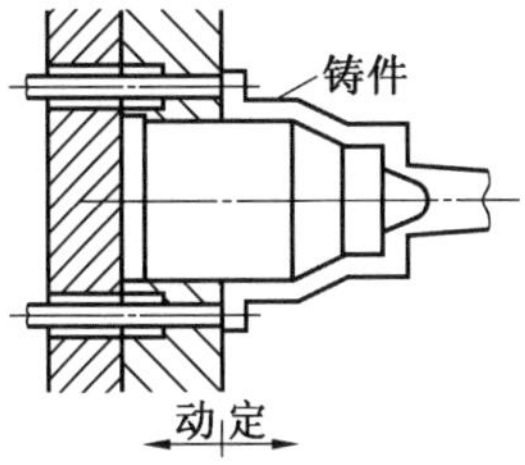
应便于去除铸件在分型面处留下的痕迹	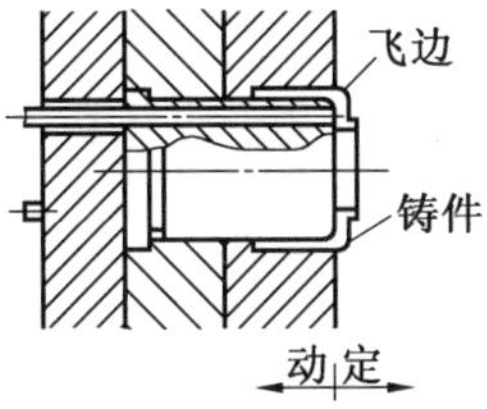	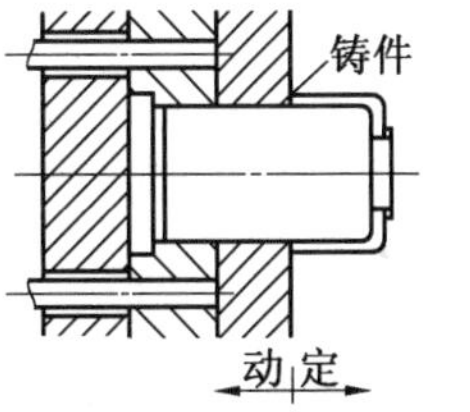
保证铸件的精度，要求同轴度高的表面放在同一半模内	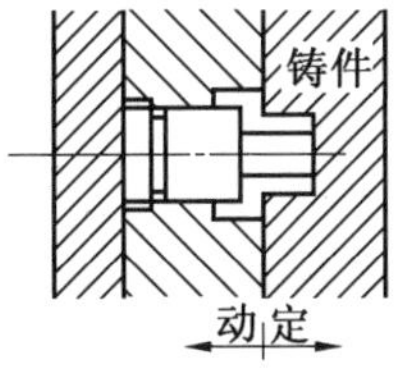	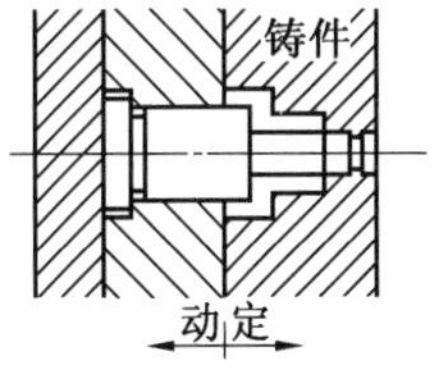
使型腔有良好的排气条件，分型面设在金属流动的末端	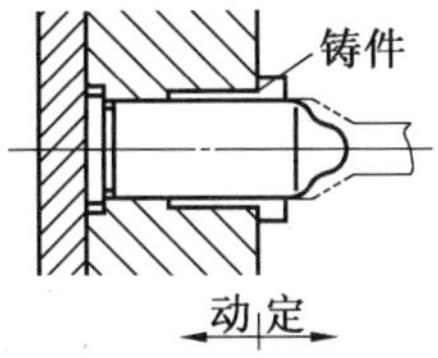	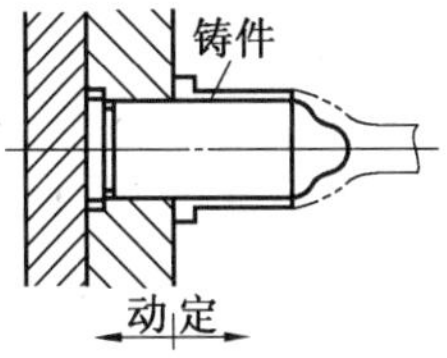
尽量减少对抽芯机构的压力	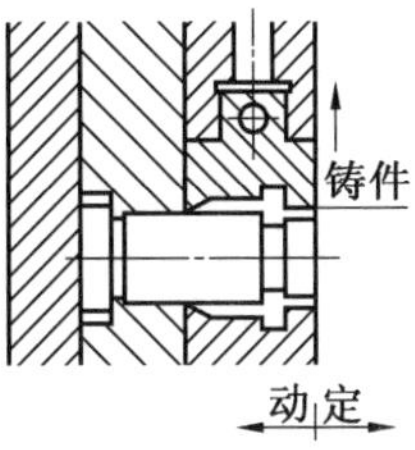	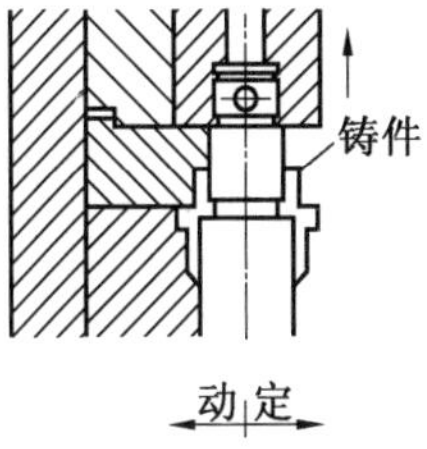

续表 4.33

原则	不合理	合理
清理模具容易	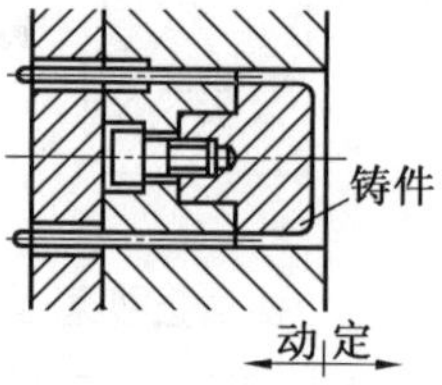	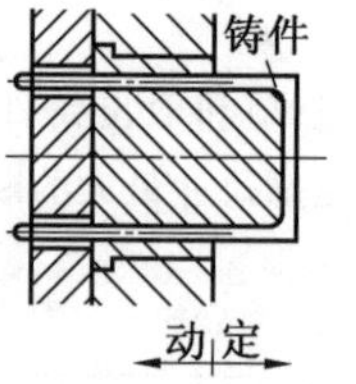
使模具制造简单，尽量采用平直分型面	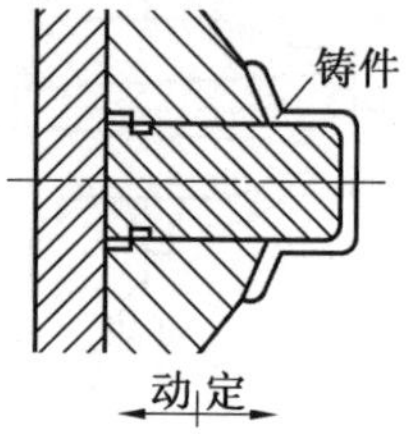	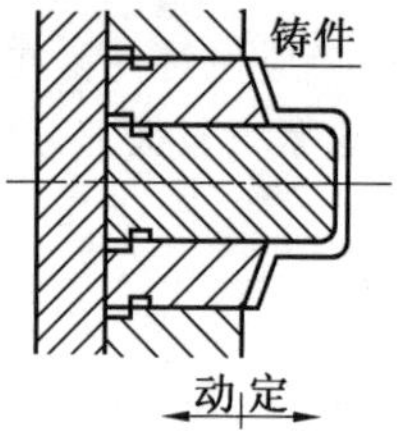

4.6 浇注系统设计及溢流、排气系统设计

4.6.1 设计原则

浇注系统的设计原则见表 4.34。

表 4.34 浇注系统的设计原则

原则	不合理	合理
勿使金属液进入型腔后立即封闭分型面	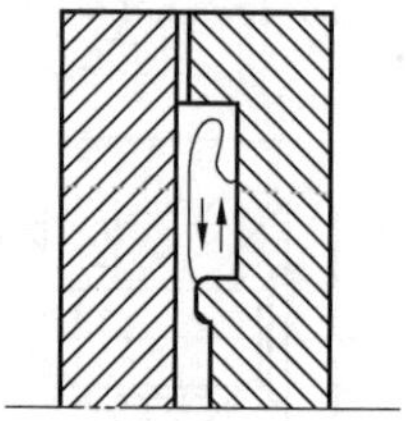	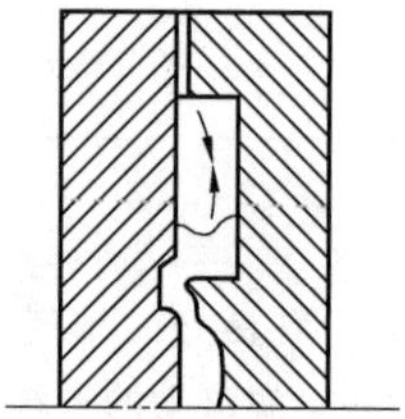
尽量避免金属液正面冲击型芯，以防止模具局部过热引起黏附金属和磨损	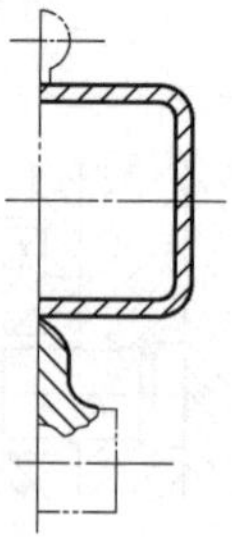	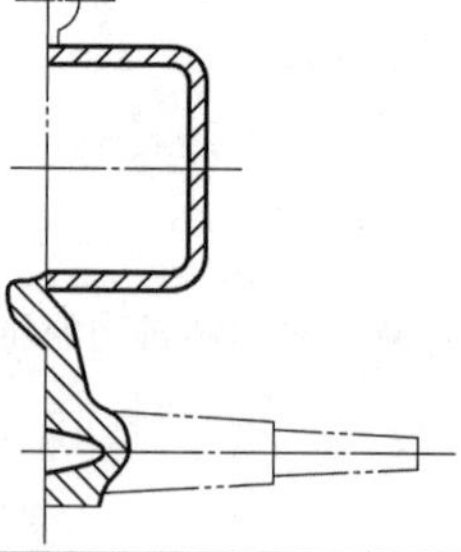

续表 4.34

原则	不合理	合理
尽量采用单个内浇道，不要用多个内浇道，以免多股金属液发生撞击，产生包气	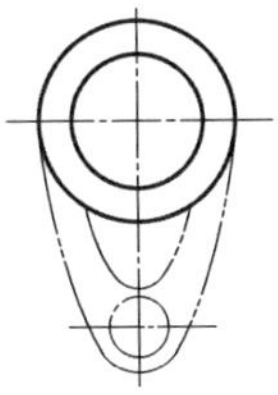	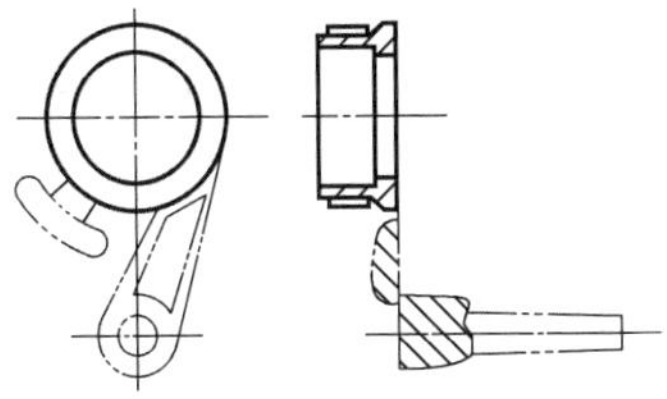
尽量减少金属液流动动能的损失，因此流动要短，弯折次数要少	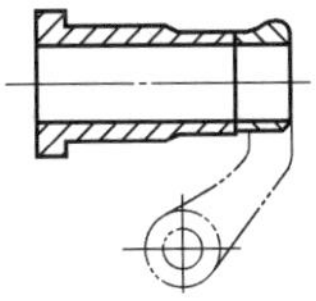	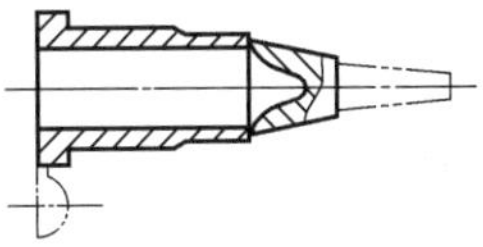
内浇道应设置在铸件壁厚部位，以传递最终静压力和补缩	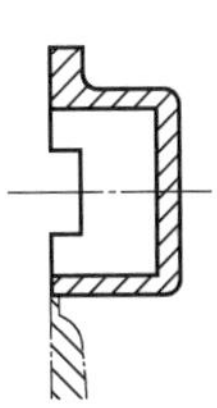	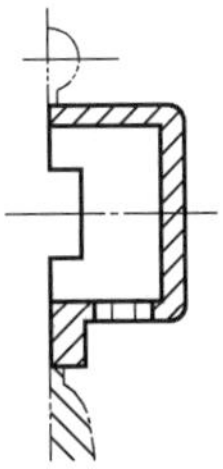
勿使内浇道的布置造成铸件的收缩变形	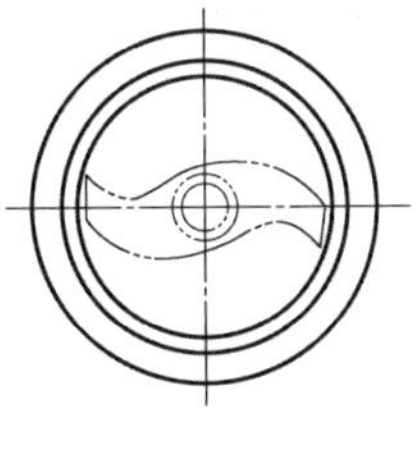	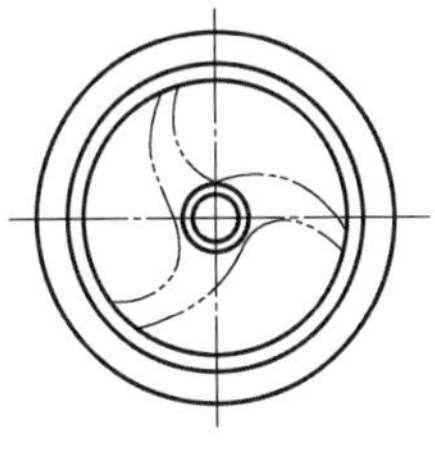
从铸件上去除内浇道要容易或设置在待加工表面	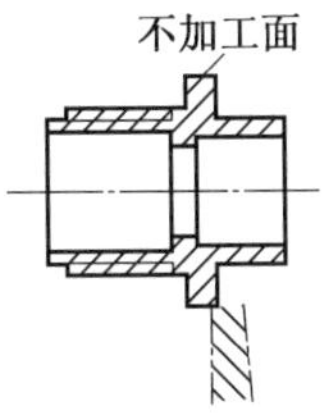 不加工面	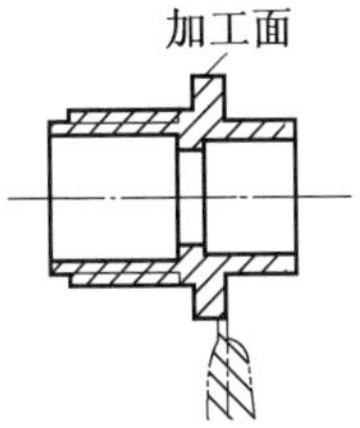 加工面

4.6.2 浇注系统的组成

1. 直浇道

① 立式压铸机的直浇道由喷嘴、浇口套和分流锥构成。分流锥的作用是保证金属液的填充速度，承受金属液的冲击压力并调节直浇道的截面面积。立式压铸机直浇道尺寸如图 4.8 所示。喷嘴的导入口直径(d_0)一般取压室直径(d)的 1/8 ～ 1/5。

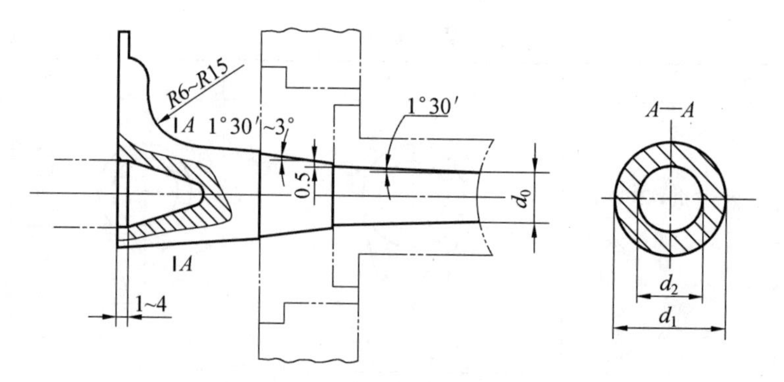

图 4.8　立式压铸机直浇道尺寸

直浇道环形面积与喷嘴导入口断面积的关系见式(4.11)、式(4.12)。

$$\frac{\pi(d_1^2-d_2^2)}{4}=\frac{(1.1\sim1.3)\pi d_0^2}{4} \tag{4.11}$$

$$\frac{(d_1-d_2)}{2}\geqslant 3 \tag{4.12}$$

② 卧式压铸机的直浇道由浇口套和分流锥构成。浇口套的内径即为直浇道直径。由于压铸机的压射力是一定的(或可做几级调整),因此它的直径决定了压射金属液的比压并影响流动速度和填充时间。当铸件壁薄且形状简单,要求较小的比压时,直浇道应选择较大的直径;当铸件壁厚且形状复杂,要求较大比压时,直浇道应选择较小的直径。卧式压铸机直浇道尺寸如图 4.9 所示。

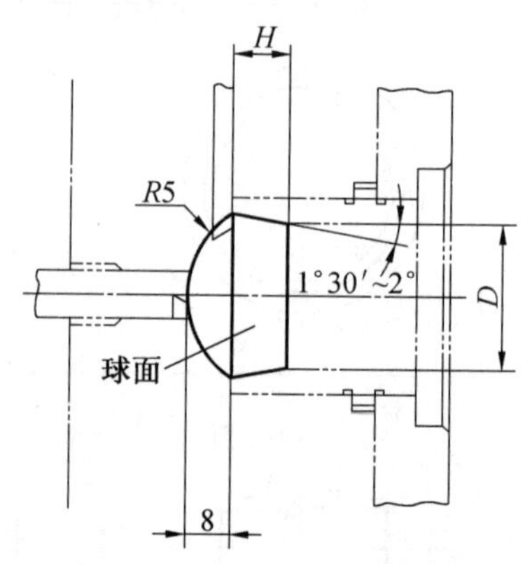

图 4.9　卧式压铸机直浇道尺寸

2. 横浇道

横浇道用来把金属液从直浇道引入内浇道,传递静压力和补充铸件冷凝收缩所需的金属。立式冷室压铸机的横浇道断面积一般大于喷嘴导入口面积的 1.2 倍,且断面积不允许有急剧的变化。当横浇道宽度面积变化时,其厚度应做相应的变化。横浇道尺寸如图 4.10 所示。

当采用一模多腔设计分支横浇道时,最好不用 90° 的转折,一般转折角度采用 80° ~ 85°。

卧式压铸机的横浇道要开在直浇道的上方,以免压射前金属液自动流入型腔。

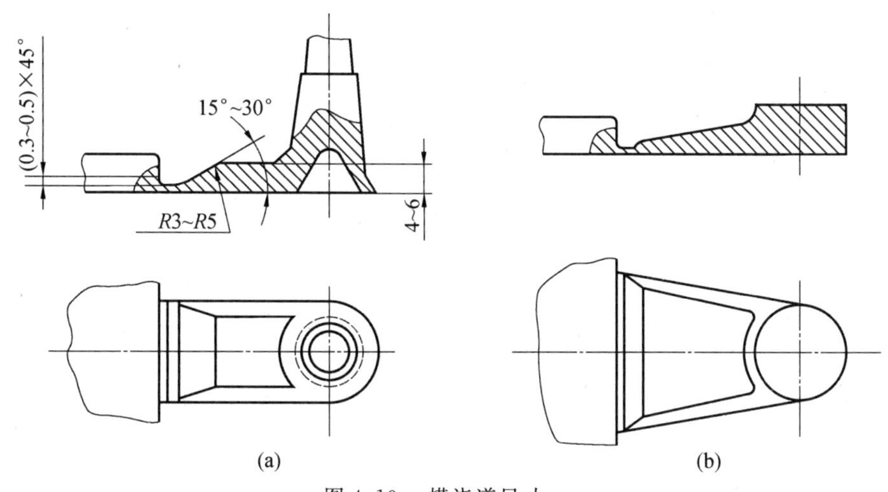

图 4.10　横浇道尺寸

3. **内浇口**

内浇口的作用是根据压铸件的结构、形状和大小，以最佳流动状态把金属液引入型腔而获得优质的压铸件。

(1) 内浇口的分类。

内浇口分类如图 4.11 所示。

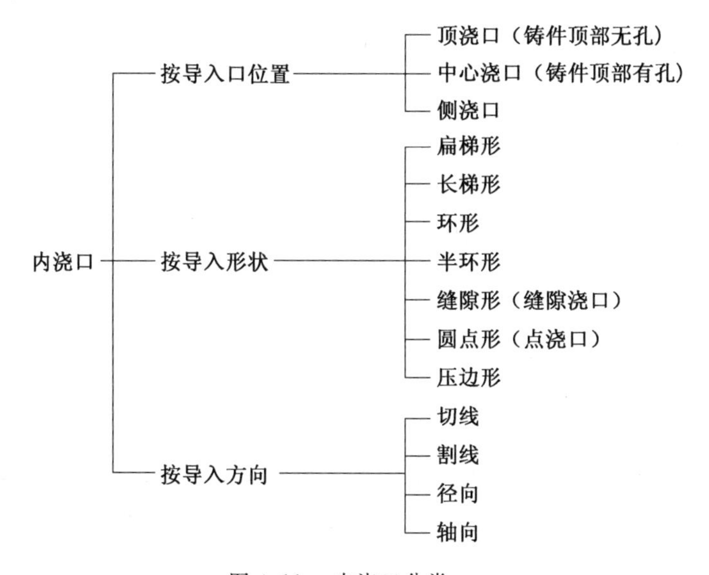

图 4.11　内浇口分类

(2) 内浇口在压铸件上的位置。

压铸件的质量在很大程度上取决于流入型腔内金属流的形态和方向。因此，正确设计和设置内浇口在压铸模设计中尤为重要。浇注系统设计中最关键的是内浇口位置的设计。内浇口在压铸件上的位置一般在分型面确定后才做仔细考虑。它的位置与压铸件的形状有关，特别是与压铸件的对称面或形状相似的截面有关；与如何清除浇道余料上的毛刺有关；与所选用的压铸机类型的经济分析有关。

(3) 内浇口的设计要点。

① 由内浇口导入的金属液流方向应首先考虑深腔难以排气的部位，而不应指向分型面，封闭分型面上的排气槽会影响排气；除低熔点合金外，进入型腔的金属液不应正面冲击型芯，以减少动能损耗，防止型芯因被金属液冲击而受到侵蚀。

② 从内浇口设置的部位考虑要选择在填充型腔各部分时具有最短流程，防止金属液在填充过程中热量损失过多而产生冷隔或花纹等缺陷；设置在压铸件的厚壁或压铸件的热节处，在较厚的内浇口配合下提高补缩效果；内浇口处热量较集中，温度较高，凡在型腔中带有螺纹的部位不宜直接布置内浇口，以防螺纹被冲击而受到侵蚀。

③ 内浇口的数量以单道为主，以防止多道金属液流入型腔后相互冲击，产生涡流、裹气和夹杂等缺陷。而大型压铸件、箱体及框架类压铸件和结构比较特殊的压铸件则可采用多道浇口。

④ 薄壁复杂压铸件应采用较薄的内浇口，以保持必要的填充速度。一般结构的压铸件以取较厚的内浇口为主，使金属液填充平稳，有利于排气和有限传递静压力。

⑤ 对于压铸件上精度要求高和表面粗糙度的数值小且不加工的部位，不宜设置内浇口，以防在去除浇口后留下痕迹。

⑥ 布置内浇口时应考虑压铸件切边或采用其他清理方法的可能性。

(4) 内浇口的面积。

内浇口面积的确定是内浇口设计过程中的重要环节之一，各国研究人员从不同角度对此进行了研究并取得了有价值的结论。大多用压铸机的特性线和压铸模的特性线来指导浇注系统的设计，而国内应用不多。在生产中内浇口面积的大小通常根据经验确定。若用简单的经验公式进行计算，也只是对所设计的内浇口面积做校核、确定。

在计算内浇口面积的方法中，式(4.13) 建立了内浇口面积(宽度和厚度) 与压铸件质量之间的关系，适用于所有的压铸合金。

$$L=\frac{0.85V^{0.745}}{T} \tag{4.13}$$

式中，L 为内浇口的宽度，mm；T 为内浇口的厚度，mm；V 为压铸件和溢流槽体积，mm^3。

(5) 内浇口的尺寸。

经过长时间的研究和实践，近年来内浇口的形状都趋向于纵向长方形的形式。通过对填充理论的研究，内浇口的厚度极大影响着填充的形式，即影响着压铸件的内在质量，因此，内浇口的厚度是一个重要的尺寸。

内浇口的厚度与相连的压铸件壁厚有一定的关系。根据利·弗洛梅尔的看法，压铸件壁厚需在 2 mm 以上才能达到流束填充。当壁厚小于 2 mm 时，始终是冲击式填充。所以，只有满足“内浇口厚度 d/ 压铸件壁厚 $<1/4$”的情况下才能保证金属是流束填充。对于那些不能达到这一关系的薄壁压铸件，内浇口厚度可取 0.5 ～ 2.0 mm。

为使金属液尽可能均匀地流过内浇口的整个宽度 b，需要确定流束填充时内浇口厚度的最小值 d。内浇口厚度 d 与凝固模数 M 之间的关系如图 4.12 和图 4.13 所示。内浇口的宽度 b 一般取压铸件边长或周长的 2/5 ～ 3/5，内浇口的长度一般取 2 ～ 3 mm，也有资料认为越短越好。

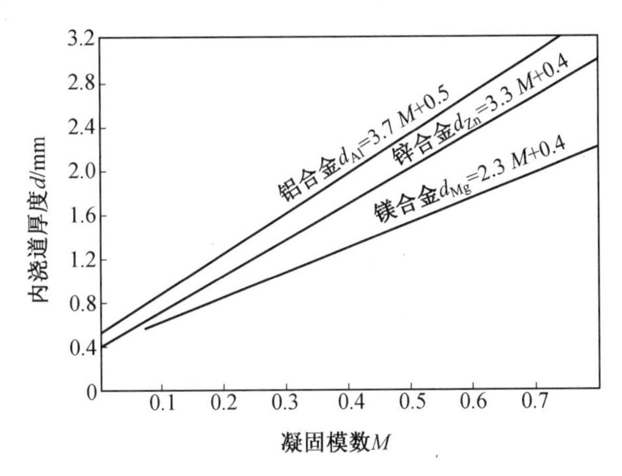

图 4.12 内浇口厚度 d 和凝固模数 M 间的关系

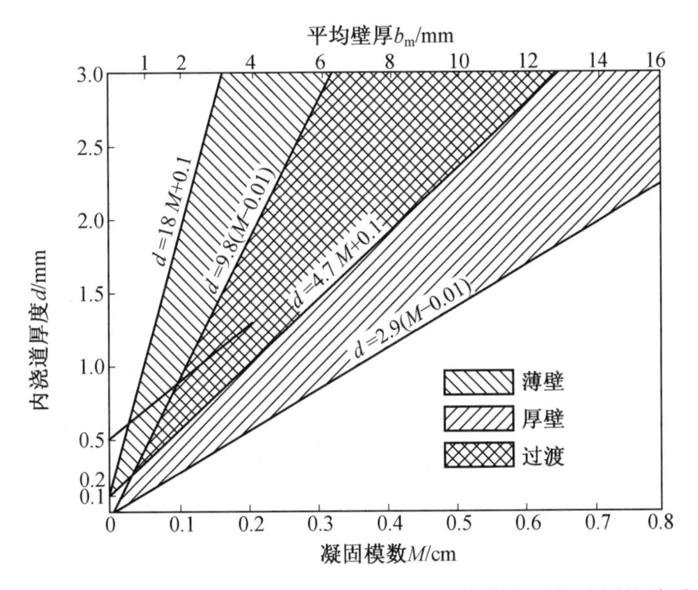

图 4.13 铝合金压铸件内浇口厚度与凝固模数或平均壁厚的关系

(6) 点浇口。

点浇口是顶浇口的一种特殊形式,其结构如图 4.14 所示。

① 点浇口的适用范围。点浇口一般用于直径大于 200 mm 的桶形零件,结构对称、壁厚均匀且在 2.0 ~ 3.5 mm 之间的罩壳类零件。

② 点浇口设计参数的选择。点浇口直径 d 在 2.8 ~ 7.5 mm 范围内变化,复杂零件的点浇口直径比简单零件的要大一些,投影面积大的零件比投影面积小的零件大些。点浇口厚度 h = 3 ~ 5 mm 随直径 d 增大而增大。出口角度 α = 60° ~ 90°,随压铸件的形状和投影面积而变化,投影面积大,出口角度相应增大,若压铸件在浇口入口处不是平面而是锥形,则 α 角取小些。设置 α 角的目的是控制金属液体的填充方向和在去除浇口时不损伤压铸件。进口角度 β = 45° ~ 60°,随压铸件质量而变化,注入金属液量多则 β 角增大,以免在浇口处造成压力损耗,使浇道过热。圆弧半径 R = 30 mm。

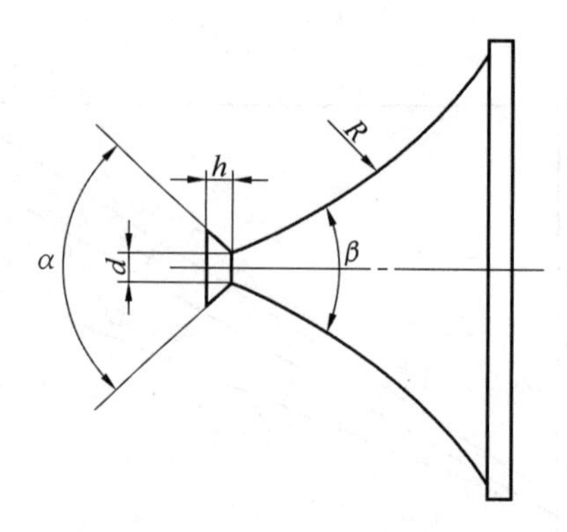

图 4.14　点浇口结构

(7) 典型压铸件浇注系统的设计。

号盘座(图 4.15) 压铸件的结构及其浇注系统分析如下。

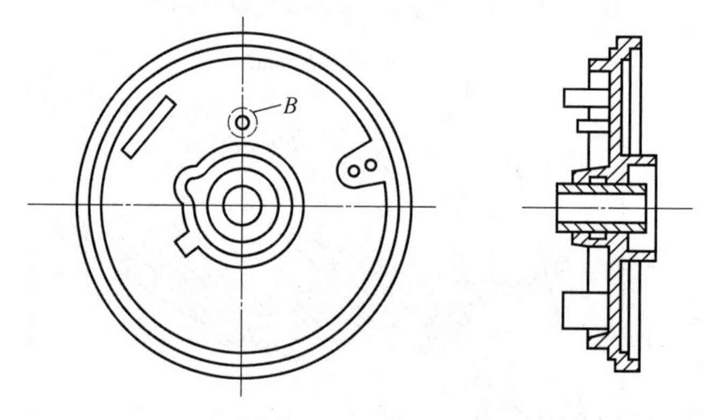

图 4.15　号盘座

① 压铸件的结构特征。压铸件为直径 80 mm 的圆盘形，两面均有圆环形凸缘和厚薄不均匀的凸台，中心孔和 B 处镶有铜嵌件。压铸件总高度为 18 mm，最薄处壁厚为 1.8 mm。采用 Y102 铝合金，压铸件上不允许有冷隔和夹渣等缺陷。

② 浇注系统分析。其分析对比见表 4.35。

表 4.35 浇注系统的分析对比

简图	分析
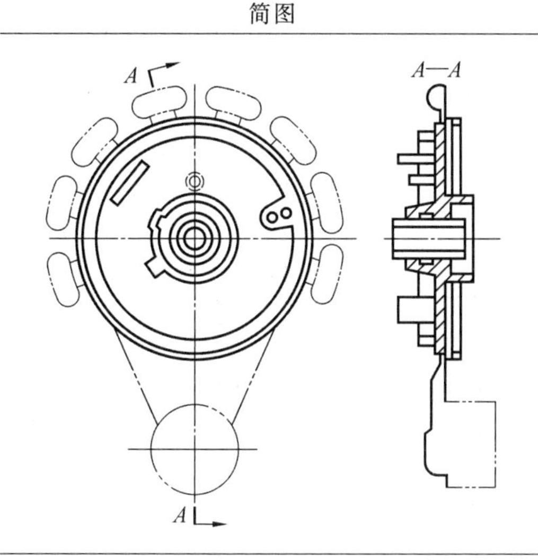	采用扩散式外侧浇口，内浇口宽度为压铸件直径的 70%，金属液进入型腔后立即封闭整个分型面，溢流槽和排气槽不起作用，压铸件中心部位会造成欠铸和夹渣等缺陷
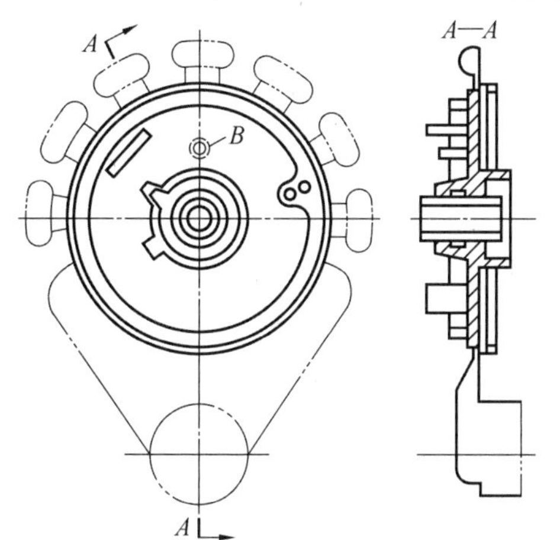	采用扩张后带收缩式的外侧浇口，内浇口宽度取压铸件直径的 90%，将金属液引向压铸件中心部位，对顺利地排渣、排气较为有利。但由于金属流聚集在中心部位时，相互冲击，液流紊乱，故 *B* 处仍有少量欠铸和夹渣等缺陷
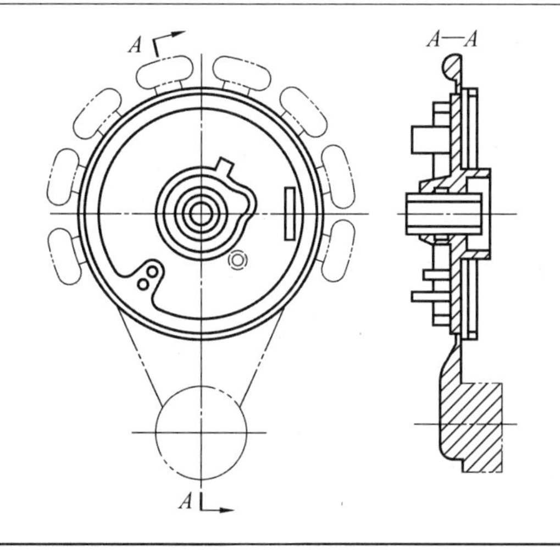	采用夹角较小的扩散式外侧浇口，内浇口宽度一般为压铸件直径的 60% 左右，内浇口设置在靠近凸台处，用金属液填充凸台和中心部位，使气体、夹渣挤向内浇口两侧，从设置在两侧的溢流槽、排气槽中排除，改善了填充排气和压力传递的条件，效果较好

4.6.3 浇注系统的种类及特点

浇注系统的种类及特点见表4.36。

表4.36 浇注系统的种类及特点

种类	图例	特点
中心浇注系统	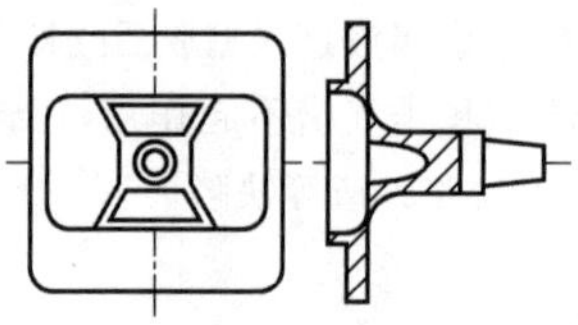 (a) 立式压铸机采用中心浇注系统的铸件 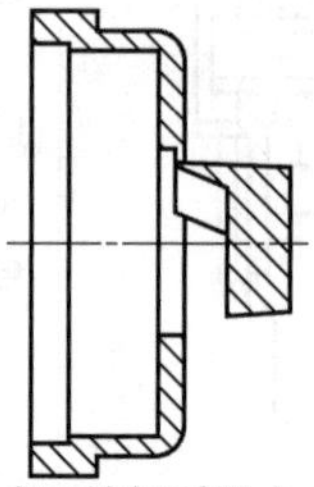 (b) 卧式压铸机采用中心浇注系统的铸件	当铸件的中心处有足够大的通孔时，可在中心设置分流锥和浇注系统，特点是： ① 金属液流程短 ② 不增加或很少增加铸件的投影面积 ③ 便于排除深腔部位的气体 ④ 有利于模具热平衡 ⑤ 模具外形尺寸小 ⑥ 机器受力均衡
侧浇注系统	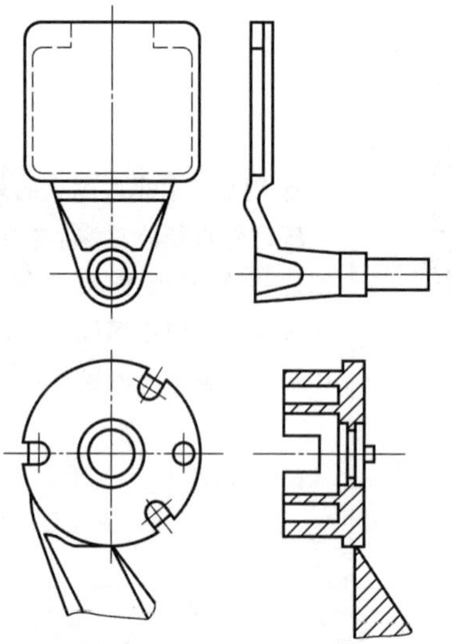	浇注系统设置在铸件的侧面，是应用最广泛的一种，特点是： ① 对铸件的流入部位适应性强，可以从铸件的外部或内侧流入，适用于各种形状的部件 ② 可用于一模多腔 ③ 去除浇注系统比较容易
顶浇注系统	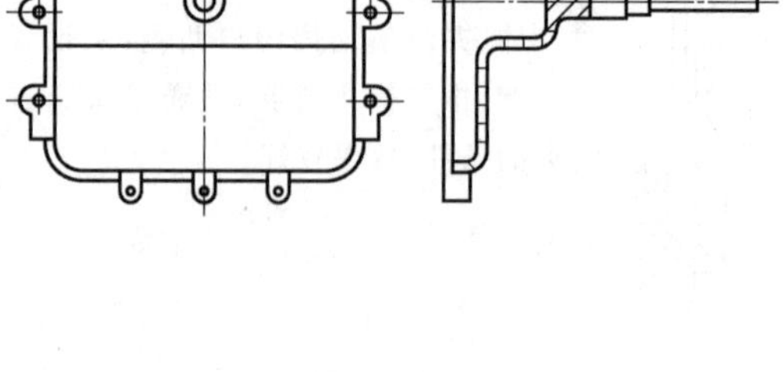	直接在铸件顶部开设浇注系统，它的浇注系统只有直浇道一个单元，用于较大壳体类零件，其顶部没有通孔，不能设置分流锥的铸件。特点是除具备中心浇注系统的优点外，还有如下缺点： ① 金属液直冲型芯，使型芯容易龟裂黏附金属 ② 铸件与浇注系统相连部位很厚实，容易形成缩孔 ③ 去除浇注系统较困难

续表 4.36

种类	图例	特点
点浇注系统	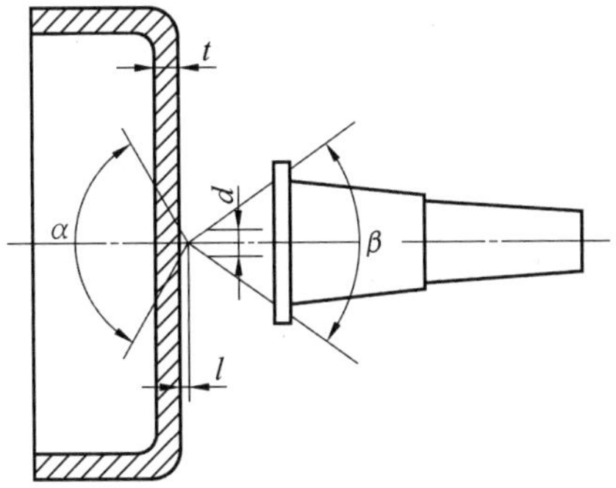	用于外形对称、壁厚均匀、顶部无孔的壳类铸件，点浇注系统克服了顶浇注系统存在的缺陷，金属液以高速沿整个型腔均匀填充，特点是： ① 铸件表面光洁 ② 内部结晶致密 ③ 生产率高，除去浇注系统容易 ④ 模具结构复杂，需要两次分型 ⑤ 须严格确定浇注系统的尺寸并严格控制压铸工艺参数
环形浇注系统	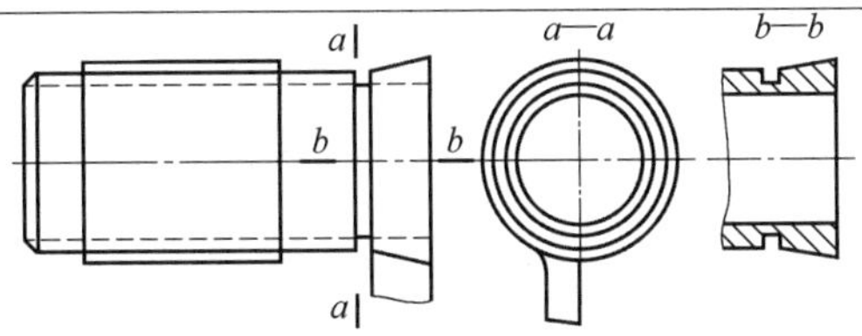 环形浇道的筒形铸件 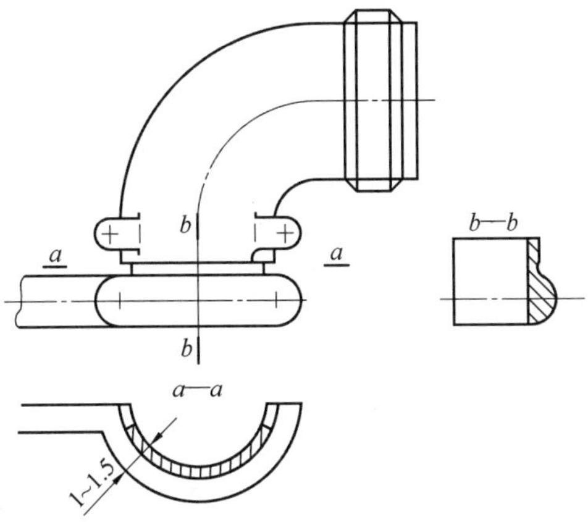半环形浇道的弯管状铸件	用于较大的圆筒形和弯管状铸件，金属液在流满环形浇道后，再沿整个环形断面填充铸型，特点是： ① 有良好的排期条件和较短的流程 ② 浇道耗费金属液较多 ③ 去除浇注系统较为困难
缝隙浇注系统	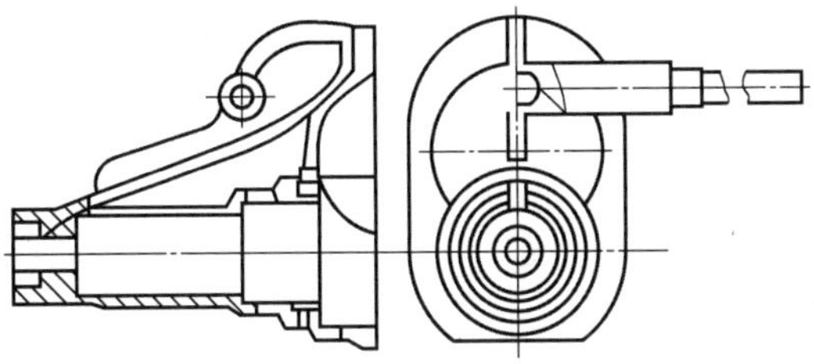	内浇道宽度方向与分型面相垂直，金属液在模具深腔部位呈缝隙式流入，特点是： ① 有利于排除深腔内的气体 ② 浇道厚度一般为 1.5 ～ 3.0 mm ③ 去除浇注系统不太方便

4.6.4　溢流槽

为了排除和减少铸件内的残渣和气孔，在设计浇注系统的同时，应考虑设置溢流槽。

1. 溢流槽的作用

① 排除型腔中的气体，储存混有气体和涂料残渣的冷污金属液。

② 控制金属液流动状态，防止产生涡流。

③ 调整模具温度场分布，改善模具热平衡状态。

④ 可作为设置顶杆部位，使铸件表面没有顶杆痕迹。

⑤ 可设置在动模上，增大压铸件对动模的包紧力，保证压铸件分型后留在动模侧。

⑥ 可作为压铸件存放、运输和吊装等定位装夹的附加部位。

2. 溢流槽的设计要点

溢流槽的设计要点见表 4.37。

表 4.37　溢流槽的设计要点

<table>
<tr><th>设计要点</th><th>图例</th></tr>
<tr><td rowspan="2">使溢流槽容纳最先进入型腔的冷金属液和混于其中的气体，残渣，以利于消除铸件的气孔、冷隔和夹渣等缺陷</td><td> 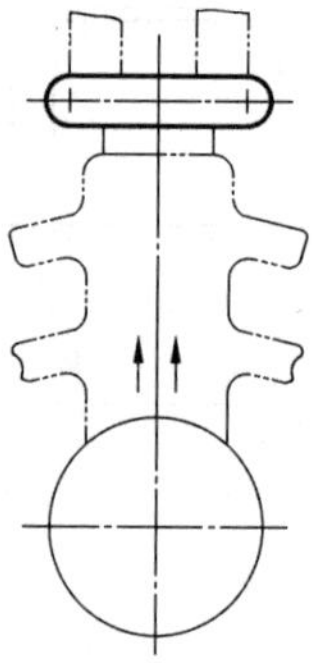设在金属液最先冲击的部位</td></tr>
<tr><td> 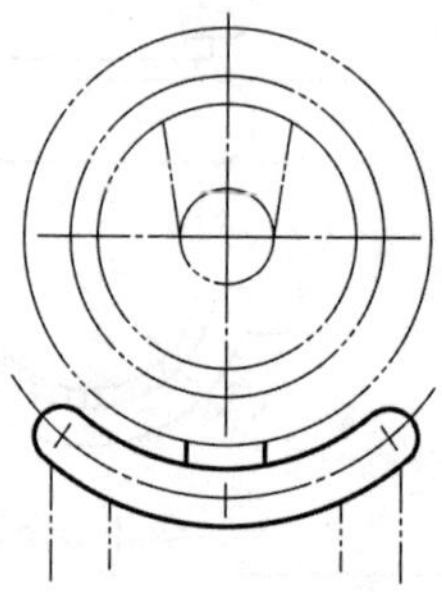设在两股金属液的汇合处</td></tr>
</table>

续表 4.37

设计要点	图例
使溢流槽容纳最先进入型腔的冷金属液和混于其中的气体，残渣，以利于消除铸件的气孔、冷隔和夹渣等缺陷	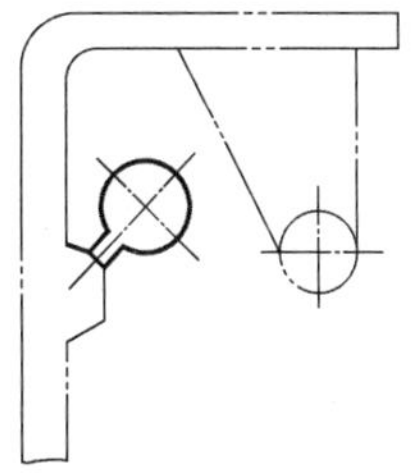 设在铸件较厚、容易形成涡流的部位
	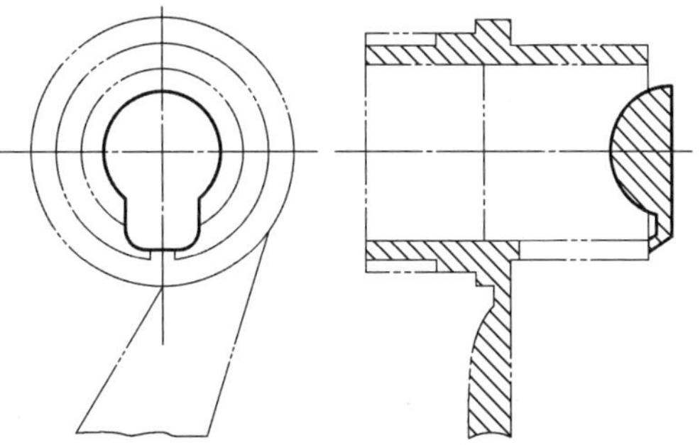 设在铸件最后成形部位
在型腔温度较低的部位开设溢流槽，用以达到模具的热平衡	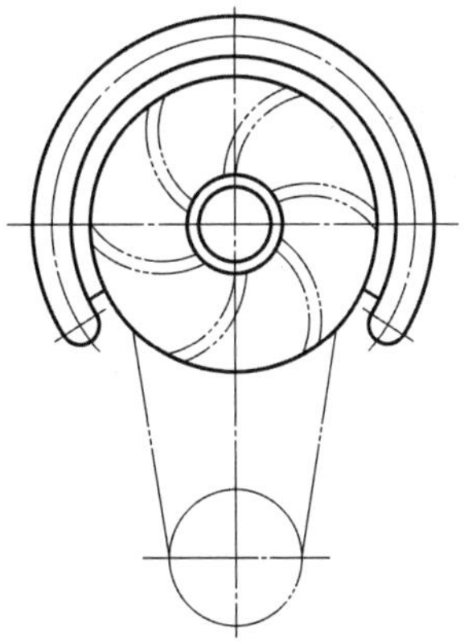
防止薄壁铸件脱模时变形，开设溢流槽增加铸件的刚性	
铸件表面不允许设置顶杆时，溢流槽作为铸件脱模时的顶动部位	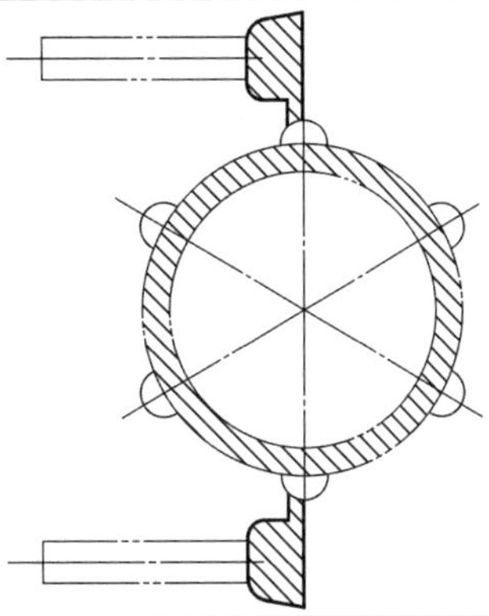

3. **常用溢流槽尺寸**

常用溢流槽尺寸如图 4.16 所示。

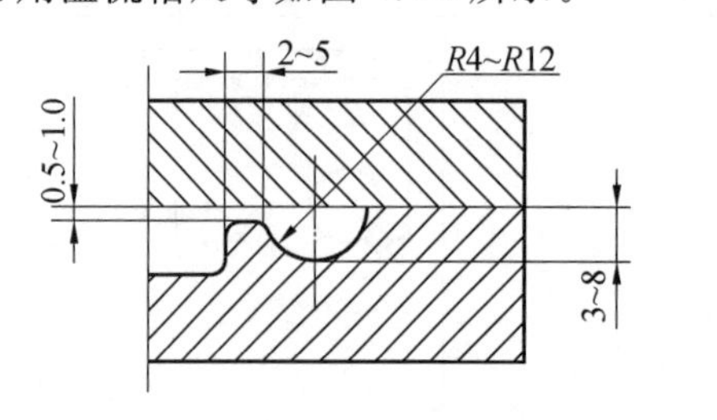

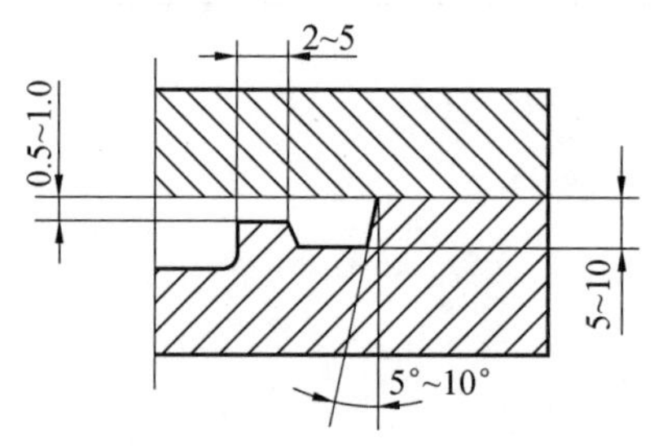

图 4.16　常用溢流槽尺寸

4.6.5　排气槽

排气槽的作用是在金属液填充型腔过程中使气体尽可能地排出型腔而不留在铸件内，从而减小压铸件中产生气孔缺陷的可能性。

1. **排气槽的设计要点**

① 设置在金属液最后到达的型腔部位。

② 设置在金属液进入型腔后初始冲击的部位。

③ 设置在溢流槽的外侧。

④ 如排气槽设置在操作者一边通向模外时，必须在排出口处设有防护板。

⑤ 深腔内不易排气处，设置排气塞或利用型芯、顶杆的配合间隙排除气体，如图 4.17 所示。

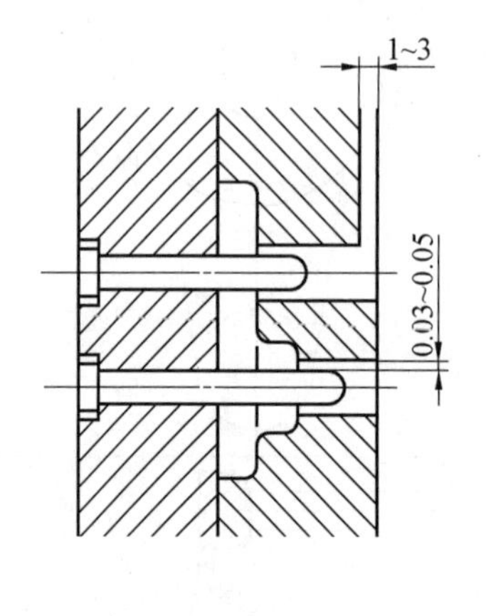

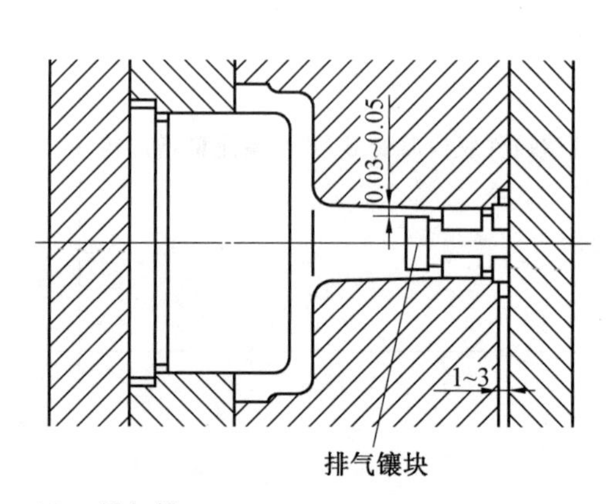

图 4.17　排气槽

⑥ 应做成曲折形，防止金属液溅出。

⑦ 尽量分布在分型面上，不影响铸件的脱模。

2. **排气槽尺寸**

排气槽尺寸如图 4.18、表 4.38 所示。

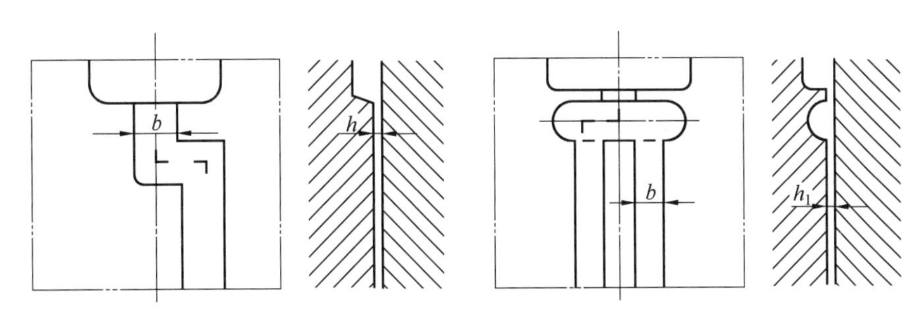

图 4.18 排气槽尺寸

表 4.38 排气槽尺寸

合金种类	h	h_1	b
锌合金	0.05 ~ 0.08	< 0.1	6 ~ 20
铝合金、镁合金	0.08 ~ 0.10	< 0.15	6 ~ 20
铜合金	0.10 ~ 0.15	< 0.20	6 ~ 20

排气槽断面积的总和为内浇口断面积的一半，排气槽应尽量与溢流槽配合使用，有利于降低溢流槽内的气体压力，更好地发挥溢流槽的作用。

4.6.6 填充位置的选择

压铸件填充位置和液流方向是决定铸件质量的主要因素。各类铸件填充位置图例见表 4.39。

表 4.39 铸件填充位置图例

铸件类型	填充流态图例	说明
圆形		内浇道宽度 $B = 0.6D$(铸件直径)

续表 4.39

铸件类型	填充流态图例	说明
圆形	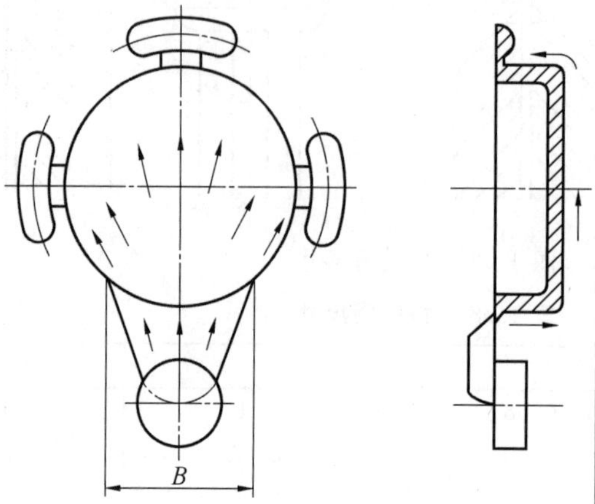	内浇道从中间向上扩散导入，内浇道宽度随孔深增加而减小，一般$B=(0.4\sim0.6)D$
大圆环形	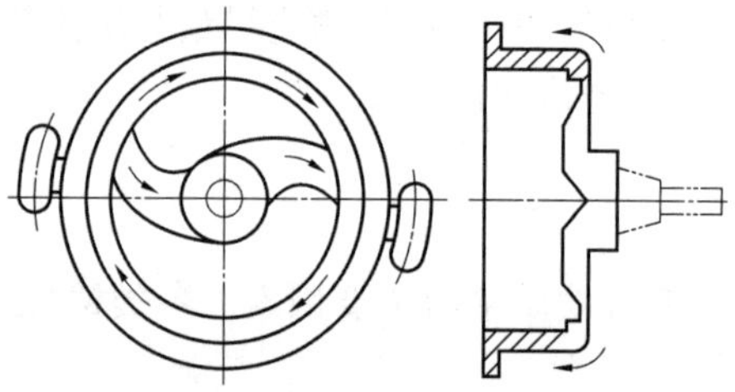	① 铸件中间孔大，有条件设置浇注系统 ② 金属液从型腔深入流向分型面，有利于排气 ③ 有利于热平衡
	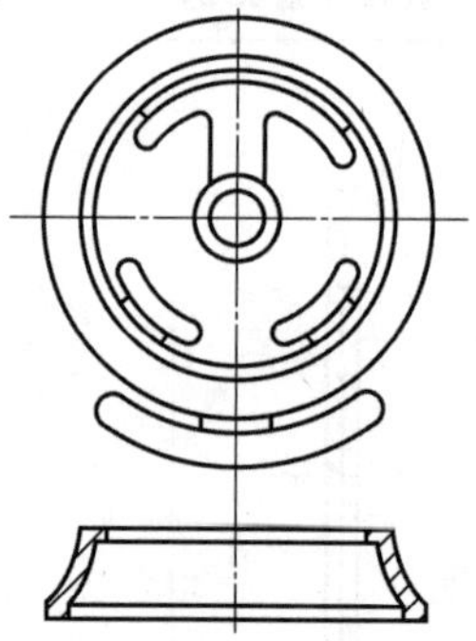	具有很小的内浇道断面积，最易冷却，能获得高的生产率
		从切线方向导入金属

续表 4.39

铸件类型	填充流态图例	说明
小圆环形	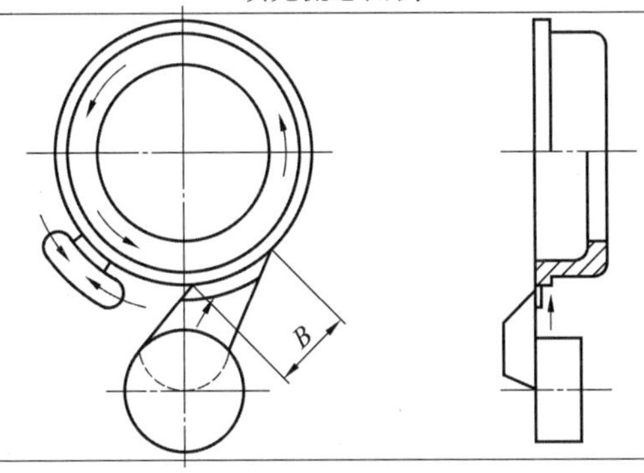	金属液沿型芯接线方向导入，内浇道宽度 $B=(0.25\sim0.30)D$，金属液顺型腔周缘顺序填充
带肋的圆形	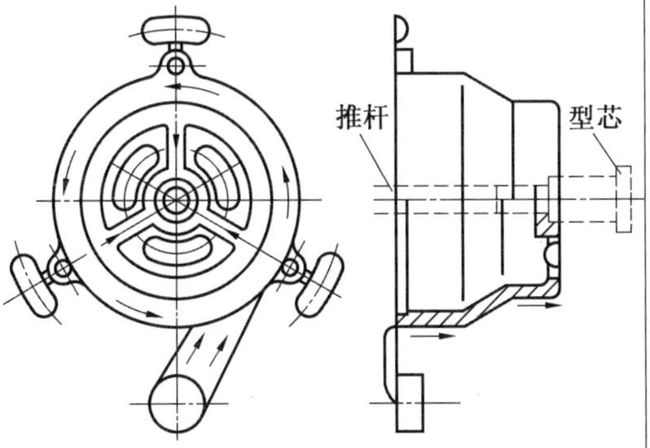 推杆 型芯	采用上旋式外切线内浇道，使金属液充满底部型腔后，再由肋条流入凹凸
	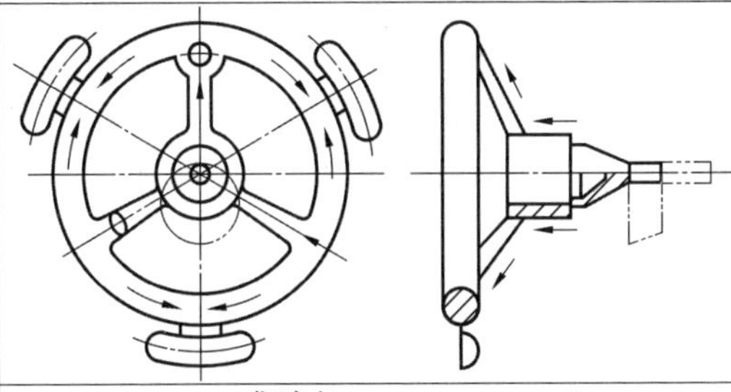	金属液由三条肋条流入
矩圆筒形	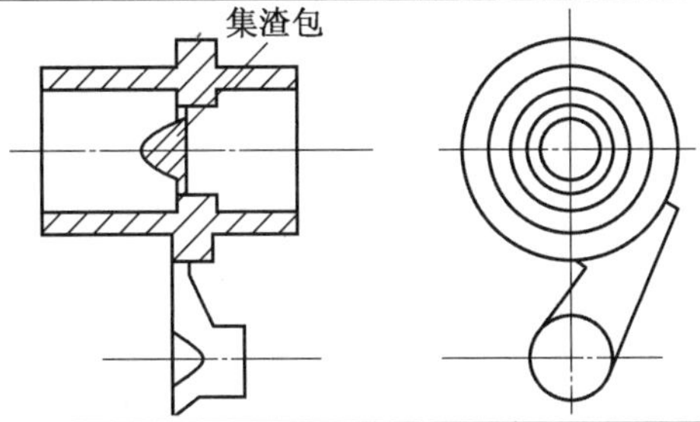 集渣包	流程短
	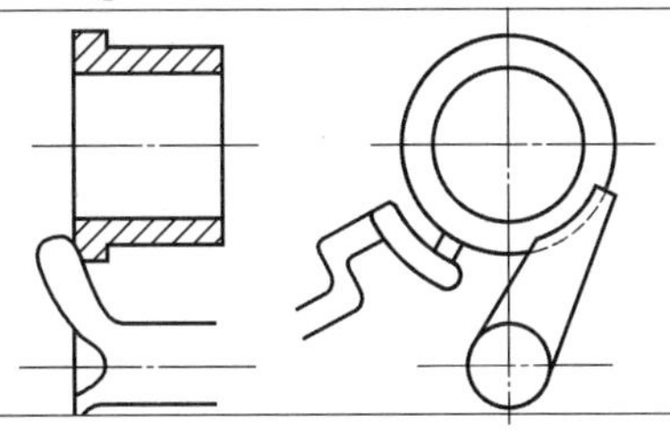	排气、排渣顺利

续表 4.39

铸件类型	填充流态图例	说明
高圆盖形	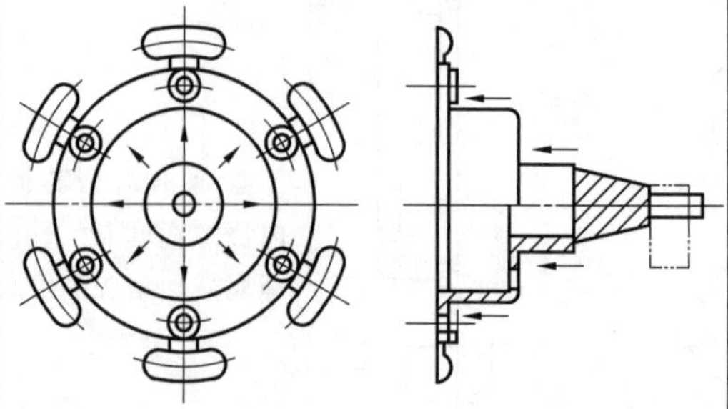	① 金属液从中间型腔端部导入,排气好 ② 四周溢流槽为聚集各小型芯汇合来的不良金属液用
螺纹类	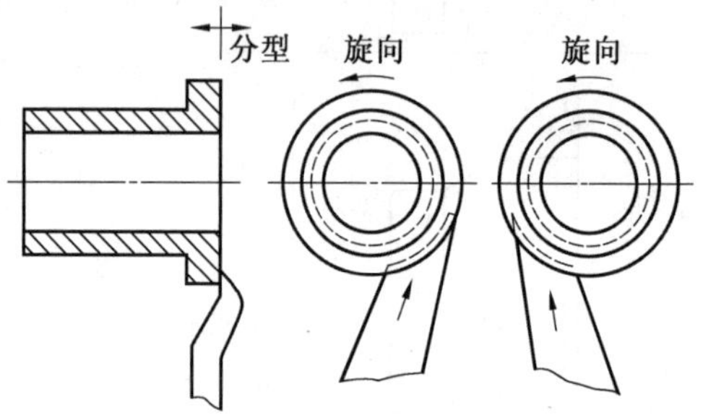 (a) 正确 (b) 不正确	① 金属液顺着螺纹旋向或顺着齿型导入,否则流路不顺,压不实 ② 便于去掉内浇道,使用广泛
长管形	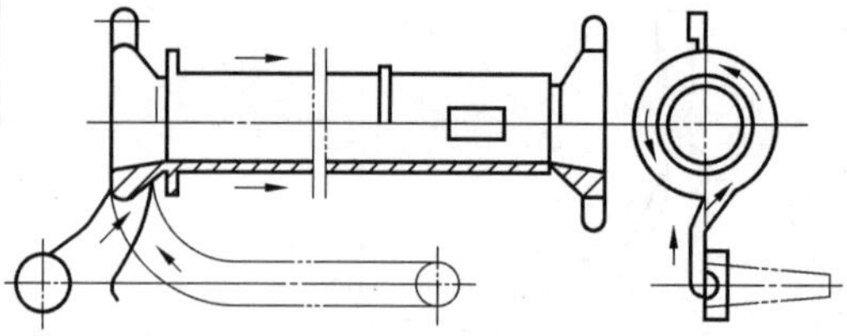	① 一端导入金属液,避免了冲击、旋流、黏附等,有利于排气 ② 立式压铸机的设置有利于热平衡
弯管形	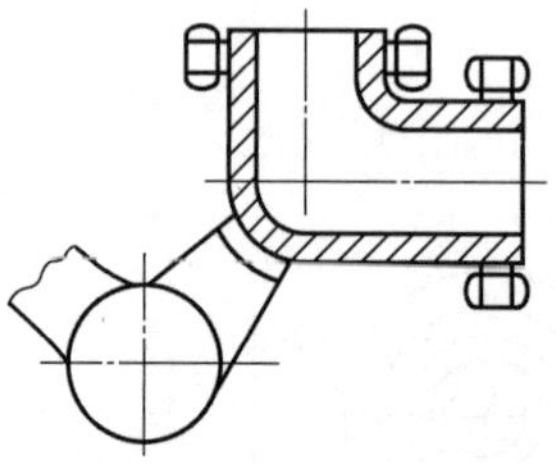	图示有利于成形,若内浇道开在一端不利于填充
平板形	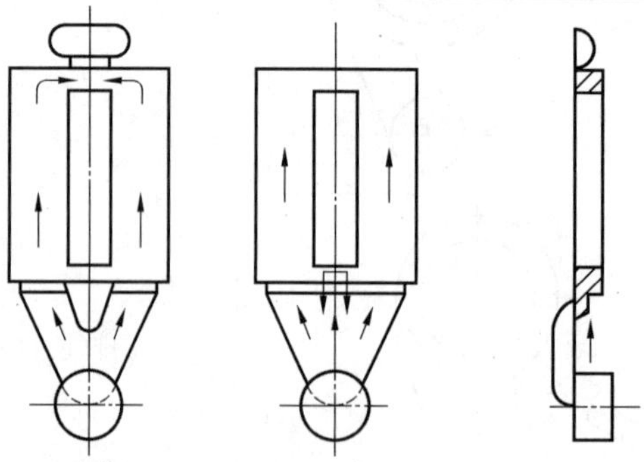 (a) 良好 (b) 一般	填充良好,但中间型芯受冲击易产生黏附

续表 4.39

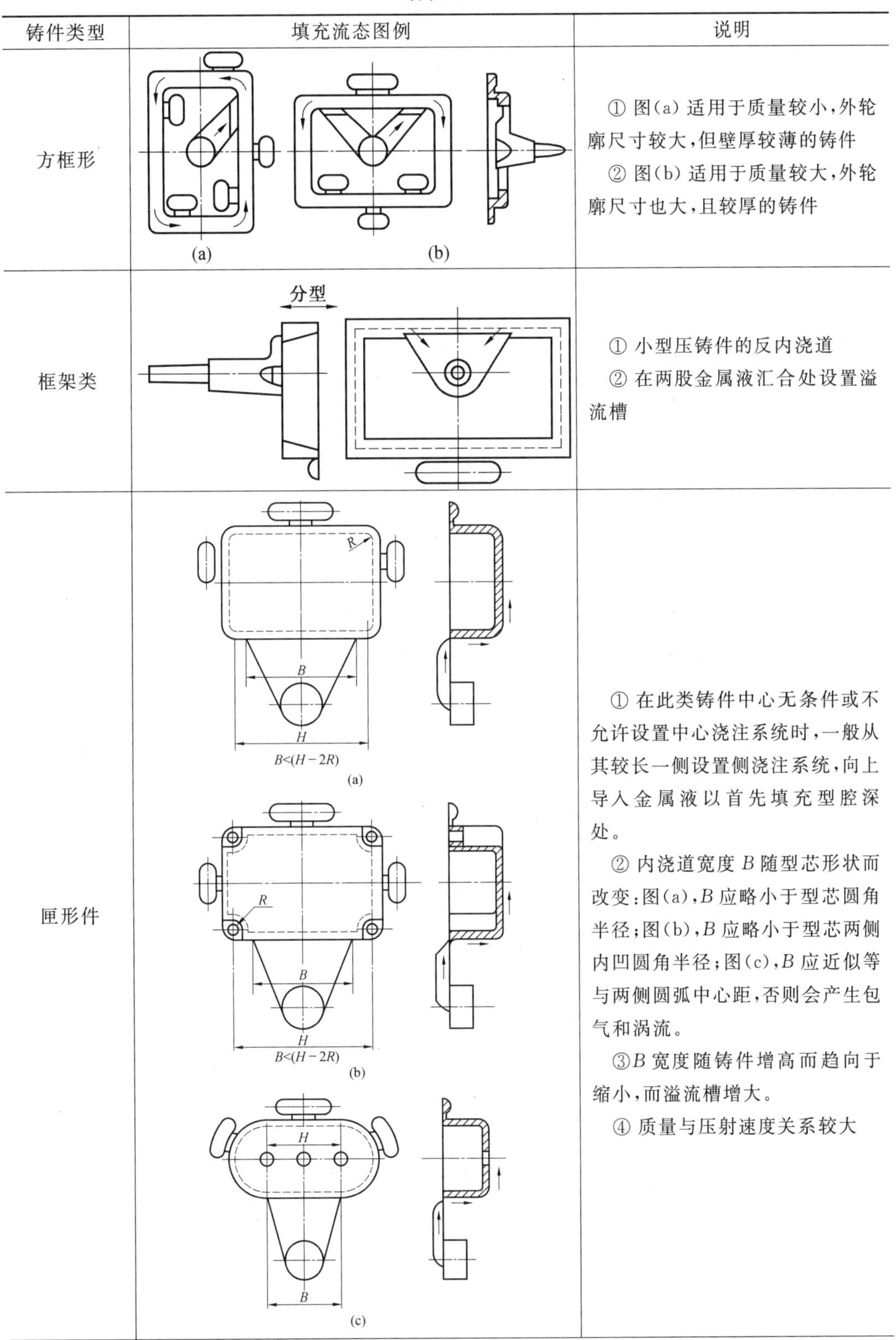

铸件类型	填充流态图例	说明
方框形	(a) (b)	① 图(a)适用于质量较小,外轮廓尺寸较大,但壁厚较薄的铸件 ② 图(b)适用于质量较大,外轮廓尺寸也大,且较厚的铸件
框架类	分型	① 小型压铸件的反内浇道 ② 在两股金属液汇合处设置溢流槽
匣形件	$B<(H-2R)$ (a) $B<(H-2R)$ (b) (c)	① 在此类铸件中心无条件或不允许设置中心浇注系统时,一般从其较长一侧设置侧浇注系统,向上导入金属液以首先填充型腔深处。 ② 内浇道宽度 B 随型芯形状而改变:图(a),B 应略小于型芯圆角半径;图(b),B 应略小于型芯两侧内凹圆角半径;图(c),B 应近似等与两侧圆弧中心距,否则会产生包气和涡流。 ③B 宽度随铸件增高而趋向于缩小,而溢流槽增大。 ④ 质量与压射速度关系较大

续表 4.39

铸件类型	填充流态图例	说明
支架类	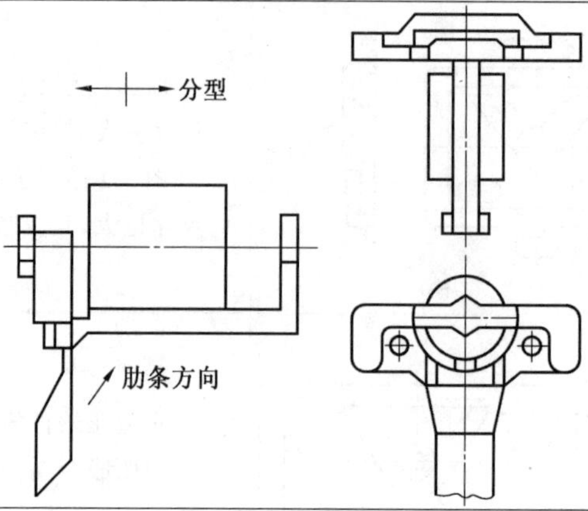 分型 肋条方向	侧浇注系统,金属液从肋条导入较宜
一模多铸	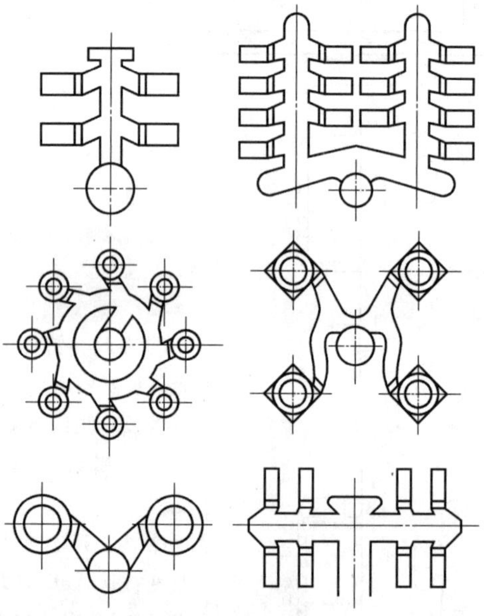	用于卧式压铸机
	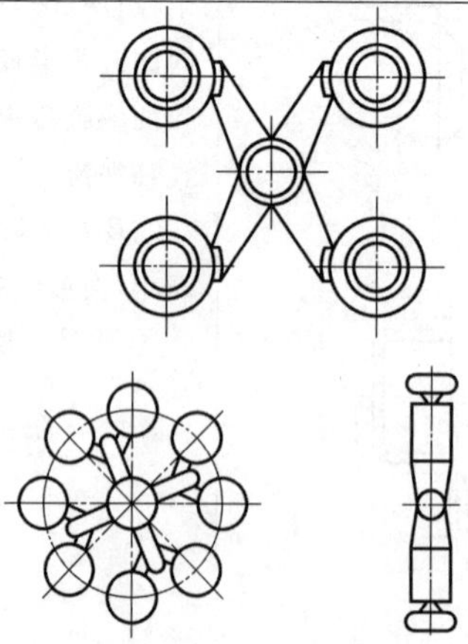	适用于热压室压铸机或立式压铸机

4.7 成型零件和模架设计

在压铸模中构成型腔的零件,如定模镶块、动模镶块、型芯、活动型芯,称为成型零件。一般情况下,浇注系统、溢流排气系统也加工在成型零件上。成型零件的加工精度和质量决定了压铸件的精度和质量。在压铸过程中,成型零件直接受到高压、高速金属液的冲击和摩擦,容易发生磨损、变形和开裂,导致成型零件的破坏。因此,设计压铸模时,必须在保证满足压铸件的要求下考虑压铸模的使用寿命,合理地设计成型零件的结构形式,准确计算成型零件的尺寸和公差,并保证成型零件具有良好的强度、刚度、韧性及表面质量。

4.7.1 成型零件的结构及分类

压铸模成型零件的结构可分为整体式和镶拼式。

1. 整体式结构

成型部分的型腔直接在整块模板上加工成型,如图 4.19 所示。

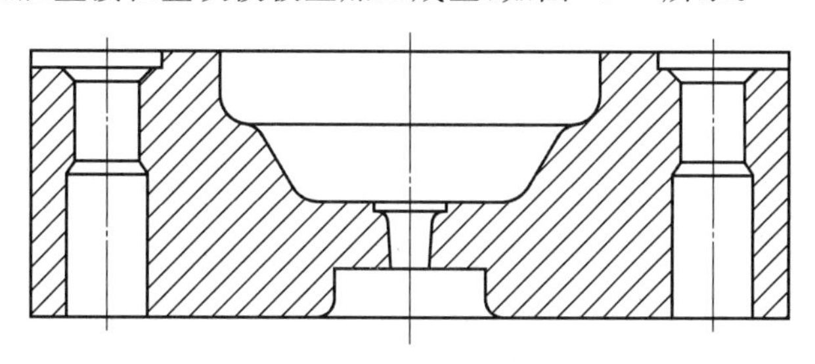

图 4.19 整体式结构

整体式结构压铸模的优点是:模具结构简单,外形尺寸小,强度、刚度高,不易变形;压铸件表面光滑平整,没有镶拼的痕迹;便于开设冷却水道。

整体式结构适用于型腔较浅的小型单腔压铸模;生产形状较简单、精度要求不高、合金熔点较低的压铸件的模具;压铸件生产批量较小,可不进行热处理的压铸模。整体式结构的压铸模目前使用较少。

2. 镶拼式结构

成型部分的型腔和型芯由镶块镶拼,装入模具的套板内加以固定而成。根据镶块的组合情况,可分为整体镶块式和组合镶块式两种,如图 4.20 所示。这种结构形式在压铸模中被广泛应用。

(1) 镶拼式结构的优点。对于复杂的型腔可以分块进行加工,简化加工工艺,提高模具制造质量,容易满足成型部分的精度要求;能合理使用模具钢,降低模具制造成本;有利于易损件的更换和修理;更换部分镶块,即可改变压铸模型腔的局部结构,满足不同压铸件的需要;拼合处的适当间隙有利于型腔排气。

(2) 镶拼式结构的缺点。镶块拼合面过多时会增加装配时的困难,且难以满足较高的组合尺寸精度;镶块拼合处的缝隙易产生飞边,既影响模具使用寿命,又会增加压铸件去毛刺的工作量。

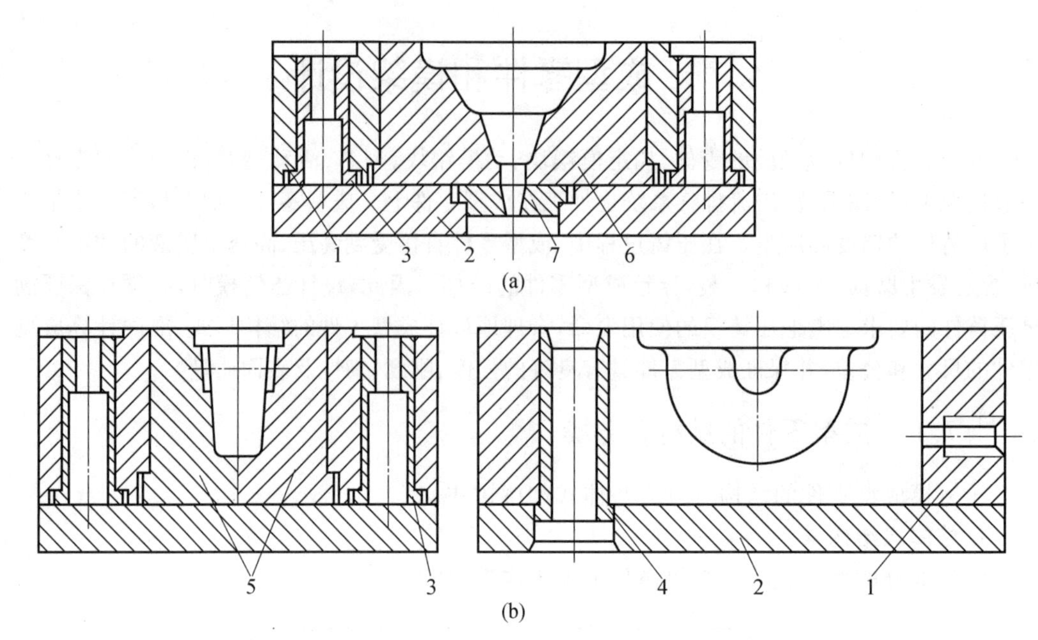

图 4.20　镶拼式结构

1— 定模套板；2— 定模座板；3— 导套；4— 浇道套；

5— 组合镶块；6— 整体镶块；7— 浇道镶块

随着电加工、冷挤压等模具加工新工艺的发展及模具加工技术的不断提高，压铸模复杂型腔加工的难度逐渐得到克服。因此，在加工条件许可的情况下，除了为满足压铸工艺要求，如排除深腔内的气体或便于更换易损部分而采用组合镶块外，其余应尽可能采用整体镶块。

镶拼式结构适用于型腔较深、形状较复杂、单型腔或多型腔的大型压铸模。

3. 镶拼式结构的设计要点

镶拼式结构的设计要点如下：

(1) 便于机械加工，保证成型部位的尺寸精度和组合部位的配合精度。其结构形式见表 4.40。

(2) 保证镶块和型芯的强度及提高镶块、型芯与模块间相对位置的稳定性。其结构形式见表 4.41。

表 4.40　便于机械加工的结构形式

镶块类型	推荐结构		不合理结构	
	图例	说明	图例	说明
环型斜面台阶圆形型芯		型芯和镶套的内、外径及斜面均可在热处理后进行磨削，易于研光，保证精度		环型斜面台阶及相关型芯的外径难以机械加工成形，劳动强度高，精度低

续表 4.40

镶块类型	推荐结构		不合理结构	
	图例	说明	图例	说明
直角较深的型腔	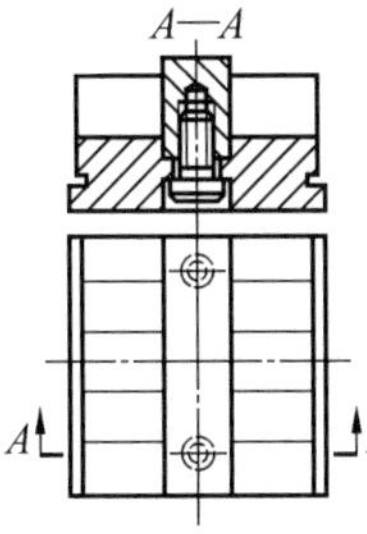	穿通的凹槽可以在热处理后进行磨削，易于研磨抛光	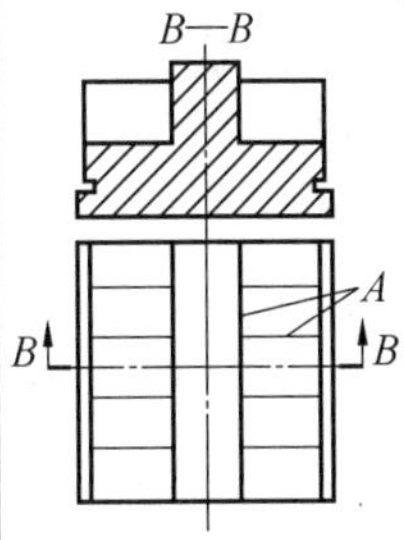	A 面构成的直角处深腔难以机械加工，最后精加工必须用钳工修整，工作量大，且精度难以保证
两端小，中间大的半圆形型腔	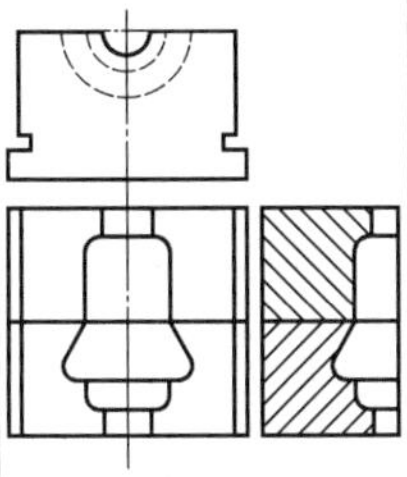	分两件组合后，型腔便于机械加工	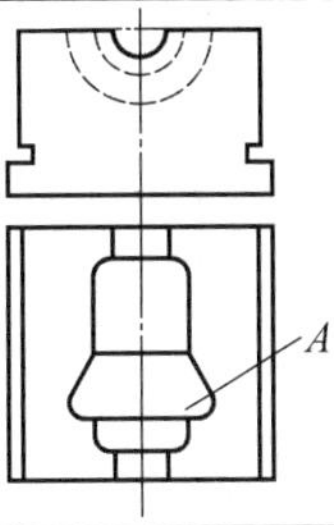	中间部位半圆形截面的型腔 A 处不易机械加工
异形圆弧形型腔	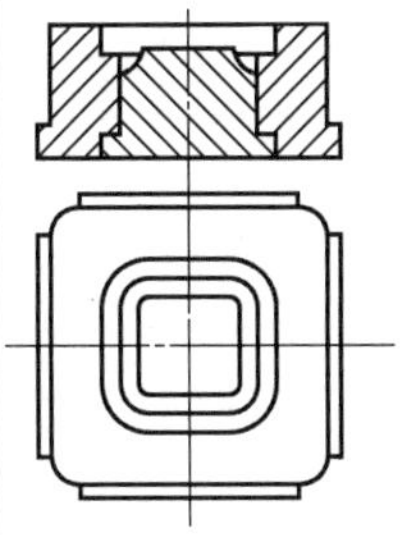	弧形环槽由镶块构成，可以在热处理淬硬后磨削	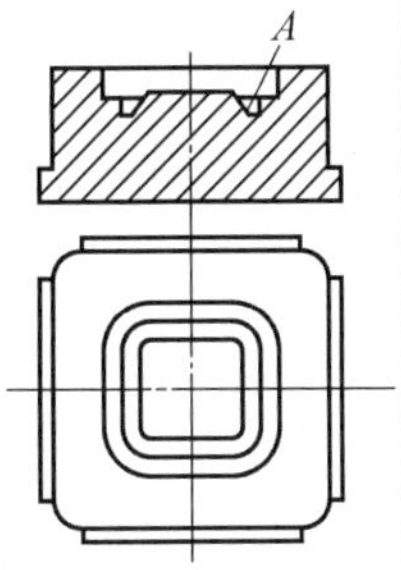	A 处弧环形槽机械加工困难
环形套内的球体镶块	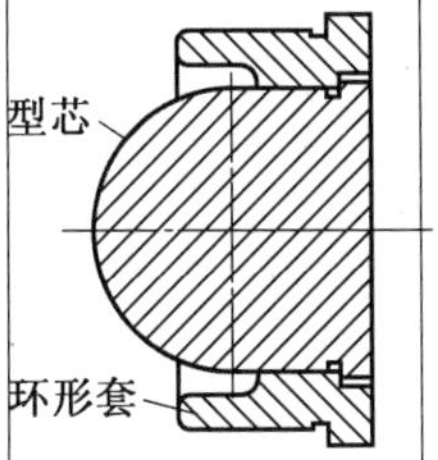	环形套与球形型芯由镶块组合	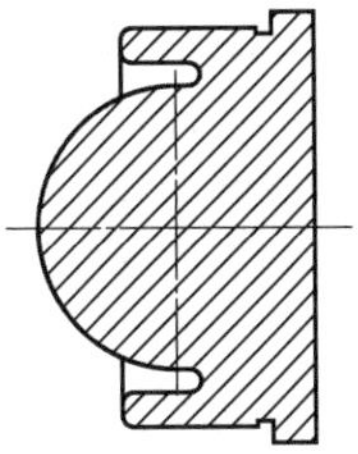	环形套内的球体难以机械加工
C 形深腔局部镶块	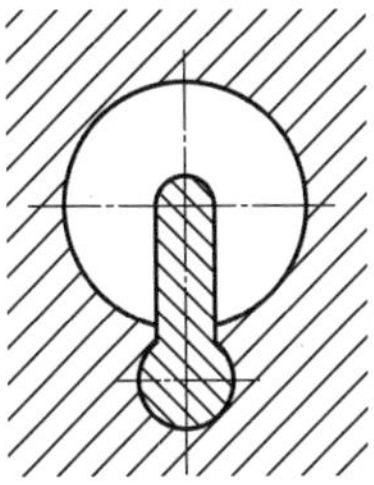	型腔由圆形的深腔与局部突出的型芯所组成，加工方便	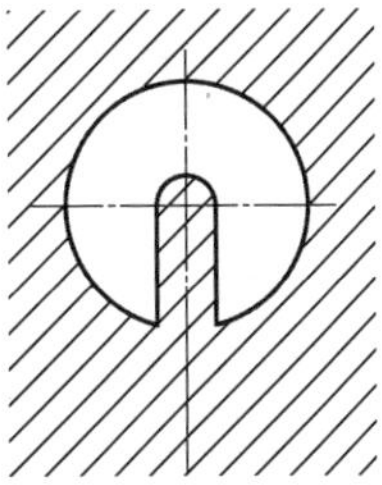	C 形深腔用一般的机械加工难以成型

表 4.41 提高强度和相对位置稳定性的结构形式

镶块类型	推荐结构		不合理结构	
	图例	说明	图例	说明
细长型芯	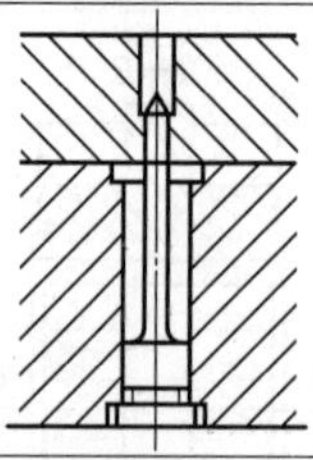	型芯一端固定，另一端插入另一半模内，增加型芯的刚度，防止型芯弯曲，也有利于型腔排气	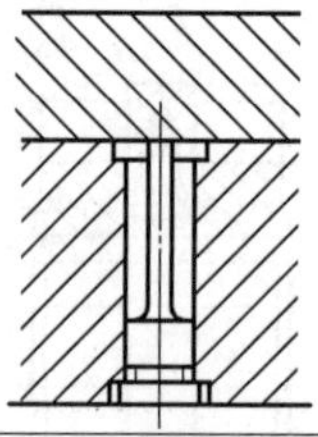	型芯刚度差，易弯曲甚至发生断裂
非圆形有台阶的型芯	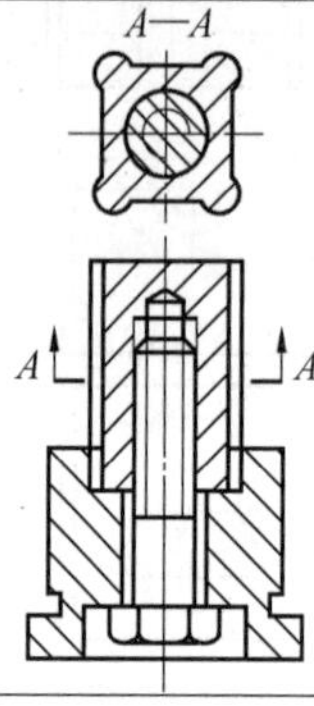 A—A	型芯嵌入沉孔内，能承受金属液的压力与冲击，型芯固定方式稳固可靠	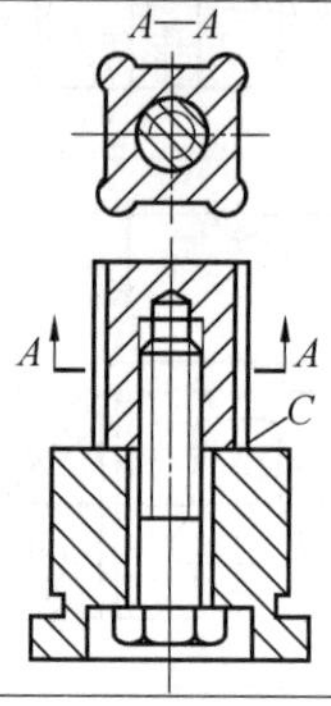 A—A C	型芯的固定方式不牢靠，C 处易产生横向飞边，增加压铸件推出时的阻力
半圆形有台阶的镶块	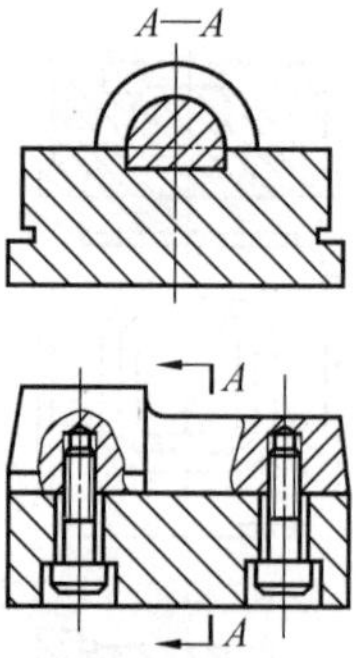 A—A	半圆形镶块，嵌入沉孔内，固定方式稳固可靠。为了保证精度，有利于磨削，凹槽可设计成穿通槽	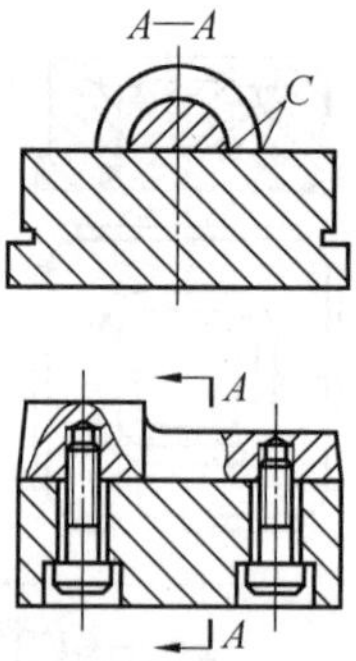 A—A C	仅靠螺钉固定，易发生位移，C 处易产生横向飞边

(3) 镶块及型芯不应有锐角和薄壁，以防止镶块及型芯在热处理及压铸生产时产生变形和裂纹。其结构形式见表 4.42。

表 4.42 避免锐角和薄壁的结构形式

镶块类型	推荐结构		不合理结构	
	图例	说明	图例	说明
半圆形型腔局部有平面	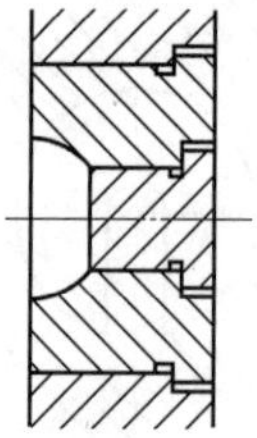	机械加工虽较复杂，但保证镶块强度，而且使镶拼间隙方向与出模方向一致	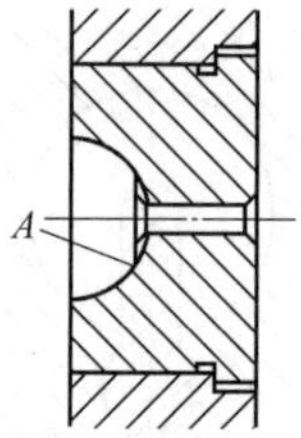 A	镶块边缘 A 处有锐角，影响模具寿命，易产生与出模方向不一致的飞边

续表 4.42

镶块类型	推荐结构		不合理结构	
	图例	说明	图例	说明
两个距离较近、直径不同的型芯	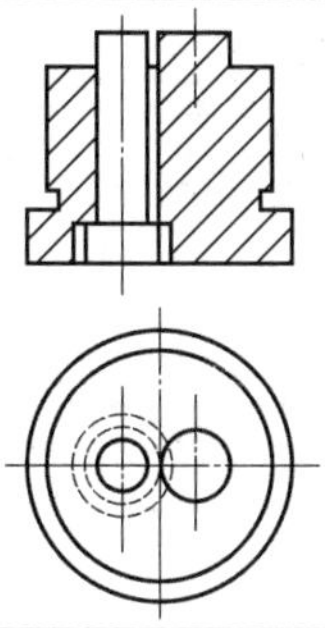	一个型芯在镶块上整体做出；另一个用小型芯单独镶入。机械加工虽然复杂，但消除了薄壁现象，镶块强度高，使用寿命长	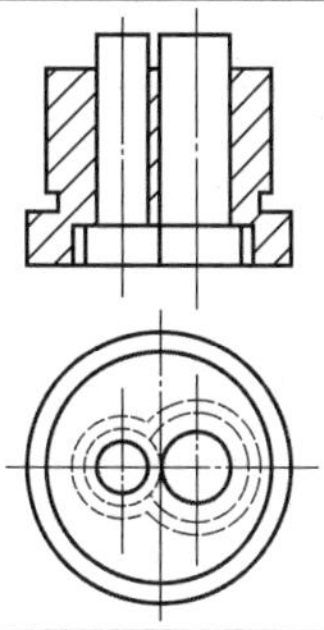	机械加工虽较简单，但两个型芯之间产生薄壁，镶块强度低，易出现材料热疲劳，热处理后易变形和产生裂纹

(4) 镶拼间隙处产生的飞边方向应与脱模方向一致，有利于压铸件脱模。其结构形式见表 4.43。

表 4.43　有利于压铸件出模的结构形式

镶块类型	推荐结构		不合理结构	
	图例	说明	图例	说明
较狭窄的平底面深型腔	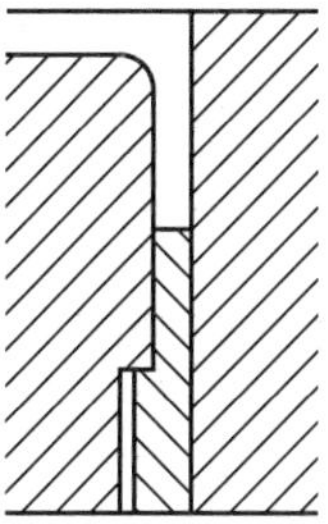	镶拼间隙方向与压铸件出模方向一致，有利于压铸件出模。型腔的深度尺寸便于修正，在镶块上可设置排气槽，有利于排型腔气体	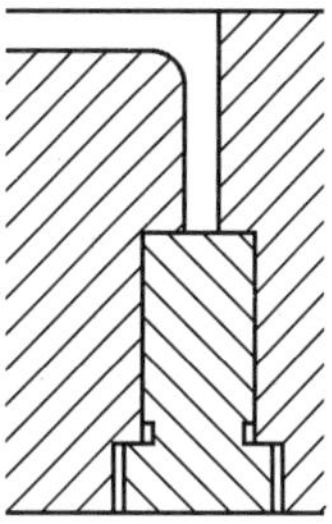	镶拼间隙方向与压铸件出模方向垂直，易产生飞边，致使压铸件滞留在定模内
底部有窄槽的深型腔	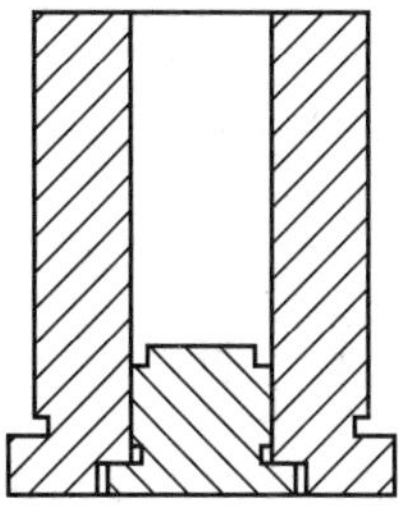		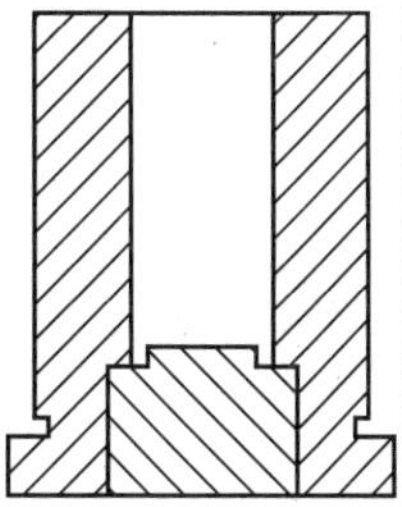	

(5) 镶块和型芯的个别凸凹易损部分、圆弧部分及局部尺寸精度要求高的成型零件，以及受金属液直接冲击的部分，应设计成单独的镶块，以便及时更换和维修。其结构形式见表 4.44。

表 4.44　便于维修和更换的结构形式

镶块类型	推荐结构		不合理结构	
	图例	说明	图例	说明
局部受冲击较大的型腔	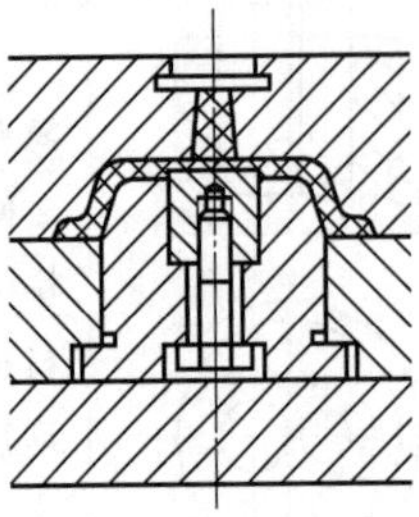	在无法避免直接冲击的部位，可采用局部镶块，便于制造和更换	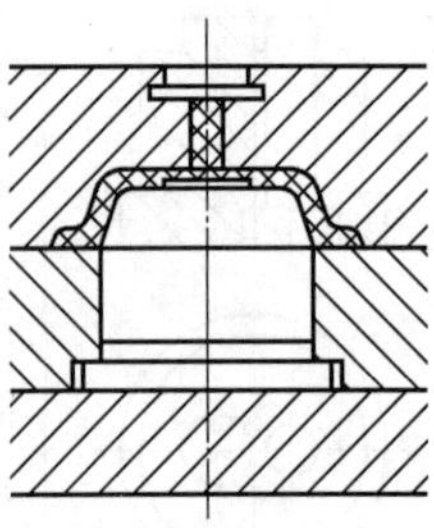	在金属液长期冲击下的型芯极易损坏，若更换整个型芯，则浪费工时和材料
局部受弯曲或折断的型芯	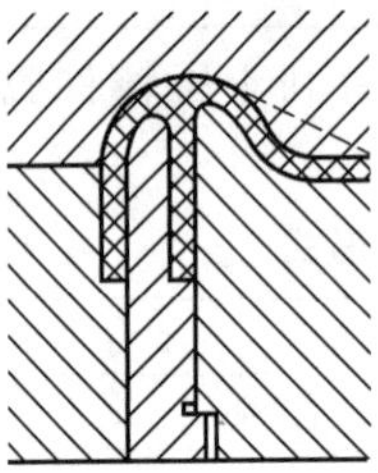	对于突出的易损部位采用镶块组合，有利于机械加工和热处理，弯曲、折断时更换方便		整体型芯上局部有细长的突出成型部位，很容易弯曲和折断，损坏后不易修复

(6) 不影响压铸件外观，便于去除飞边。设计镶块和型芯时，应尽可能减少在压铸件上留有镶拼痕迹，以免影响压铸件外观。镶块的拼接位置应选择在压铸件的外角上，便于去除飞边，保持压铸件表面平整。其结构形式见表 4.45。

表 4.45　保持压铸件表面平整，便于去除飞边的结构形式

镶块类型	推荐结构		不合理结构	
	图例	说明	图例	说明
镶块拼接在型腔的底部	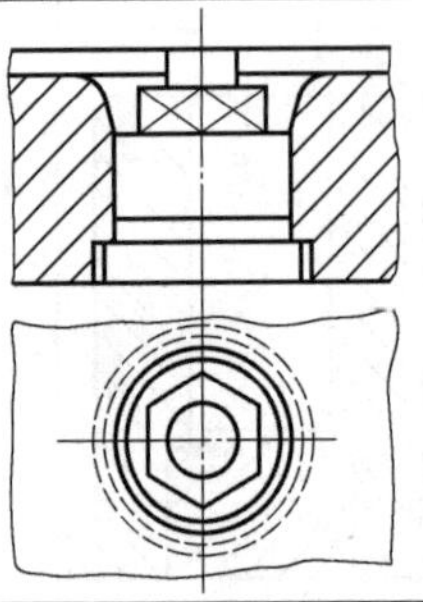	镶块拼接在压铸件外角处，保持压铸件平面的平整。飞边留在边缘上，去除方便，不影响压铸件外观	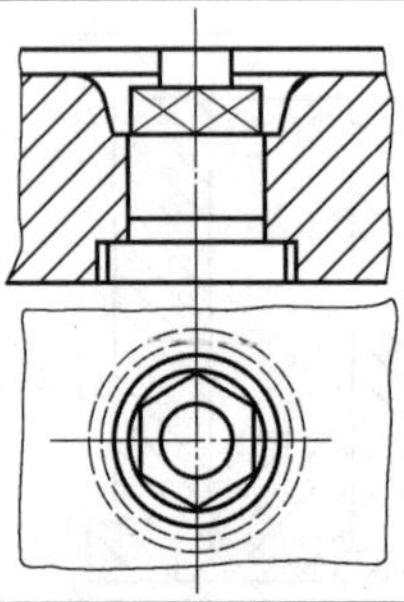	压铸件的平面上残留镶块痕迹，去除飞边时破坏光滑表面，影响压铸件外观
	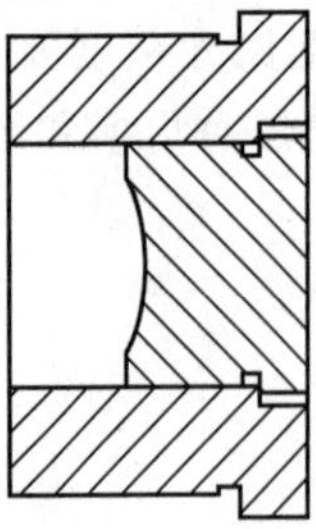		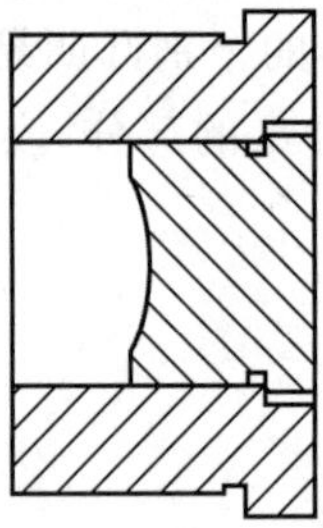	镶块拼接在圆弧和直线相交的压铸件内角处，飞边去除困难，影响压铸件外观

4. **镶块的固定形式**

镶块固定时必须保持与相关的零件有足够的稳定性，还要便于加工和装卸。镶块通常安装在模具的套板内，套板分为不通孔和通孔两种。

不通孔套板结构简单，强度较高，镶块镶入套板后用螺钉与套板固定，如图 4.21 所示。该形式主要用于圆形镶块或型腔较浅的压铸模，对于非圆形镶块则只适用于单型腔模具。

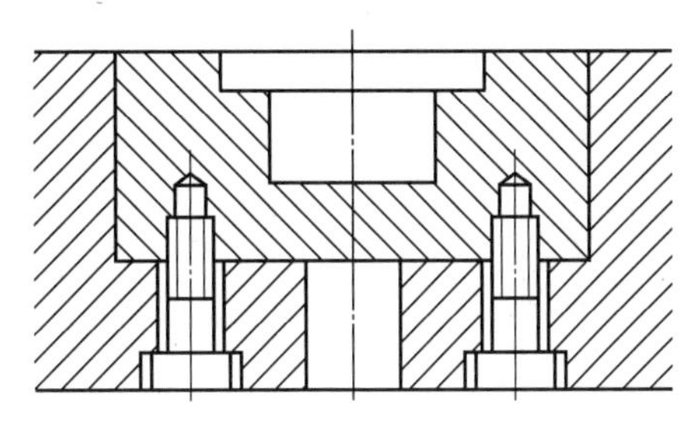

图 4.21　盲孔套板镶块的固定形式

通孔套板分为台阶式和无台阶式两种。图 4.22 所示为通孔套板台阶式固定形式，用台阶压紧镶块，再用螺钉将套板和支承板（或座板）固定。该形式适用于型腔较深或一模多腔的压铸模，以及镶块狭小不便用螺钉紧固的模具。图 4.23 所示为通孔套板无台阶式固定形式，镶块与支承板（或座板）直接用螺钉固定。这种形式在调整镶块的厚度时，不受台阶的影响，加工比较方便。

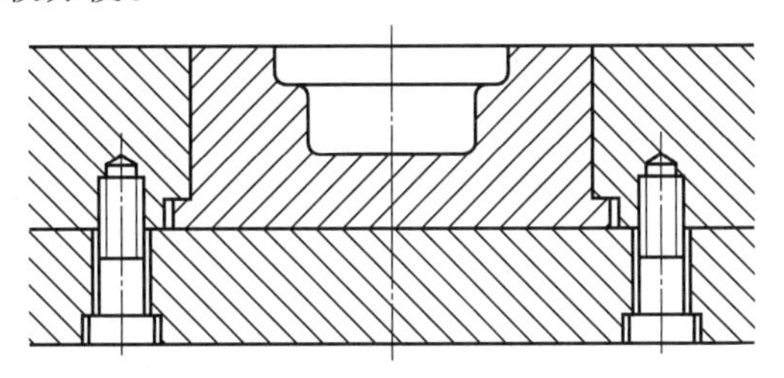

图 4.22　通孔套板台阶式固定形式

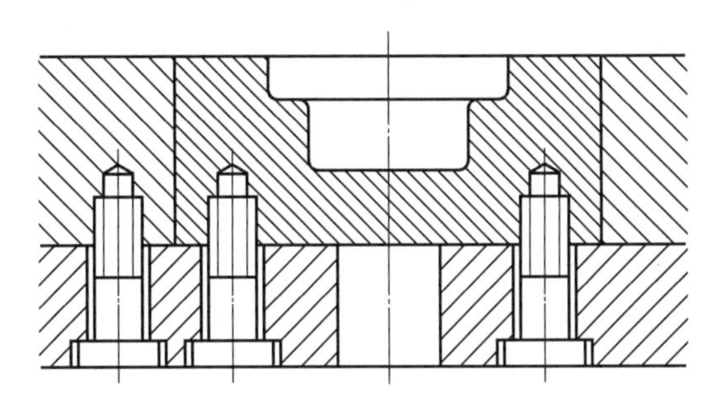

图 4.23　通孔套板无台阶式固定形式

若动、定模镶块都用通孔套板固定，则动模及定模上镶块安装孔的形状和大小都应该一致，以便于组合加工，容易保证动、定模的同轴度，防止压铸件错位。

5. **型芯的结构及固定形式**

成型压铸件内形的零件称为型芯。将成型压铸件整体内形的零件称为主型芯；成型压铸件局部内形如局部孔、槽的零件称为小型芯。

(1) 主型芯的结构及固定形式。

主型芯的结构及固定形式如图 4.24 所示。图(a) 为整体式结构，主型芯与模板制成一体，整体式结构简单，加工方便，但是造成了耐热模具材料的浪费，且在热处理时容易变形，因此这种结构已很少采用；图(b) 为最常用的通孔台阶式结构及固定形式，主型芯镶入镶块，用螺钉将镶块与模板固定；图(c) 为通孔无台阶式结构及固定形式，主型芯镶入镶块后用螺钉固定在模板上；图(d) 为不通孔无台阶式结构及固定形式，主型芯以一定的配合镶入镶块后用螺钉固定在镶块上，适用于镶块较厚的情况。

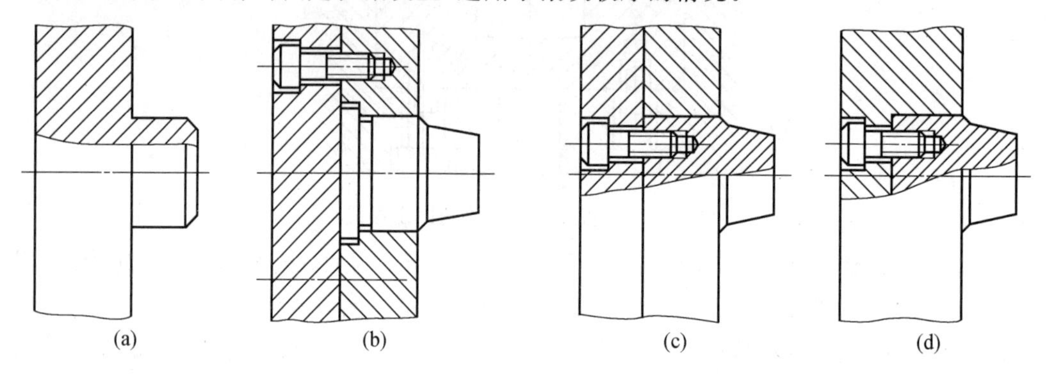

图 4.24　主型芯的结构及固定形式

(2) 小型芯的结构及固定形式。

小型芯通常单独制造加工，然后再镶入动、定模镶块或主型芯镶块中构成成型部件。小型芯普遍采用台阶式结构，加工方便，结构稳定、可靠。常用的圆形小型芯的固定形式如图 4.25 所示。图(a) 为应用最广泛的台阶式固定形式；图(b) 为加强式，适用于细长型芯，为增加型芯的强度将非成型部分的直径放大；图(c) 为接长式，适用于小型芯在特别厚的镶块内的固定形式；图(d) 为螺塞式，当小型芯后面无模板时，可采用螺塞固定型芯；图(e) 为螺钉式，适用于在较厚的镶块内固定较大的圆形型芯或异形型芯。

异形小型芯的固定形式如图 4.26 所示。图(a) 为带凸助的异形型芯，型芯固定部分直径 d 应小于型芯最小轮廓直径 D，使型芯加工时便于磨削。在镶块上型芯固定孔直径 d' 应大于型芯最大轮廓直径 D'，以缩短型芯固定孔的配合长度，便于加工。图(b) 为加强异形型芯，对于细而长的异形型芯，型芯非成型部位直径应大于型芯最大轮廓直径，加工成圆弧过渡，以加强型芯的刚度。

6. 镶块和型芯的止转形式

当固定部分为圆柱体的镶块或型芯，并且它们的成型部分有方向要求时，为了保持动、定模镶块或型芯与其他零件的相对位置，必须采用止转措施。常用的止转形式为销钉止转和平键止转。图 4.27(a) 所示为销钉止转形式，加工方便，应用广泛，但因接触面小，多次拆卸后，因磨损会造成装配精度下降；图 4.27(b) 为平键止转形式，接触面较大，定位可靠，精度较高。

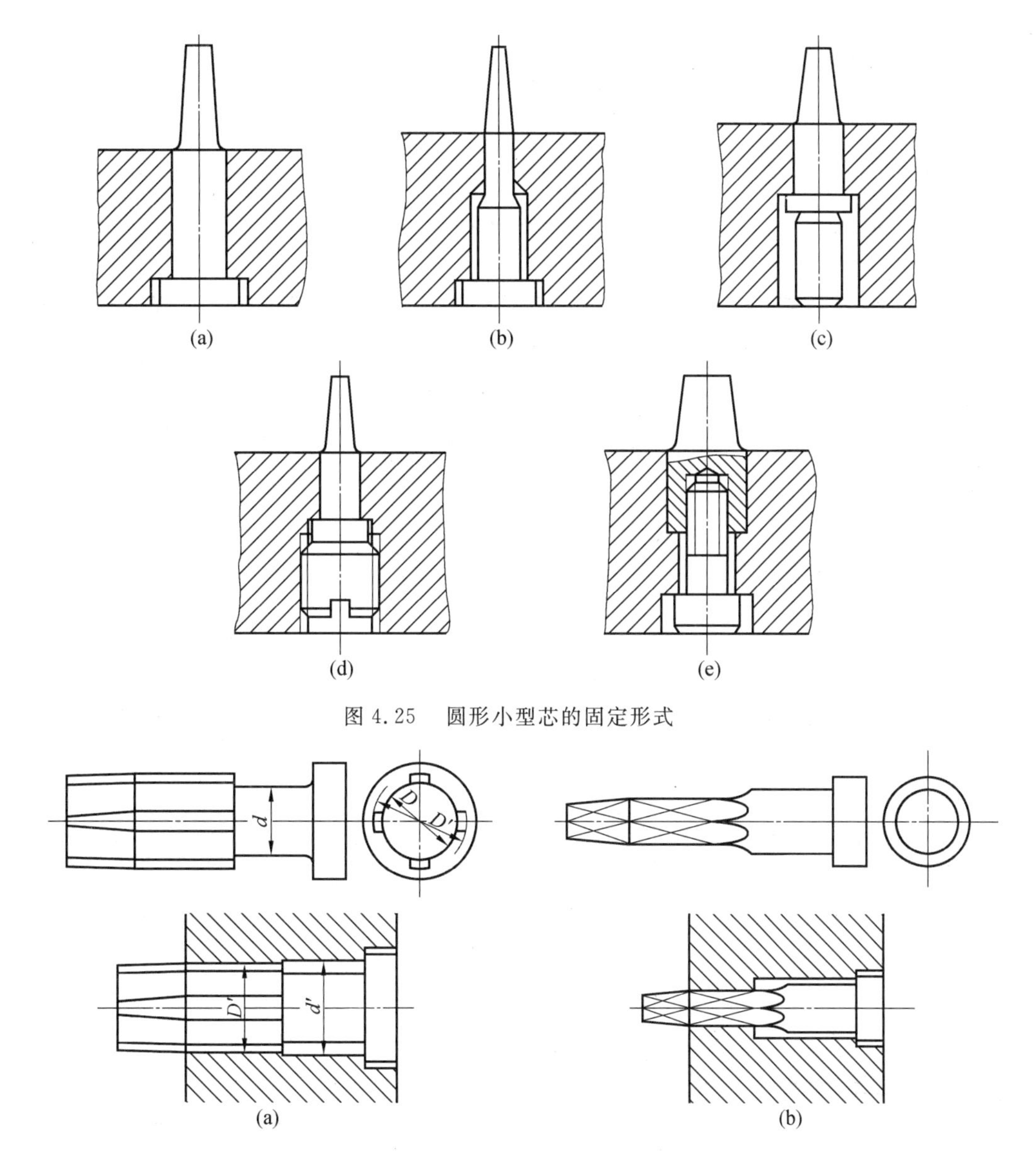

图 4.25 圆形小型芯的固定形式

图 4.26 异形小型芯的固定形式

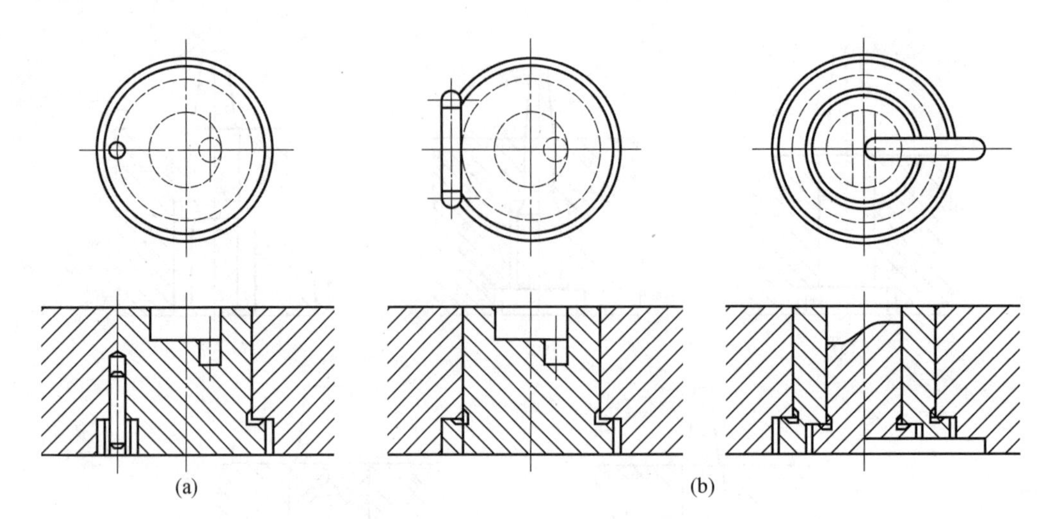

图 4.27　镶块和型芯的止转形式

7. 镶块和型芯的结构尺寸

(1) 镶块壁厚尺寸。

镶块壁厚尺寸推荐值见表 4.46。

表 4.46　镶块壁厚尺寸推荐值　mm

型腔长度 L	型腔深度 H_1	镶块厚度 h	镶块底厚 H
≤ 80	5 ～ 50	15 ～ 30	≥ 15
> 80 ～ 120	10 ～ 60	20 ～ 35	≥ 20
> 120 ～ 160	15 ～ 80	25 ～ 40	≥ 25
> 160 ～ 220	20 ～ 100	30 ～ 45	≥ 30
> 220 ～ 300	30 ～ 120	35 ～ 50	≥ 35
> 300 ～ 400	40 ～ 140	40 ～ 60	≥ 40
> 400 ～ 500	50 ～ 160	45 ～ 80	≥ 45

注：① 型腔长边尺寸 L 及型腔深度尺寸 H_1，是指整个型腔侧面中较大面积的长度及深度，对局部较小的凹坑 A，查表时可忽略不计。

② 镶块厚度尺寸 h 与型腔侧面积（$L \times H_1$）成正比，凡型腔深度 H_1 较大，几何形状复杂易变形者，h 应取较大值。

③ 镶块底部厚度尺寸 H 与型腔底部投影面积和型腔深度 H_1 成正比，当型腔短边尺寸 B 小于 $L/3$ 时，表中 H 值应适当减少。

④ 在镶块内设有水冷或电加热装置时，其壁厚可根据实际需要适当增加。

(2) 整体镶块台阶尺寸。

整体镶块台阶尺寸推荐值见表 4.47。

表 4.47 整体镶块台阶尺寸推荐值 mm

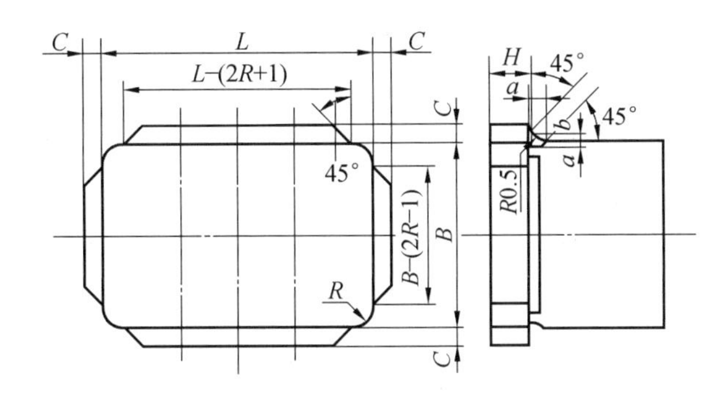

<table>
<tr><th>公称尺寸 L</th><th>厚度 H</th><th>宽度 C</th><th>沉割槽深度 b</th><th>沉割槽宽度 a</th><th>圆角半径 R</th></tr>
<tr><td>≤ 60</td><td rowspan="2">8 ~ 10</td><td rowspan="2">3.5</td><td rowspan="2">0.5</td><td rowspan="3">1</td><td>8</td></tr>
<tr><td>> 60 ~ 150</td><td>10</td></tr>
<tr><td>> 150 ~ 250</td><td rowspan="2">12 ~ 15</td><td rowspan="2">4.5</td><td rowspan="3">1</td><td>12</td></tr>
<tr><td>> 250 ~ 360</td><td rowspan="2">1.5</td><td>15</td></tr>
<tr><td>> 360 ~ 500</td><td>18 ~ 20</td><td>6</td><td>20</td></tr>
<tr><td>> 500 ~ 630</td><td>20 ~ 25</td><td>8</td><td>1.5</td><td>2</td><td>25</td></tr>
</table>

注:① 根据受力状态,台阶可设在四侧或长边的两侧。

② 对在同一套板安装孔内的组合镶块,其公称尺寸 L 是指装配后全部组合镶块的总外形尺寸。

③ 对薄片状的组合镶块,为提高强度可取 $H \geqslant 15$,但不应大于套板高度的 1/3。

(3) 组合式成型镶块固定部分长度。

组合式成型镶块固定部分长度推荐值见表 4.48。

表 4.48 组合式成型镶块固定部分长度推荐值 mm

<table>
<tr><th>成型部分长度 l</th><th>固定部分短边尺寸 B</th><th>固定部分长度 L</th></tr>
<tr><td rowspan="2">≤ 20</td><td>≤ 20</td><td>> 20</td></tr>
<tr><td>> 20</td><td>> 15</td></tr>
<tr><td rowspan="3">> 20 ~ 30</td><td>≤ 20</td><td>> 25</td></tr>
<tr><td>20 ~ 40</td><td>> 25</td></tr>
<tr><td>> 40</td><td>> 20</td></tr>
<tr><td rowspan="3">> 30 ~ 50</td><td>≤ 20</td><td>> 30</td></tr>
<tr><td>20 ~ 40</td><td>> 25</td></tr>
<tr><td>> 40</td><td>> 20</td></tr>
</table>

续表 4.48

mm

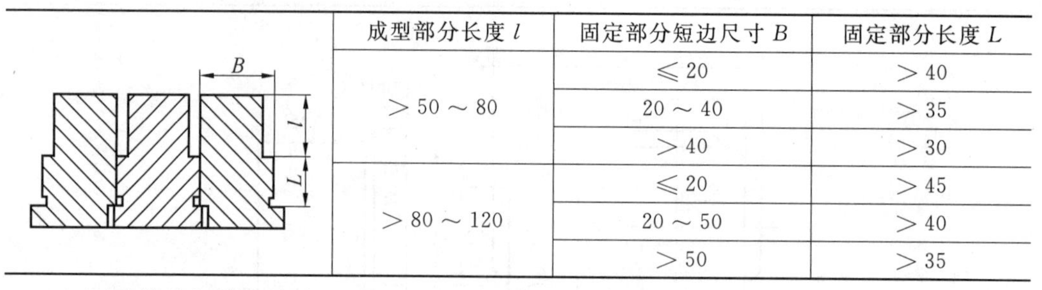

成型部分长度 l	固定部分短边尺寸 B	固定部分长度 L
$>50\sim80$	$\leqslant 20$	>40
	$20\sim40$	>35
	>40	>30
$>80\sim120$	$\leqslant 20$	>45
	$20\sim50$	>40
	>50	>35

(4) 圆形型芯结构尺寸。

圆形型芯结构尺寸推荐值见表 4.49。

表 4.49　圆形型芯结构尺寸推荐值

mm

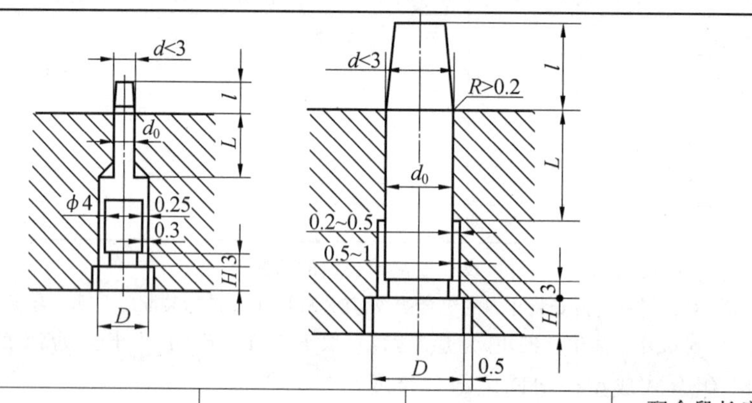

成型段直径 d	配合段直径 d_0	台阶直径 D	台阶厚度 H	配合段长度 L (≥)
$\leqslant 3$	4	8	5	$6\sim10$
$>3\sim10$	$d_0+(0.4\sim1)$	d_0+4	8	$10\sim20$
$>10\sim18$				$15\sim25$
$>18\sim30$		d_0+5	10	$20\sim30$
$>30\sim50$				$25\sim40$
$>50\sim80$		d_0+6	12	$30\sim50$
$>80\sim120$				$40\sim60$
$>120\sim180$		d_0+8	15	$50\sim80$
$>180\sim260$				$70\sim100$
$>260\sim360$		d_0+10	20	$90\sim120$

注:为了便于应用标准工具加工孔径 d_0,公称尺寸应取整数或取标准铰刀的尺寸规格。

8. 型腔镶块在分型面上的布置形式

根据压铸件的形状大小、复杂程度、抽芯数量和方向以及压铸机的许可条件,压铸模可以设计成单型腔模具或多型腔模具。大型、复杂压铸件的压铸模大多为单型腔模具;小型、简单的压铸件一般设计成多型腔模具。在一模多腔的压铸模上,一个镶块上一般只布置一个型腔,以便于机械加工和减少热处理变形带来的影响,也便于镶块在损坏时的更换。

镶块在分型面上的布置是根据型腔的排布形式而确定的，型腔的排布形式与模具型腔的数量、是否侧向抽芯、抽芯的多少以及所选用的压铸机类型有关。型腔的排布形式确定后，浇注系统的形式也随之确定。因此，在考虑型腔排布形式的同时，必须考虑选择最佳的浇注系统的形式。

(1) 卧式冷压室压铸机用模具型腔镶块的布置形式。

由于卧式冷压室压铸机压室与模板中心的偏置，卧式冷压室压铸机用模具布置镶块时，除采用中心浇道形式外，一般都要设置浇道镶块。采用型腔镶块与浇道镶块分开的形式，既便于镶块的加工和更换，又可以节约模具材料。图 4.28 所示为卧式冷压室压铸机用模具型腔镶块的布置形式。

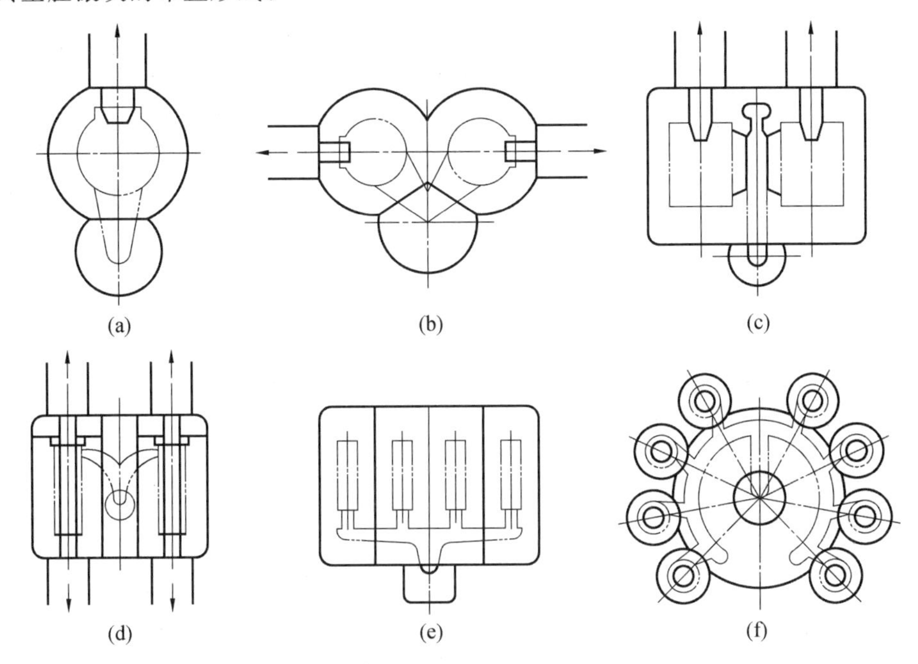

图 4.28 卧式冷压室压铸机用模具型腔镶块的布置形式

在图 4.28 中，图(a) 为一模一腔，一侧抽芯，圆形镶块镶拼形式；图(b) 为一模两腔，两侧抽芯，圆形镶块镶拼形式；图(c) 为一模两腔，一侧抽芯，矩形镶块镶拼形式；图(d)、图(e) 为一模多腔，矩形镶块镶拼形式；图(f) 为一模多腔，圆形镶块镶拼形式。

(2) 热压室压铸机或立式冷压室压铸机用模具型腔镶块的布置形式。

图 4.29 所示为热压室压铸机或立式冷压室压铸机用模具型腔镶块的布置形式。

在图 4.29 中，图(a) 为一模两腔，两侧抽芯，矩形镶块镶拼形式；图(b) 为一模两腔，四侧抽芯，矩形镶块镶拼形式；图(c) 为一模四腔，四侧抽芯，矩形镶块镶拼(设置浇道镶块) 形式；图(d) 为一模四腔，圆形镶块镶拼(设置浇道镶块) 形式；图(e) 为一模四腔，异形镶块镶拼(设置浇道镶块) 形式；图(f) 为一模八腔，矩形镶块镶拼形式。

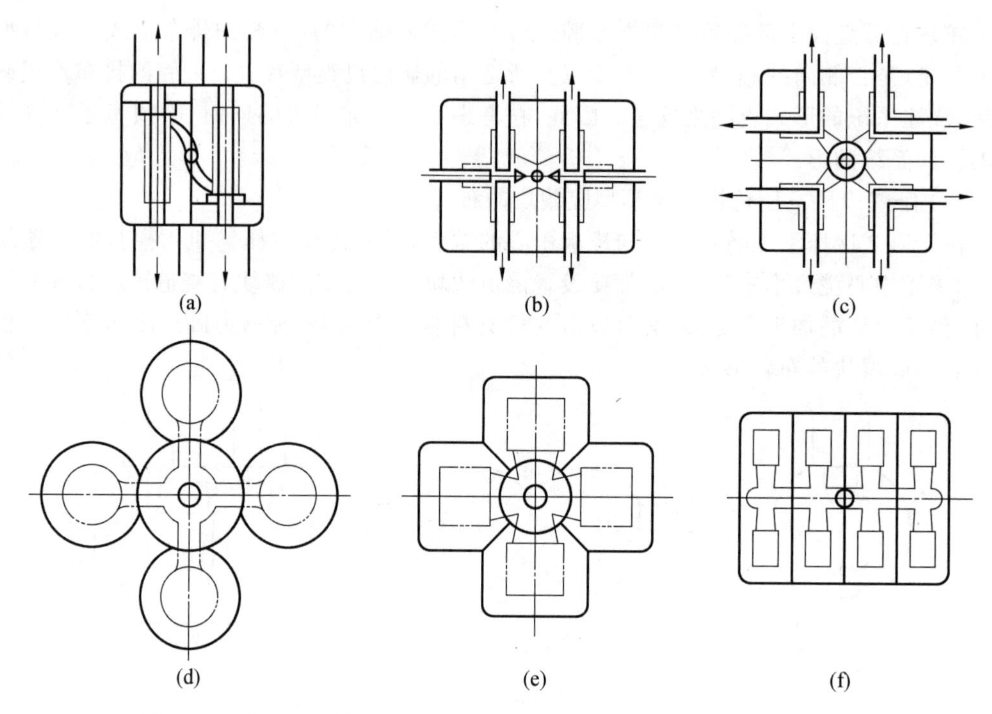

图 4.29　热压室压铸机或立式冷压室压铸机用模具型腔镶块的布置形式

4.7.2　成型零件成型尺寸计算

1.压铸件的收缩率

(1) 实际收缩率。

压铸件的实际收缩率 $\varphi_{实}$ 是指室温下模具成型尺寸与压铸件实际尺寸的差值与模具成型尺寸之比，即

$$\varphi = \frac{A_{型} - A_{实}}{A_{型}} \times 100\% \tag{4.14}$$

式中，$A_{型}$ 为室温下模具成型尺寸，mm；$A_{实}$ 为室温下压铸件实际尺寸，mm。

(2) 计算收缩率。

设计模具时，计算成型零件成型尺寸所采用的收缩率为计算收缩率 φ，它包括了压铸件收缩值及模具成型零件在工作温度时的膨胀值，即

$$\varphi = \frac{A' - A}{A} \times 100\% \tag{4.15}$$

式中，A' 为计算得到的模具成型零件的成型尺寸，mm；A 为压铸件的公称尺寸，mm。

常用压铸合金的计算收缩率见表 4.50。

表 4.50 常用压铸合金的计算收缩率

合金种类	收缩条件		
	阻碍收缩	混合收缩	自由收缩
	L_2	L, L_1, L_2, L_3	L_1
	计算收缩率/%		
铅锡合金	0.2～0.3	0.3～0.4	0.4～0.5
锌合金	0.3～0.4	0.4～0.6	0.6～0.8
铝硅合金	0.3～0.5	0.5～0.7	0.7～0.9
铝硅铜合金 铝镁合金 镁合金	0.4～0.6	0.6～0.8	0.8～0.9
黄铜	0.5～0.7	0.7～0.9	0.9～1.1
铝青铜	0.6～0.8	0.8～1.0	1.0～1.2

注：① L_1、L_3 为自由收缩；L_2 为阻碍收缩。

② 表格中数据系数指模具温度、浇注温度等工艺参数为正常时的收缩率。

③ 在收缩条件特殊的情况下，可按表中数据适当增减。

(3) 收缩率的确定。

压铸件的收缩率应根据压铸件的结构特点、收缩条件、压铸件壁厚、合金成分及有关工艺因素等确定。其一般规律如下：

① 压铸件结构复杂，型芯多，收缩受阻大时，收缩率较小；反之，收缩率较大。

② 薄壁压铸件收缩率较小；厚壁压铸件收缩率较大。

③ 压铸件出模温度高，压铸件与室温的温差越大，收缩率越大；反之，收缩率较小。

④ 压铸件的收缩率受到模具型腔温度不均匀的影响，靠近浇道处型腔温度高，收缩率较大；远离浇道处型腔温度较低，收缩率较小。

2. 影响压铸件尺寸精度的主要因素

(1) 压铸件收缩率的影响：压铸件冷却收缩是影响压铸件尺寸精度的主要因素。对压铸合金在各种情况下冷却收缩的规律及收缩率的大小把握得越准确，压铸件的成型尺寸精度就越高。但设计时选用的计算收缩率与压铸件的实际收缩率难以完全相符，两者之间的误差必然会使计算精度受到影响。

(2) 压铸件结构的影响：压铸件结构越复杂，计算精度越难控制。

(3) 模具成型零件制造偏差的影响。

(4) 模具成型零件磨损的影响。

(5) 压铸工艺参数的影响。

3. 成型零件成型尺寸的分类、计算要点及标注形式

成型零件中直接决定压铸件几何形状的尺寸称为成型尺寸。计算成型尺寸的目的是为了保证压铸件的尺寸精度。根据上述影响压铸件尺寸精度的主要因素分析可知，对成型尺寸进行精确计算是比较困难的。为了保证铸件的尺寸精度在所规定的公差范围内，在计算成型尺寸时，主要以压铸件的偏差值及偏差方向作为计算的调整值，以补偿因收缩率变化而引起的尺寸误差，并考虑到试模时有修正的余地以及在正常生产过程中模具的磨损。

(1) 成型尺寸的分类及计算要点。

成型尺寸主要可分为型腔尺寸(包括型腔深度尺寸)、型芯尺寸(包括型芯高度尺寸)、成型部分的中心距离和位置尺寸三类。

① 型腔磨损后尺寸增大，故计算型腔尺寸时应使压铸件外形接近于最小极限尺寸。

② 型芯磨损后尺寸减小，故计算型芯尺寸时应使压铸件内形接近于最大极限尺寸。

③ 两个型芯或型腔之间的中心距离和位置尺寸与磨损量无关，应使压铸件尺寸接近于最大和最小两个极限尺寸的平均值。

(2) 成型尺寸标注形式及偏差分布的规定。

对于上述三类成型尺寸，分别采用三种不同的计算方法。为了简化计算公式，对标注形式及偏差分布做出如下的规定：

① 压铸件的外形尺寸采用单向负偏差，公称尺寸为最大值；与之相应的型腔尺寸采用单向正偏差，公称尺寸为最小值。

② 压铸件的内形尺寸采用单向正偏差，公称尺寸为最小值；与之相应的型芯尺寸采用单向负偏差，公称尺寸为最大值。

③ 压铸件的中心距离、位置尺寸采用双向等值正、负偏差，公称尺寸为平均值；与之相应的模具中心距离尺寸也采用双向等值正、负偏差，公称尺寸为平均值。

若压铸件标注的偏差不符合规定，应在不改变压铸件尺寸极限值的条件下变换其公称尺寸及偏差值，使之符合规定，以适应计算公式。

4. 成型尺寸的计算

(1) 型腔尺寸的计算。

由图 4.30 所示，型腔尺寸的计算公式如下：

$$D'^{+\Delta'}_{0} = (D + D\varphi - 0.7\Delta)^{+\Delta'}_{0} \tag{4.16}$$

$$H'^{+\Delta'}_{0} = (H + D\varphi - 0.7\Delta)^{+\Delta'}_{0} \tag{4.17}$$

式中，D'、H' 为型腔尺寸或型腔深度尺寸，mm；D、H 为压铸件外形的最大极限尺寸，mm；φ 为压铸件计算收缩率，%；Δ 为压铸件公称尺寸的偏差，mm；Δ' 为成型部分公称尺寸的制造偏差，mm；0.7Δ 为尺寸补偿和磨损系数计算值，mm。

(2) 型芯尺寸的计算。

由图 4.31 所示，型芯尺寸的计算公式如下：

$$d'^{\ 0}_{-\Delta'} = (d + d\varphi + 0.7\Delta)^{\ 0}_{-\Delta'} \tag{4.18}$$

$$h'^{\ 0}_{-\Delta'} = (h + h\varphi + 0.7\Delta)^{\ 0}_{-\Delta'} \tag{4.19}$$

式中，d'、h' 为型芯尺寸或型芯高度尺寸，mm；d、h 为压铸件内形的最小极限尺寸，mm；φ 为压铸件计算收缩率，%；Δ 为压铸件公称尺寸的偏差，mm；Δ' 为成型部分公称尺寸的制造偏差，mm；0.7Δ 为尺寸补偿和磨损系数计算值，mm。

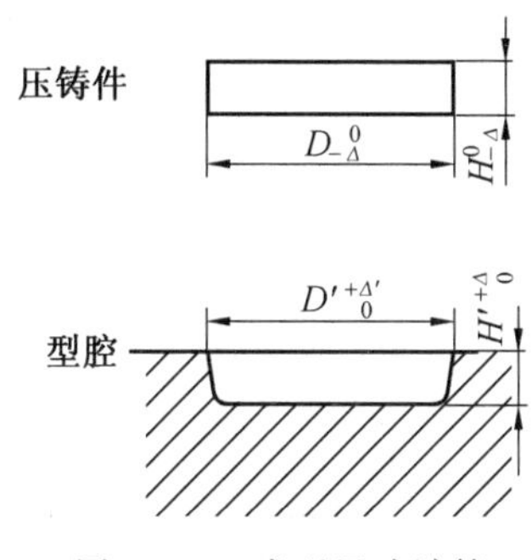

图 4.30　成型尺寸计算

(3) 中心距离、位置尺寸的计算。

由图 4.32 所示，中心距离、位置的计算公式如下：

$$L' \pm \Delta' = (L + L\varphi) \pm \Delta' \tag{4.20}$$

式中，L' 为成型部分中心距离、位置的平均尺寸，mm；L 为压铸件中心距离、位置的平均尺寸，mm；φ 为压铸件计算收缩率，%；Δ 为压铸件中心距离、位置尺寸的偏差，mm；Δ' 为成型部分中心距离、位置尺寸的制造偏差，mm。

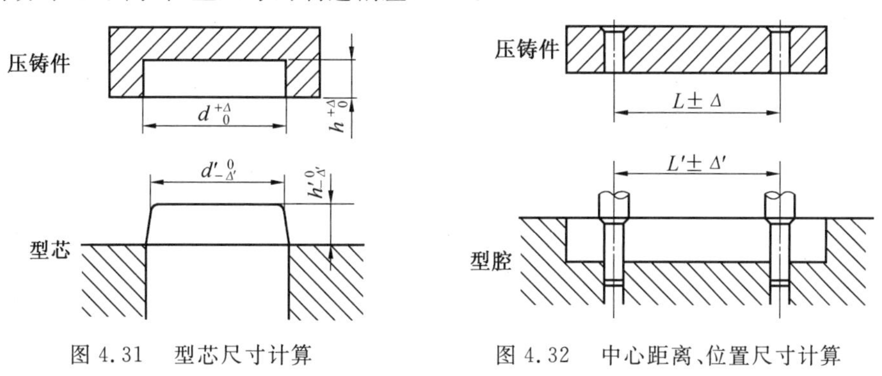

图 4.31　型芯尺寸计算　　图 4.32　中心距离、位置尺寸计算

(4) 制造偏差的选取。

① 型腔和型芯尺寸的制造偏差 Δ' 按下列规定选取：

a. 当压铸件尺寸精度为 IT11 ～ IT13 级时，Δ' 取 $\Delta/5$。

b. 当压铸件尺寸精度为 IT14 ～ IT16 级时，Δ' 取 $\Delta/4$。

② 中心距离、位置尺寸的制造偏差 Δ' 按下列规定选取：

a. 当压铸件尺寸精度为 IT11 ～ IT14 级时，Δ' 取 $\Delta/5$。

b. 当压铸件尺寸精度为 IT15 ～ IT16 级时，Δ' 取 $\Delta/4$。

(5) 成型尺寸标注形式及偏差分布的规定。

① 压铸件尺寸偏差 Δ 正负号的选取：外形尺寸 Δ 取“－”；内形尺寸 Δ 取“＋”。

② 成型尺寸制造偏差 Δ' 正负号的选取：型腔尺寸 Δ' 取“＋”；型芯尺寸 Δ' 取“－”。

③ 中心距离、位置尺寸的压铸件尺寸偏差 Δ 和成型部分制造偏差 Δ' 均取“±”。

应用式(4.16) ～ (4.20) 计算时，因为公式中已经考虑了偏差的正负号，因此只需代入偏差的绝对值即可。

4.7.3 模架的设计

1. 模架的基本结构

模架是将压铸模中各部分按一定的规律和位置加以组合和固定，组成完整的压铸模具，并使压铸模能够安装到压铸机上进行工作的构架。模架的设计主要是根据已确定零件设计方案，对有关零件进行合理的计算、选择和布置。模架的基本结构如图 4.33 所示。

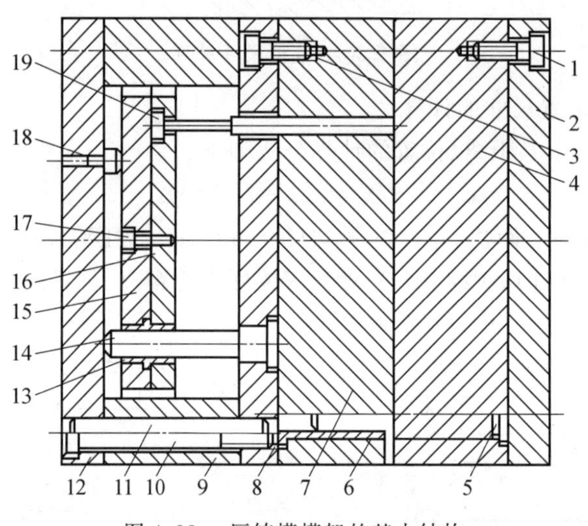

图 4.33 压铸模模架的基本结构

1— 定模模板螺钉；2— 定模座板；3— 动模模板螺钉；4— 支承套板；5— 导柱；6— 导套；7— 动模套板；8— 支承板；9— 垫块；10— 模座螺钉；11— 圆柱销；12— 动模座板；13— 推板导套；14— 推板导柱；15— 推板；16— 推板固定板；17— 推板螺钉；18— 限位钉；19— 复位杆

2. 模架设计的基本要求

模架设计的基本要求如下：

① 模架应有足够的刚度，在承受压铸机锁模力的情况下不发生变形。

② 模架不宜过于笨重，以便于模具装拆、修理和搬运。

③ 模架在压铸机上的安装位置应与压铸机规格或通用模座规格一致。

④ 模架上应设有吊环螺钉或螺钉孔，以便于模架的吊运和装配。

⑤ 镶块与模架边缘的分型面之间应留有足够的位置，以安放导柱、导套、紧固螺钉、销钉等零件。

⑥ 模具的总厚度应大于所选用压铸机的最小合模距离。

3. 支承与固定零件的设计

支承与固定零件包括动（定）模套板、支承板、动（定）模座板和垫块等。

(1) 动、定模套板的设计。

动、定模套板的作用是镶嵌、固定镶块和型芯，对有斜销抽芯机构的压铸模，常在动模套板上开设滑块的导滑槽，在定模套板上设置斜销和楔紧装置。动、定模套板应有适当的厚度，除了满足强度和刚度条件外，较厚的动、定模套板有利于减少模具型腔的温度变化，使压铸件质量稳定，模具寿命提高。在动、定模套板的分型面上还要有足够的位置来设置导柱、导套、紧固螺钉、销钉等零件。套板一般承受拉伸、压缩、弯曲三种应力的作用，设计套板时主要是对套板的边框厚度进行计算。

① 圆形套板边框厚度计算(图 4.34)。

套板为不通孔时，圆形套板边框厚度 h 按下式计算：

$$h \geqslant \frac{DpH_1}{2[\sigma]H} \tag{4.21}$$

套板为通孔时($H = H_1$)，边框厚度按下式计算：

$$h \geqslant \frac{Dp}{2[\sigma]} \tag{4.22}$$

式中，h 为套板边框厚度，mm；D 为镶块外径，mm；p 为压射比压，MPa；$[\sigma]$ 为许用抗拉强度，MPa，对于调质 45 钢，$[\sigma] = 82 \sim 100$ MPa；H_1 为镶块高度，mm；H 为套板厚度，mm。

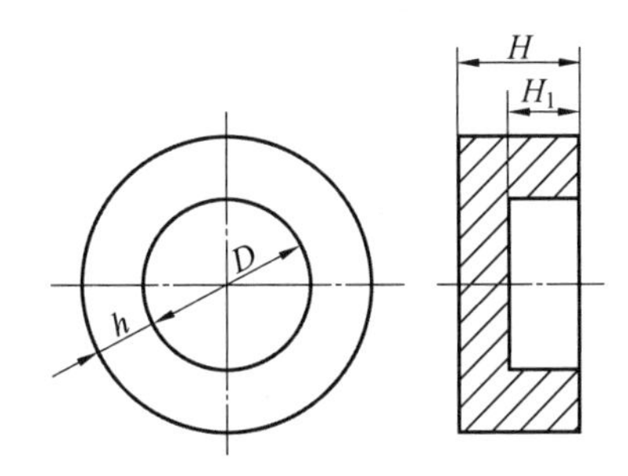

图 4.34 圆形套板边框厚度计算示意图

② 矩形套板边框厚度计算(图 4.35)。

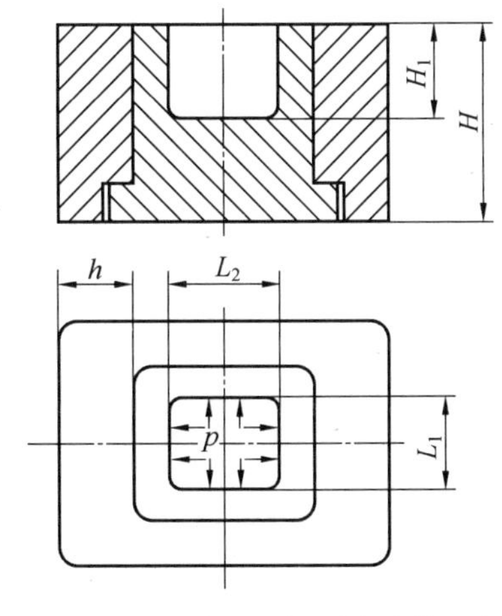

图 4.35 矩形套板边框厚度计算示意图

矩形套板边框厚度按下式计算：

$$h = \frac{F_2 + \sqrt{F_2^2 + 8H[\sigma]F_1L_1}}{4H[\sigma]} \tag{4.23}$$

$$F_1 = pL_1H_1$$

$$F_2 = pL_2H_1$$

式中,h 为套板边框厚度,mm;F_1、F_2 为边框侧面承受的总压力,N;L_1、L_2 为镶块侧面长度,mm;p 为压射比压,MPa;$[\sigma]$ 为许用抗拉强度,MPa,对于调质 45 钢,$[\sigma]=82\sim100$ MPa;H_1 为镶块高度,mm;H 为套板厚度,mm。

(2) 支承板的设计。

由图 4.36 所示可知,支承板受力后主要产生弯曲变形。支承板的厚度应随作用力 F 和垫块间距 L 的增大而增大。

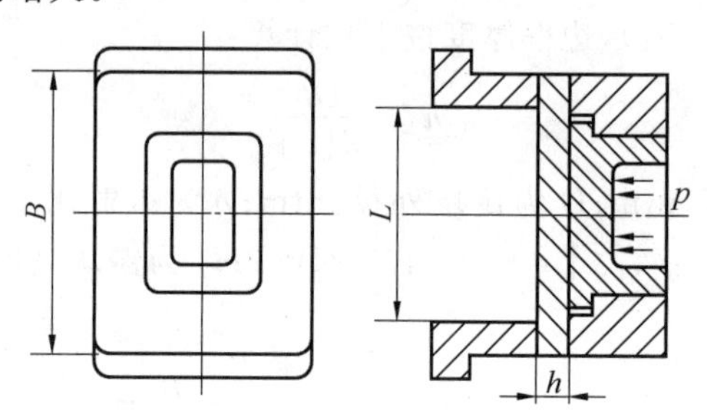

图 4.36 支承板在动模中的位置及受力示意图

① 支承板的厚度计算。

支承板的厚度 h 可按下式计:

$$h=\sqrt{\frac{FL}{2B\,[\sigma]_{bb}}} \tag{4.24}$$

式中,h 为支承板厚度,mm;F 为支承板所受作用力,N,$F=pA$,其中 p 为压射比压,MPa,A 为压铸件、浇注系统和溢流槽在分型面上的投影面积之和;L 为垫块间距,mm;B 为支承板长度,mm;$[\sigma]_{bb}$ 钢材的许用抗弯强度,MPa。支承板材料一般为45钢,回火状态,静载弯曲时$[\sigma]_{bb}$ 可根据支承板结构情况,分别按 135 MPa、100 MPa、90 MPa 选取。

② 支承板的加强形式。

当垫块间距 L 较大或支承板厚度 h 偏小时,可借助推板导柱或采用支柱,增强对支承板的支承作用,如图 4.37 所示。

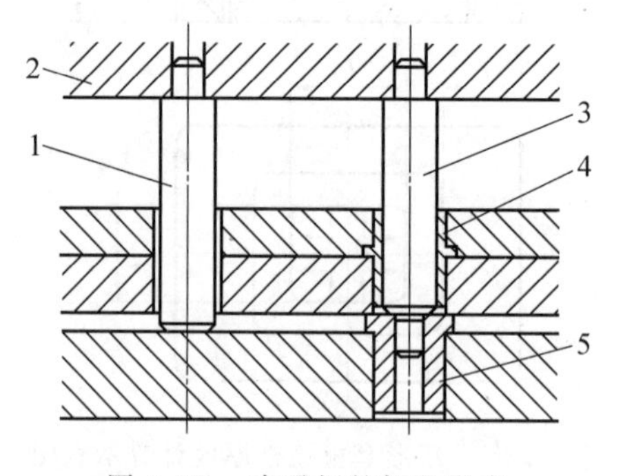

图 4.37 支承板的加强形式

(3) 座板的设计。

座板一般不作强度计算,设计时应考虑以下几点。

① 座板上要开设 U 形槽或留出安装压板的位置,借此使模具固定在压铸机动、定模

安装板上。U形槽尺寸应与压铸机安装板上的T形槽尺寸一致，如图4.38所示。

② 定模座板上的浇道套安装孔的位置尺寸应与选用的压铸机精确配合。

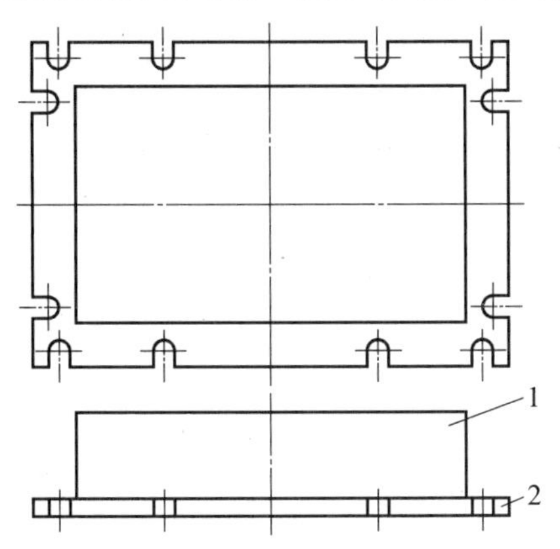

图4.38 在定模座板上开设U形槽

1— 定模套板；2— 定模座板

(4) 垫块的设计。

垫块在动模座板与支承板之间，形成推出机构工作的活动空间。对于小型压铸模具，还可以利用垫块的厚度来调整模具的总厚度，满足压铸机最小合模距离的要求。垫块在压铸生产过程中承受压铸机的锁模力作用，必须要有足够的受压面积。垫块与动模座板组合形成动模的模座，模座的基本结构形式如图4.39所示。

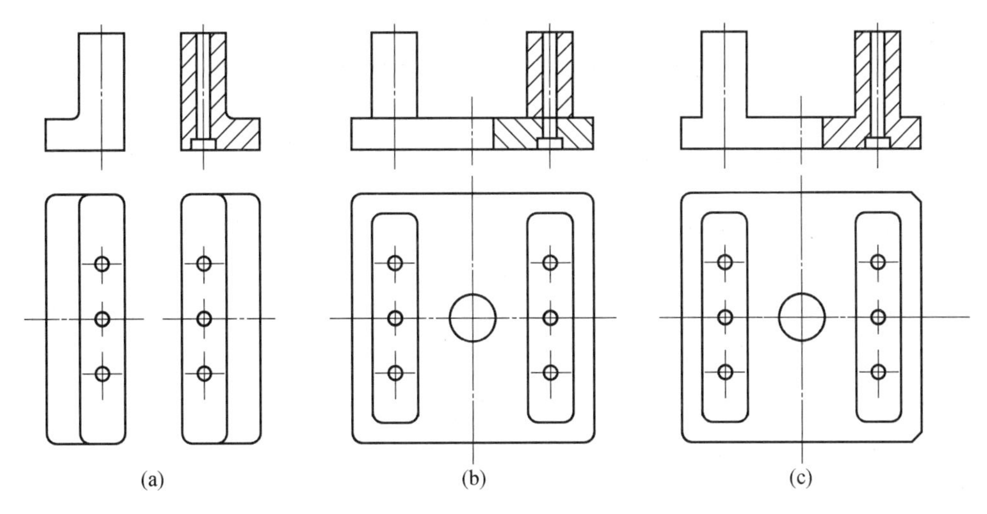

图4.39 模座的基本结构形式

在图4.39中，图(a)为角架式模座，结构简单，制造方便，质量较轻，适用于小型压铸模具；图(b)为组合式模座，结构简单，应用广泛，适用于中、小型压铸模具；图(c)为整体式模座，通常用球墨铸铁或铸钢整体铸造成型，强度、刚度较高，适用于大、中型压铸模具。

4. **导向零件的设计**

导向零件的作用是引导动模按一定的方向移动，保证动、定模在安装和合模时的准确对合，防止型腔、型芯错位。最常用的导向零件为导柱和导套。

(1) 导柱和导套的设计。

① 导柱和导套的设计要点：

a. 导柱应具有足够的刚度，保证动、定模在安装和合模时的正确位置。

b. 导柱应高出型芯的高度，以避免型芯在模具合模、搬运时受到损坏。

c. 为了便于取出压铸件，导柱一般设置在定模上。

d. 模具采用卸料板卸料时，导柱设置在动模上，以便于卸料板在导柱上滑动进行卸料。

e. 卧式压铸机上采用中心浇口的模具，导柱设置在定模座板上。

② 导柱的主要尺寸(图 4.40)。

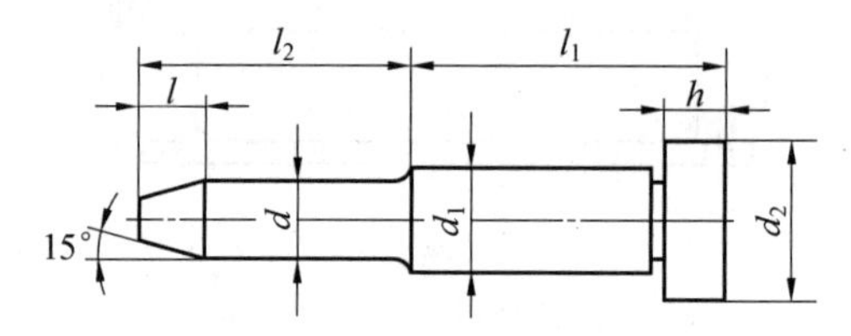

图 4.40 导柱的主要尺寸

a. 导柱导滑段直径 d。当模具设计四根导柱时，计算导柱直径的经验公式为

$$d = K\sqrt{A} \tag{4.25}$$

式中，d 为导柱导滑段直径，mm；A 为模具分型面上的表面积，mm^2；K 为比例系数，一般取 0.07 ~ 0.09。当 $A > 2 \times 10^5\ mm^2$ 时，$K = 0.07$；$A = 0.4 \times 10^5 \sim 2 \times 10^5\ mm^2$ 时，$K = 0.08$；$A < 0.4 \times 10^5\ mm^2$ 时，$K = 0.09$。

导柱导滑段部分在合模过程中插入导套内起导向作用，为了加强润滑效果，可在导滑段上开设油槽。

b. 导滑段长度 l_2。最小长度取 $l_2 = (1.5 \sim 2.0)d$，一般按高出分型面上型芯高度 12 ~20 mm 计算。

c. 导柱固定段直径 d_1。

$$d_1 = d + (6 \sim 10)(mm) \tag{4.26}$$

d. 固定长度 l_1。其与装配模板厚度一致。

$$l_1 \geqslant 1.5d_1 \tag{4.27}$$

e. 导柱台阶直径 d_2。

$$d_2 = d_1 + (6 \sim 8)mm \tag{4.28}$$

f. 导柱台阶厚度 h。

$$h = 6 \sim 20\ (mm) \tag{4.29}$$

g. 引导段长度 l。

$$l = 6 \sim 12\ (mm) \tag{4.30}$$

(2) 导套的主要尺寸(图 4.41)。

① 导套内孔直径 D 与选用的导柱导滑段直径 d 相同。

② 导套内扩孔直径 D_1。

$$D_1 = D + 0.5\ (mm) \tag{4.31}$$

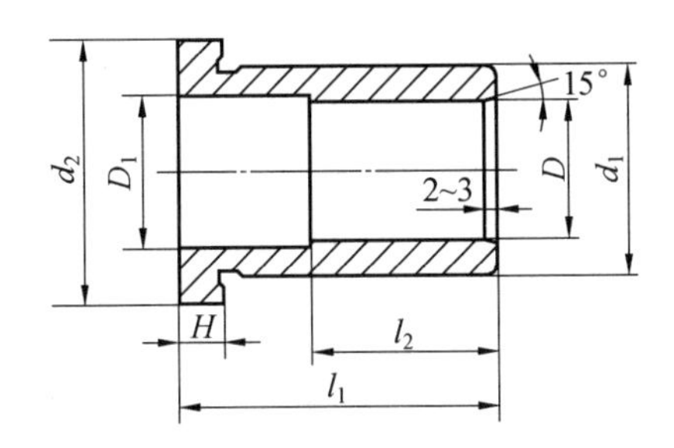

图 4.41 导套的主要尺寸

③ 导套外径 d_1。

$$d_1 = D + (6 \sim 10)\ (\mathrm{mm}) \tag{4.32}$$

④ 导套台阶外径 d_2。

$$d_2 = d_1 + (6 \sim 8)\ (\mathrm{mm}) \tag{4.33}$$

⑤ 导滑段长度 l_2。

$$l_2 = kd \tag{4.34}$$

式中,k 为比例系数,$k = 1.3 \sim 1.7$。d 小时 k 取值大,d 大时 k 取值小。

⑥ 导套总长度 l_1。l_1 为装配导套的模板厚度减去 3 ~ 5 mm。

(3) 导柱、导套的配合要求(图 4.42)。

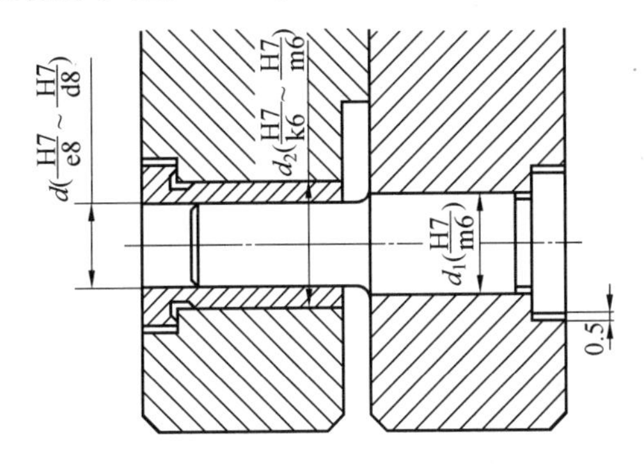

图 4.42 导柱、导套的配合要求

(4) 导柱、导套在模板中的位置。

矩形模具的导柱、导套一般都布置在模板的四个角上,保持导柱之间有最大开档尺寸,以便于取出压铸件(图 4.43)。为了防止动、定模在装配时错位,可将其中一根导柱取不等分分布,对于圆形模具,一般采用三根导柱,其中心位置为不等分分布,如图 4.44 所示。

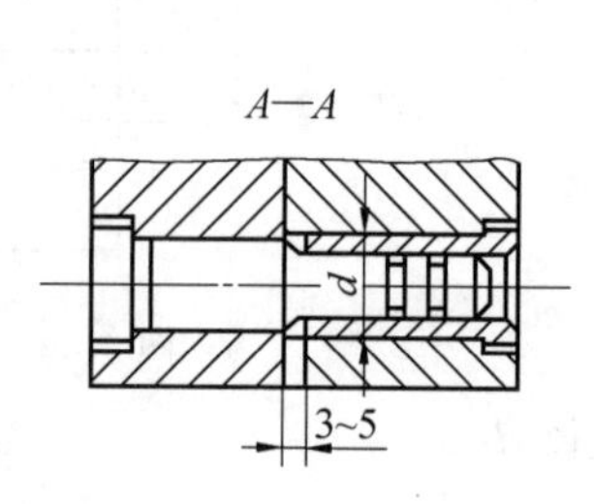

图 4.43　矩形模具导柱导套的布置

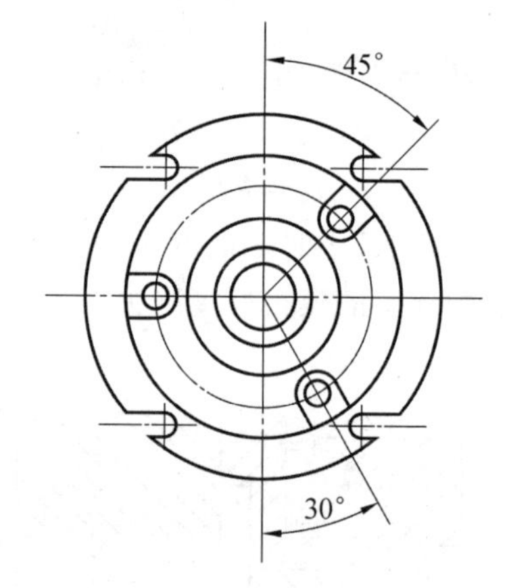

图 4.44　圆形模具导柱、导套的布置

4.7.4　加热与冷却系统的设计

1. 加热与冷却系统的作用

模具温度是影响压铸件质量的一个重要因素，在生产过程中应该得到严格的控制。大多数形状简单、成形工艺性好的压铸件对模具温度控制要求不高，模具温度在较大区间内变动仍能生产出合格的压铸件。而生产形状复杂、质量要求高的压铸件时，则对模具温度有严格的要求，只有把模具温度控制在一个狭窄的温度区间内，才能生产出合格的压铸件。因此，必须严格控制模具温度。

在一个压铸循环中，模具型腔的温度要发生很大的变化。铝合金压铸时，模具型腔温度上下波动可达 300 ℃ 左右。

使模具升温的热源由两部分组成：一是由金属液带入的热量；二是金属液填充型腔时消耗的一部分机械能转换变成的热能。模具在得到热量的同时也向周围空间散发热量，在模具型腔表面喷涂的脱模剂挥发时也带走部分热量。如果在单位时间内模具吸收的热量与散发的热量相等而达到一个平衡状态，则称为模具的热平衡。模具的温度控制，就是要把压铸模在热平衡时的温度控制在模具的最佳工作温度区间内。

压铸生产中模具的温度由加热与冷却系统进行控制和调节。

加热与冷却系统的主要作用:使压铸模达到较好的热平衡状态并改善压铸件顺序凝固条件;提高压铸件的内部质量和表面质量;稳定压铸件的尺寸精度;提高压铸生产效率;降低模具热交变应力,提高压铸模使用寿命。

2.加热系统设计

(1) 模具的加热方法。

压铸模的加热系统主要用于预热模具,模具的加热方法有以下三种。

① 火焰加热。

火焰加热是最简单的压铸模预热方法。火焰加热可用自制的煤气、天然气燃烧或使用喷灯,用燃烧火焰产生的热量对模具型腔加热。火焰加热方法简便,成本低廉。但火焰加热也有缺点,会使压铸模型腔特别是型腔中较小的凸起部分发生过热,导致压铸模型腔软化,降低压铸模寿命。

② 电加热装置加热。

常用的电加热装置为电阻式加热器,包括电热棒、电热板、电热圈、电热框等,有多种规格可供选用。其中电热棒的使用非常方便,应用广泛。电加热装置加热比较清洁安全,操作方便,模具加热均匀,是目前普遍使用的加热方法。

③ 模具温度控制装置加热。

模具温度控制装置是以高温导热油为载体,通过加热或冷却来控制温度,泵入压铸模中的通道,从而控制模具的温度。模具温度控制装置可以用来预热压铸模,以及在压铸过程中将模具的温度保持在一定的区间内,以满足提高压铸件质量及压铸生产自动化的需要。采用模具温度控制装置不但能有效地控制模具的温度,还能延长压铸模的使用寿命。

(2) 模具的预热规范。

不同压铸合金的压铸模工作温度见表 4.51。

(3) 模具预热功率的计算。

模具预热所需的功率可通过下式进行计算:

$$P=\frac{mc(\theta_s-\theta_i)k}{3\ 600t} \tag{4.35}$$

式中,P 为预热所需的功率,kW;m 为需预热的模具(整套压铸模或动模、定模) 质量,kg;c 为比热容,kJ/(kg·℃),钢的比热容取 $c=0.46$ kJ/(kg·℃);θ_s 为模具预热温度,见表 4.51,℃;θ_i 为模具初始温度(室温),℃;k 为补偿系数,补偿模具在预热过程中因传热散失的热量,$k=1.2\sim1.5$,模具尺寸大时取较大值;t 为预热时间,h。

(4) 电加热装置(电热棒) 设计。

① 根据预热模具所需的功率选择电热棒的型号和数量。

② 设计电热棒的安装孔和测温孔位置,如图 4.45 所示。

电热棒的安装孔一般布置在动(定) 模套板(也可通过镶块)、支承板和定模座板上。布置时应避免与活动型芯或推杆发生干扰。

在动、定模套板上可布置安装热电偶的测温孔,以便控制模温。

表 4.51　不同压铸合金的压铸模工作温度　　℃

合金	模具温度	壁厚 ≤ 3 mm		壁厚 > 3 mm	
		结构简单	结构复杂	结构简单	结构复杂
锌合金	预热温度	130 ~ 180	150 ~ 200	110 ~ 140	120 ~ 150
	连续工作保持温度	180 ~ 200	190 ~ 220	140 ~ 170	150 ~ 200
铝合金	预热温度	150 ~ 180	200 ~ 230	120 ~ 150	150 ~ 180
	连续工作保持温度	180 ~ 240	250 ~ 280	150 ~ 180	180 ~ 200
镁铝合金	预热温度	170 ~ 190	220 ~ 240	150 ~ 180	150 ~ 180
	连续工作保持温度	200 ~ 220	260 ~ 280	180 ~ 200	180 ~ 200
镁合金	预热温度	150 ~ 180	200 ~ 230	120 ~ 150	170 ~ 190
	连续工作保持温度	180 ~ 240	250 ~ 280	150 ~ 180	200 ~ 240
铜合金	预热温度	200 ~ 230	230 ~ 250	170 ~ 200	200 ~ 230
	连续工作保持温度	300 ~ 325	325 ~ 350	250 ~ 300	300 ~ 350

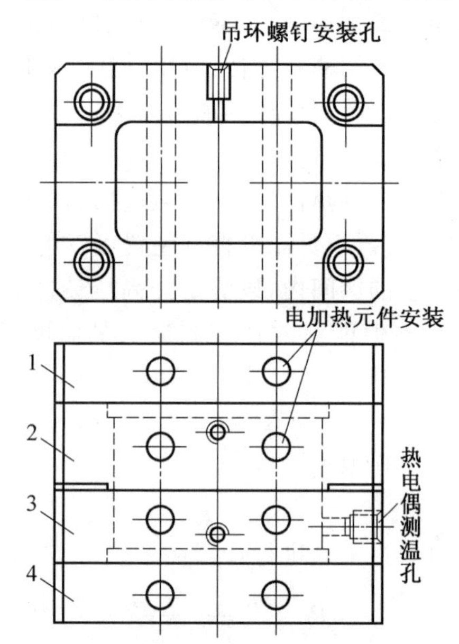

图 4.45　电热棒的安装孔和测温孔位置

1— 动模座板；2— 定模套板；3— 动模套板；4— 支承板

3. 冷却系统设计

(1) 模具的冷却方法。

压铸模的冷却系统用于冷却模具，带走压铸生产中金属液传递给模具的过多的热量，使模具冷却到最佳的工作温度。模具的冷却方法如下：

① 水冷却。

水冷却是在模具内设置冷却水通道，使冷却水通入模具带走热量的方法。水冷却的效率高，易控制，是最常用的压铸模冷却方法。

② 风冷却。

风冷却是用鼓风机或空气压缩机产生的风力吹走模具热量的方法。风冷却方法简便，不需要在模具内部设置冷却装置；但风冷却的效率较低，适用于压铸低熔点合金或中、小型薄壁件等要求散热量较小的模具。另外，对于压铸模中难以用水冷却的部位也可考虑采用风冷却的方法进行冷却。

③ 用传热系数高的合金（铍青铜、钨基合金等）冷却。

将铍青铜销旋入热量集中的固定型芯，铜销的末端带有散热片，可以加强冷却效果。

④ 用热管冷却。

热管是装有传热介质（通常为水）的密封金属管，管内壁敷有毛细层。传热介质从热管的高温端（蒸发区）吸收热量后蒸发，蒸汽在低温端（冷凝区）放出热量冷凝，再通过管内的毛细层回到高温端。热管一般垂直设置，冷凝区在上部时散热效率最高。冷凝区一般可采用水冷却或风冷却。

⑤ 用模具温度控制装置进行冷却。

(2) 冷却水道的布置形式。

冷却水道的布置形式见表4.52。

表4.52 冷却水道的布置形式

说明	图例	说明	图例
① 冷室压铸机压铸模浇道套用环形水套冷却。环形套装到浇道套上或与浇道套焊接在一起，防止漏水 ② 分流锥采用隔板式水道冷却	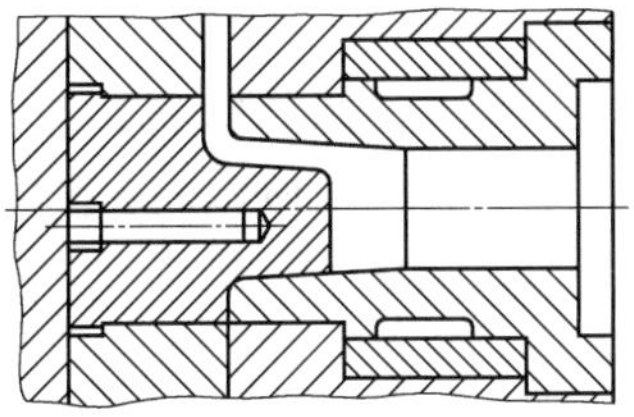	型腔部位开设冷却水道，一般情况下应开设在型腔的下方，避免开设在型腔的周围	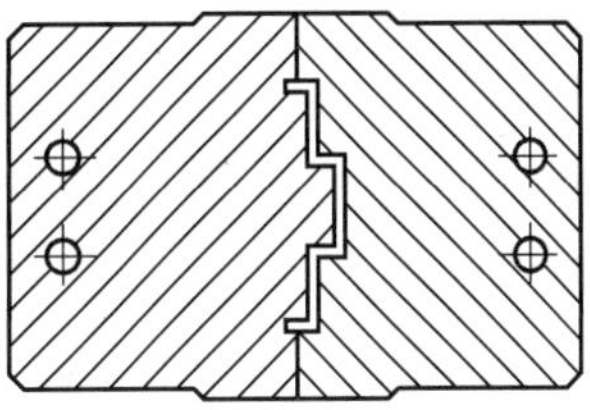
① 浇道套部位设置双环形水道，水道之间开槽连通。 ② 分流锥用套管式水道冷却	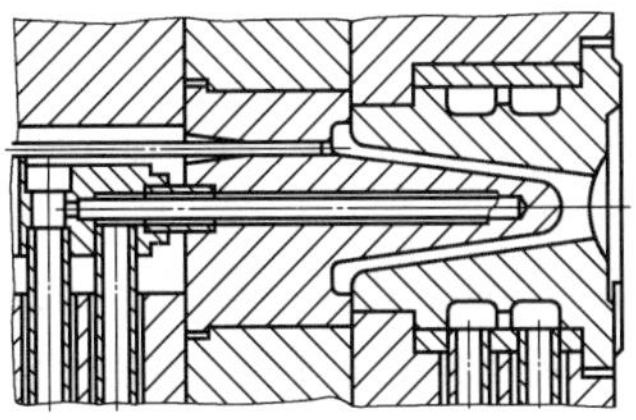	在较大的型芯下方、动模支撑板上开设水道，如型腔的热量较大，则应在型芯内设置套管式冷却水道	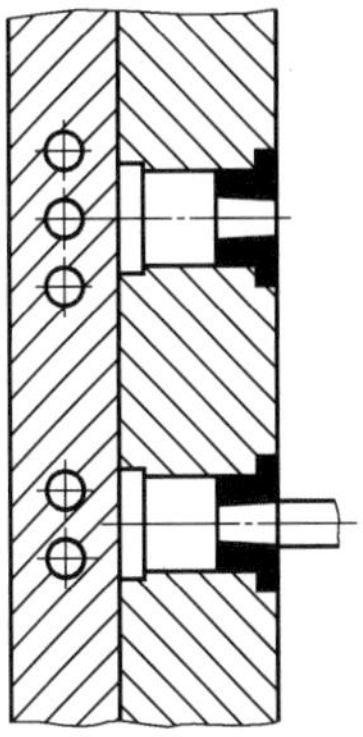

续表 4.52

说明	图例	说明	图例
组合式薄片镶块的冷却水道,可采用铜管或钢管装配在镶块中,铜管或钢管可兼做镶块的定位销	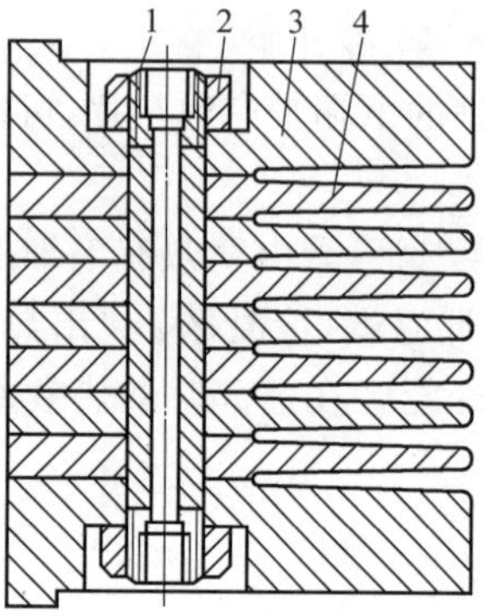 1— 带冷却水通道的双头螺栓;2— 螺母;3,4— 镶块	复杂型芯在难以用水直接冷却的细小部位,可用热管将热量导出热节部位,再用冷却水冷却热管	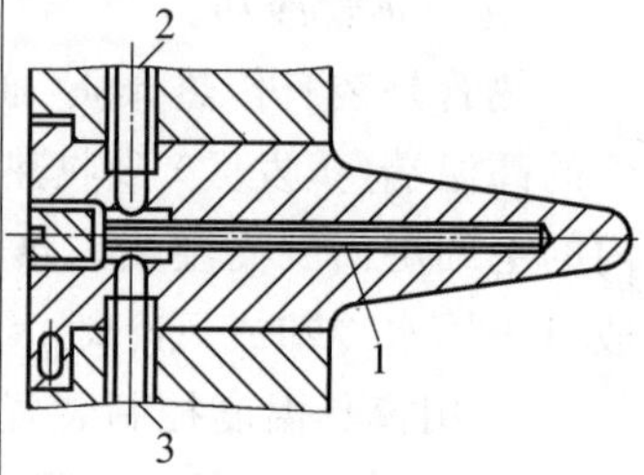 1— 热管;2— 冷却水入口;3— 冷却水出口

设置冷却水道既要保证传热效率高,又要防止由于急冷急热的影响而使镶块热疲劳产生裂纹。为兼顾两者,冷却水道的直径一般为 6 ~ 16 mm,冷却水道孔壁与型腔壁之间的距离一般大于 15 mm。

(3) 冷却水道的设计计算。

由于压铸件形状、壁厚等各种因素的影响,压铸模各部分的热状态有很大的差别,因此应根据型腔的热流量特征将压铸模和型腔分为不同的区域(如浇道套、分流锥、横浇道部位、热量集中的大型芯等),对各个区域分别设计计算。

① 计算压铸过程中金属液传入模具的热流量:

$$Q_1 = \frac{m(c\Delta\theta_1 + L)n}{3\ 600} \tag{4.36}$$

式中,Q_1 为金属液传入模具的热流量,kW;m 为压铸金属的质量,kg,当对型腔进行分区设计计算冷却系统时,m 指注入型腔相应区域的金属液质量;c 为压铸金属的比热容,kJ/(kg · ℃);$\Delta\theta_1$ 为浇注温度与压铸件推出温度之差,℃;L 为压铸金属的熔化热量,kJ/kg;n 为每小时压铸的次数。

简化计算可用下式进行:

$$Q_1 = \frac{mqn}{3\ 600} \tag{4.37}$$

式中,q 为压铸合金从浇注温度到压铸件推出温度散发出的热量,kJ/kg,见表 4.53。

表 4.53 压铸合金从浇注温度到压铸件推出温度散发出的热量

压铸合金分类	锌合金	铝硅合金	铝镁合金	镁合金	铜合金
$q/(\mathrm{kJ \cdot kg^{-1}})$	208	888	795	712	452

② 计算冷却水道的长度(直通式水道):

$$L = \frac{Q_1}{Q_2} \tag{4.38}$$

式中，L 为冷却水道长度，cm；Q_1 为金属液传入模具的热流量，kW；Q_2 为单位长度冷却水道从模具中吸收的热量，kW/cm，见表 4.54。

表 4.54 单位长度冷却水道从模具中吸收的热量

工作区域	冷却水道直径 /mm	单位长度冷却水道冷却能力 /($kW \cdot cm^{-1}$)
分流锥	13 ～ 15	0.139
	9 ～ 11	0.105
	8	0.081
浇道	13 ～ 15	0.139
	9 ～ 11	0.105
	8	0.081
型腔	13 ～ 15	0.070
	9 ～ 11	0.052
	8	0.041

4.8 压铸模机构设计

4.8.1 抽芯机构设计

侧向分型抽芯机构是压铸模中最常用的机构。当铸件上具有与开模方向不同的内侧凹或侧孔等阻碍压铸件直接脱模时，必须将成型侧孔或侧凹的零件做成活动型芯。开模时，先使模具的侧面分型，将活动型芯抽出，然后再从模具中取出铸件。合模时，又必须使推出机构及抽芯机构回复到原来位置，以便进行下一次压铸过程，完成这种动作的机构叫侧向分型机构，又称侧抽芯机构或抽芯机构。

1. 常用抽芯机构的形式和特点

压铸模抽芯机构形式较多，大体可分为下列几类。

(1) 机动抽芯。

机动抽芯的原理是利用开模时，压铸机的开模力和模具动模、定模之间的相对运动，通过抽芯机构改变运动方向并将侧型芯抽出的。机动抽芯的特点是机构复杂但抽芯力大，精度较高，生产效率高，易实现自动化操作，因此，机动抽芯应用广泛。其结构形式又可分为：斜导柱抽芯、弯销抽芯、齿轴齿条抽芯、斜滑块抽芯等。图 4.46 所示为利用压铸机的开模力通过斜导柱的作用来完成侧抽芯的机构组成。

(2) 液压抽芯。

液压抽芯是以压力油作为抽芯动力，在模具上设置专用液压缸，通过活塞的反复运动实现抽芯与复位的。该机构的优点是传动平稳，抽芯力大，抽芯距离长；缺点是增加了操作程序，需要设计专门的液压管路。其常用于大、中型模具或抽芯角度特殊的场合，其结构如图 4.47 所示。

(3) 其他抽芯结构。

其他抽芯结构主要包括手动抽芯机构和活动镶块模外抽芯机构。

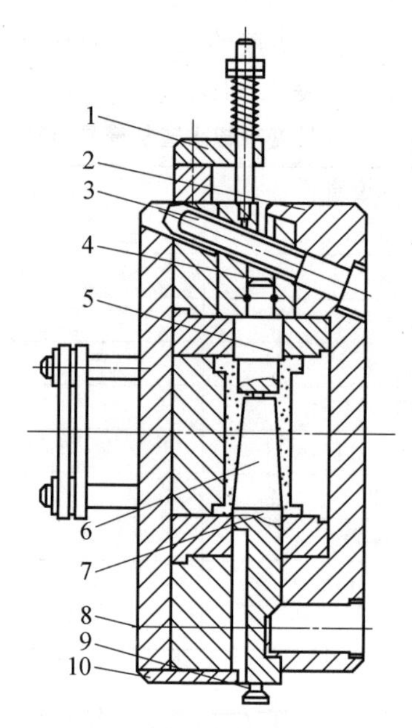

图 4.46　斜导柱式抽芯机构的组成

1— 限位块；2，8— 楔紧块；3— 斜导柱；4— 矩形滑块；5，6— 型芯；7— 圆形滑块；9— 接头；10— 止转导向块

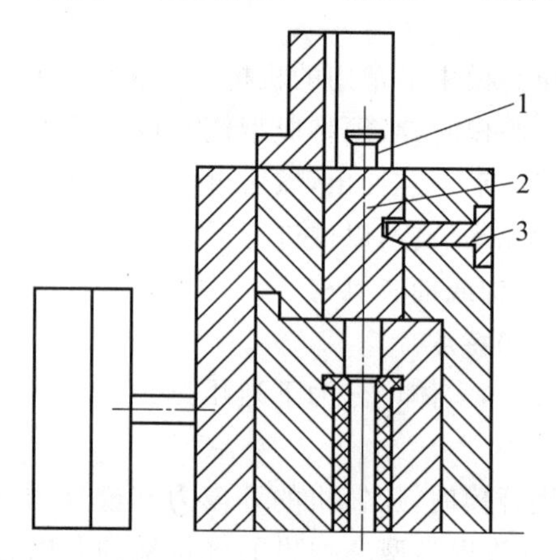

图 4.47　液压抽芯机构

1— 接头；2— 滑块型芯；3— 楔紧块

① 手动抽芯机构是利用人工在开模前或在制件脱模后使用手工工具抽出侧面活动型芯的装置。手动抽芯机构(图 4.48) 的优点是:模具结构简单,制造容易,常用于抽出处于定模或分离型面较远的中、小型模具。其缺点是:操作时劳动强度大,生产效率低,常用于小批量生产或实验室试样的制备。

② 活动镶块模外抽芯机构是常对于较复杂的成型部分,因其不利于设置机动抽芯机构或液压抽芯机构而采用的装置,常用于生产批量较小的场合。它可大大简化模具结构,降低成本。缺点是需备有一定数量的活动镶块,供轮换使用,并且操作者劳动强度大。其结构如图 4.49 所示。

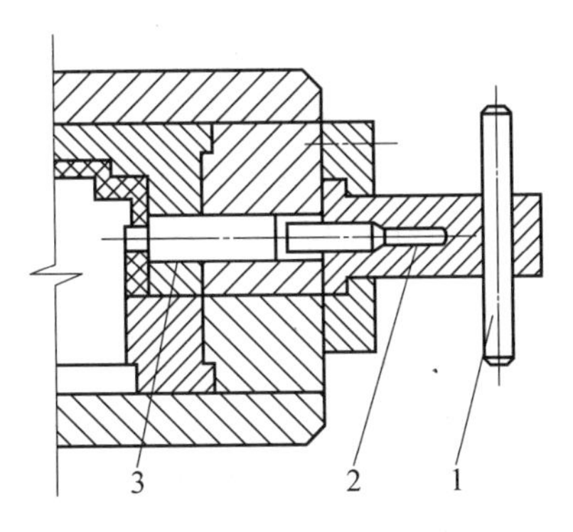

图 4.48 手动抽芯机构

1— 手柄；2— 转动螺母；3— 型芯

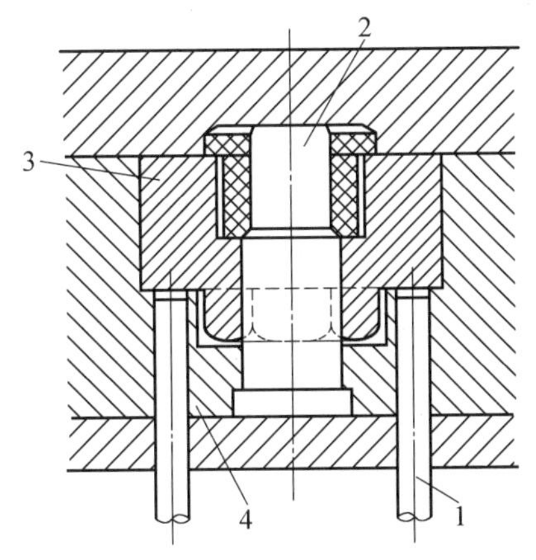

图 4.49 活动镶块模外抽芯机构

1— 推杆；2— 型芯；3— 活动镶块；4— 动模

2.抽芯力和抽芯距离的确定

在压铸时，金属液充满型腔，冷却并收缩，对活动型芯的成型部分产生包紧力。在抽芯机构开始工作的瞬间，需要克服由铸件收缩产生的包紧力和抽芯机构运动时的各种阻力 —— 这两者的合力即为抽芯力。当存在脱模斜度，继续抽芯时，只需克服机构及型芯运动时的阻力，而该力比包紧力小得多，所以在计算抽芯力时可忽略该力。

抽芯距离是指型芯从成型位置抽至不妨碍铸件脱模的位置时，型芯和滑块在抽芯方向上所移动的距离。

(1) 影响抽芯力的主要因素。

① 成型部分的表面积越大，所需的抽芯力也越大；型芯断面的几何形状越复杂，抽芯力越大。

② 铸件的成型部分壁较厚，金属冷却凝固的收缩变大，包紧力增加，抽芯力也增大。

③ 铸件侧面孔穴多且分布在同一抽芯机构上，因铸件的线收缩大，对型芯的包紧力大，因此抽芯力也大。

④ 活动型芯表面粗糙度值低，加工纹路与抽芯方向相同，可减小抽芯力。

⑤ 加大活动型芯的脱模斜度，可减小抽芯力，并且可减少成型表面的擦伤。

⑥ 压铸合金的化学成分不同,线收缩率也不同。收缩率大,抽芯力也大。铝合金中铁含量过低,铸件会对钢质活动型芯产生化学黏附力,则抽芯力大。

⑦ 压铸工艺对铸件抽芯力有较大的影响:压铸后,留模时间长,包紧力大,抽芯力大;压铸时,模温高,铸件收缩小,包紧力小,抽芯力小;持压时间长,铸件致密性强,包紧力增加,抽芯力大。

⑧ 在模具中喷洒脱模剂,可减少铸件对型芯的黏附力,减小抽芯力。

⑨ 采用较高的压射比压,则增加对型芯的包紧力,抽芯力增大。

⑩ 抽芯机构运动部分的间隙对抽芯力的影响较大。间隙太小,抽芯力小;间隙太大,易使金属液进入,增大抽芯力。

(2) 抽芯力的估算。

型芯在抽芯时的受力状况如图 4.50 所示。

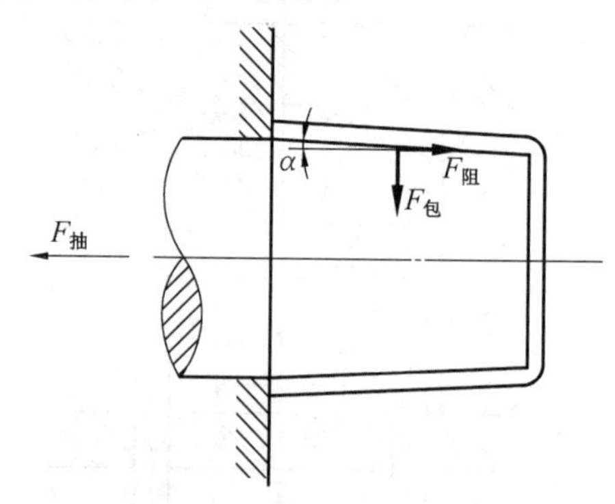

图 4.50 抽芯力分析图

由于影响抽芯力的因素很多,因此精确计算抽芯力是十分困难的。抽芯力一般按下式估算:

$$F_{抽}=F_{阻}\cos\alpha-F_{包}\sin\alpha$$
$$=Alp(\mu\cos\alpha-\sin\alpha) \tag{4.39}$$

式中,$F_{抽}$ 为抽芯力,N;$F_{阻}$ 为抽芯阻力,N;$F_{包}$ 铸件冷凝收缩后对型芯产生的包紧力,N;A 为被铸件包紧的型芯成型部分断面周长,m;l 为被铸件包紧的型芯成型部分长度,m;p 为挤压应力(单位面积包紧力),对于锌合金 p 一般取 6 ~ 8 MPa,对于铝合金 p 一般取 10 ~ 12 MPa,对于铜合金 p 一般取 12 ~ 16 MPa;μ 是压铸合金对型芯的摩擦因数(一般取 0.2 ~ 0.25);α 是型芯成型部分的脱模斜度。

(3) 抽芯距离的确定。

图 4.51 为侧向成型孔抽芯,抽芯后型芯应完全脱离铸件的成型表面,使铸件顺利脱模,所以确定抽芯距离的计算公式为

$$S_{抽}=h+(3\sim5)(\text{mm}) \tag{4.40}$$

式中,$S_{抽}$ 为抽芯距离,mm;h 为型芯完全脱离成型处的移动距离,mm。

当铸件外形为圆形并用二等分滑块抽芯(图 4.52) 时,抽芯距离为

$$S_{抽}=\sqrt{R^2-r^2}+(3\sim5)(\text{mm}) \tag{4.41}$$

式中,R 为铸件外形最大圆角半径,mm;r 为阻碍推出铸件的外形最小圆角半径,mm。

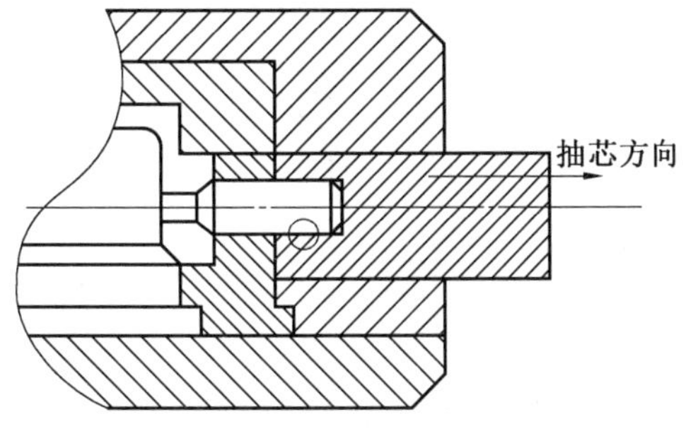

图 4.51 侧向成型孔抽芯

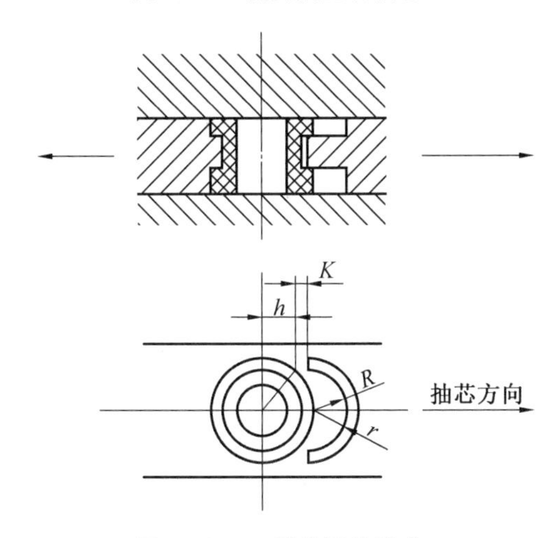

图 4.52 二等分滑块抽芯

3. **斜导柱抽芯机构**

(1) 斜导柱抽芯机构的组成及工作原理。

斜导柱抽芯机构是侧抽芯机构中应用最广泛的抽芯机构。其结构如图 4.53 所示，主要由斜导柱、滑块、活动型芯，楔紧块及限位装置等组成。其工作原理如下，活动型芯 10 用销钉 12 固定在斜滑块 4 上。开模时，开模力通过斜导柱 3 使斜滑块 4 沿动模套板 11 的导滑槽向上移动。当斜导柱 3 全部脱离斜滑块 4 的斜孔后，活动型芯 10 即完全从铸件中脱出；然后铸件由推出机构推出。而限位块 8 压缩弹簧 7 和螺栓 9 使滑块保持抽芯后的最终位置，保证合模时，斜导柱准确地进入斜滑块的斜孔中，使斜滑块和活动型芯复位。楔紧块 2 是为防止斜滑块受到型腔压力作用而产生位移。

(2) 斜导柱抽芯机构零部件的设计。

① 斜导柱的设计。

a. 斜导柱的形式。斜导柱的基本形式如图 4.54 所示。

斜导柱的倾斜角为 α，长度 L_1 为固定于模套板内的部分，与模套板内的安装孔的配合取 H7/m6 过渡配合。L_2 段为完成抽芯所需的工作段尺寸，在工作中主要是驱动斜滑块做往复运动。滑块移动的平稳性由导滑槽与滑块间的配合精度保证。合模时，滑块的最终准确位置由楔紧块决定。为了使运动灵活，滑块与斜导柱的配合可取较松的配合 H11/h11 或留有 0.5～1 mm的间隙。斜导柱头部的 L_3 段为斜导柱插入滑块斜孔时的引

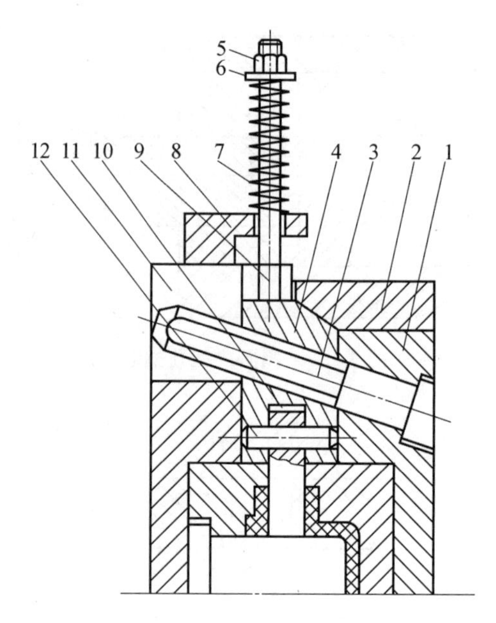

图 4.53 斜导柱抽芯机构

1— 定模套板;2— 楔紧块;3— 斜导柱;4— 斜滑块;5— 螺母;6— 垫片;7— 压缩弹簧;8— 限位块;9— 螺栓;10— 活动型芯;11— 动模套板;12— 销钉

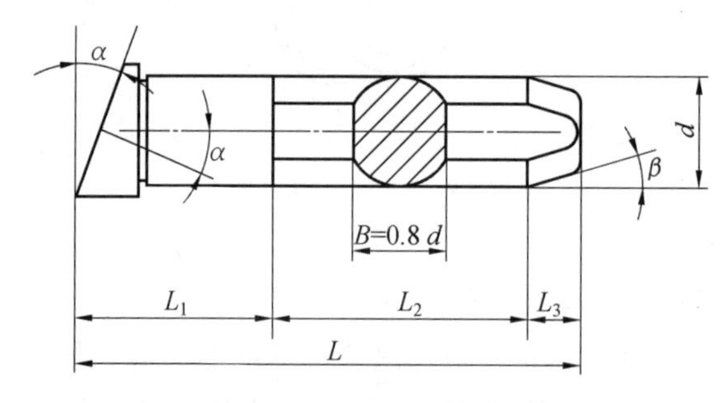

图 4.54 斜导柱的基本形式

导部分,其锥形斜角 β 应大于斜导柱的倾斜角 α,以免在斜导柱的有效长度离开滑块后其头部仍然继续驱动滑块。为了减少斜导柱工作时的摩擦阻力,将斜导柱工作段的两侧削成宽度为 B 的两个平面,一般取 $B=0.8d$。

斜导柱固定端的形式如图 4.55 所示,图(a) 为配合段直径大于工作段直径,用于延时抽芯;图(b) 为配合段直径等于工作段直径,滑块与模套板的斜孔一次加工完成;图(c) 是固定段台阶采用 120° 圆锥形,适用于 10° ~ 25° 斜导柱(通用件);图(d) 是固定端台阶采用弹簧圈,用于抽芯力较小的场合。

b. 斜导柱在模套板内的安装要求。在设计过程中,斜导柱端部从滑块斜孔脱开,抽芯动作结束时,应有滑块限位装置,使滑块不至于因惯性、重力等其他因素发生位移。斜导柱与滑块孔之间应有一定的间隙,以保证斜导柱尽可能不受到弯曲应力。斜导柱抽芯机构抽出较长的型芯时,应对压铸机的有效开模距离进行校核,保证模具的最小开模距离小于压铸机的有效开模距离。活动型芯下面一般不设置推出机构,以防止发生机构干涉现象。

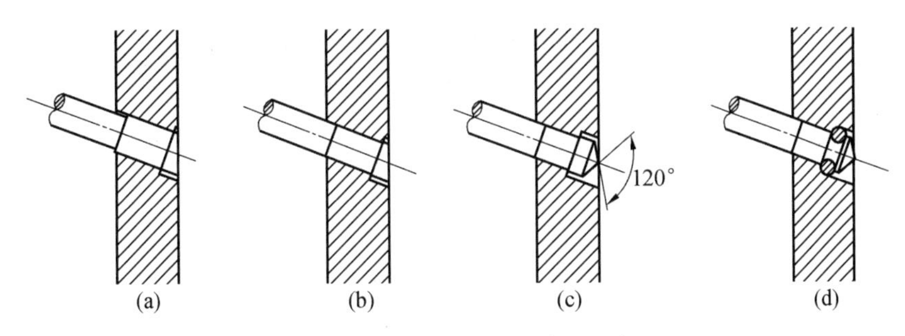

图 4.55 斜导柱固定端的形式

c.斜导柱倾斜角 α 的确定。抽芯力方向与分型面平行时，倾斜角的选择与抽芯力的大小、抽芯距离的长短、斜导柱承受的弯曲应力以及开模阻力有关，具体如图 4.56 所示。一般情况下 α 值采用 10°、15°、18°、20°、25° 等，最大不得大于 25°。

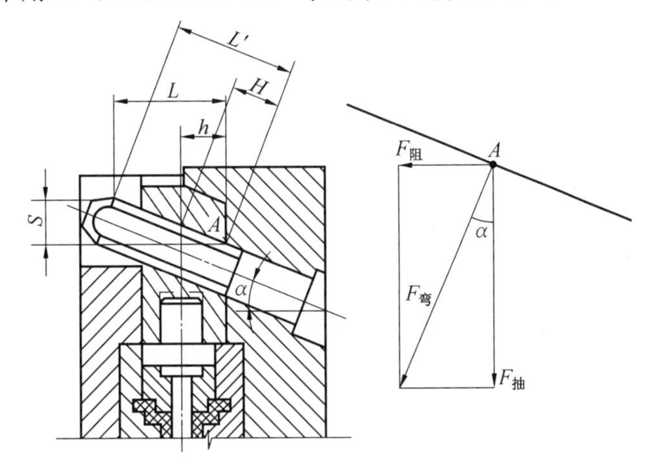

图 4.56 斜导柱受力图

α— 斜导柱倾斜角；S— 抽芯距离；H— 斜导柱受力点距离；h— 斜导柱受力点垂直距离

$F_抽$— 抽芯力；$F_弯$— 斜导柱抽芯弯曲力；$F_阻$— 开模阻力

d.斜导柱直径的估算与查用。斜导柱所受的力主要取决于抽芯时作用于斜导柱的弯曲力。斜导柱 d 的估算公式为

$$d=\sqrt[3]{\frac{F_弯\ h}{3\ 000\cos\alpha}}\ 或\ d\geqslant\sqrt[3]{\frac{Fh}{3\ 000\ \cos^2\alpha}} \tag{4.42}$$

式中，$F_弯$ 为斜导柱承受的最大弯曲力，N；h 为滑块端面至受力点的垂直距离，cm；F 为抽芯力，N。

为简化计算，可按式(4.42)计算出斜导柱最大弯曲力，并代入表 4.55 查得抽芯力，再根据查得的最大弯曲力和受力点垂直距离按表 4.56 查出斜导柱直径，以便在设计时应用。

e.斜导柱长度的确定。在确定了抽芯力、抽芯距离、斜导柱位置、斜角、斜导柱直径以及滑块的大致尺寸，在总图上按比例作图进行大致布局后，即可通过计算法来计算斜导柱的长度。

表 4.55　斜导柱倾斜角与抽芯力对应的最大弯曲力

最大弯曲力 $F_{弯}$/N	斜导柱倾斜角 α					
	10°	15°	18°	20°	22°	25°
	抽芯力 F/N					
1 000	980	960	950	940	930	910
2 000	1 970	1 930	1 900	1 880	1 850	1 810
3 000	2 950	2 890	2 850	2 820	2 780	2 720
4 000	2 940	3 860	3 800	3 760	3 700	3 630
5 000	4 920	4 820	4 750	4 700	4 630	4 530
6 000	5 910	5 790	5 700	5 640	5 560	5 440
7 000	6 890	6 750	6 650	6 580	6 500	6 340
8 000	7 880	7 720	7 600	7 520	7 410	7 250
9 000	8 860	8 680	8 550	8 460	8 340	8 160
10 000	9 850	9 650	9 500	9 400	9 270	9 060
11 000	10 830	10 610	10 450	10 340	10 190	9 970
12 000	11 820	11 580	11 400	11 280	11 120	10 880
13 000	12 800	12 540	12 350	12 220	12 050	11 780
14 000	13 790	13 510	13 300	13 160	12 970	13 680
15 000	14 770	14 770	14 250	14 100	13 900	13 590
16 000	15 760	15 440	15 200	15 040	14 830	14 500
17 000	16 740	16 400	16 150	15 980	15 770	15 410
18 000	17 730	17 370	17 100	16 920	16 640	16 310
19 000	18 710	18 330	18 050	17 860	17 610	17 220
20 000	19 700	19 300	19 000	18 800	18 540	18 130
21 000	20 680	20 260	19 950	19 740	19 470	19 030
22 000	21 670	21 230	20 900	20 680	20 400	19 940
23 000	22 650	22 190	21 850	21 620	21 300	20 840
24 000	23 640	23 160	22 800	22 560	22 250	21 750
25 000	24 620	24 120	23 750	23 500	23 180	22 660
26 000	25 610	25 090	24 700	24 440	24 110	23 560
27 000	26 590	26 050	25 650	25 380	25 030	24 700
28 000	27 580	27 020	26 600	26 320	25 960	25 380
29 000	28 560	27 980	27 550	27 260	26 890	26 280
30 000	29 550	28 950	28 500	28 200	27 820	27 190
31 000	30 530	29 910	29 450	29 140	28 740	28 100
32 000	31 520	30 880	30 400	30 080	29 670	29 000
33 000	32 500	31 840	31 350	31 020	30 600	29 910
34 000	33 490	32 810	32 300	31 960	31 520	30 810
35 000	34 470	33 710	33 250	32 900	32 420	31 720
36 000	35 460	34 740	34 200	33 840	33 380	32 630

续表 4.55

最大弯曲力 $F_{弯}$/N	斜导柱斜角 α					
	10°	15°	18°	20°	22°	25°
	抽芯力 F/N					
37 000	36 440	35 700	35 150	34 780	34 310	33 530
38 000	37 430	36 670	36 100	35 720	35 230	34 440
39 000	38 410	37 630	37 050	36 660	36 160	35 350
40 000	39 400	38 600	38 000	37 600	37 090	36 250

表 4.56 最大弯曲力和受力点垂直距离与斜导柱直径的关系

α	h/mm	最大弯曲力 $F_{弯}$/($\times 10^3$ N)																													
		1	2	3	4	5	6	7	8	9	10	11	12	13	14	15	16	17	18	19	20	21	22	23	24	25	26	27	28	29	30
		斜导柱直径 d/mm																													
10°～15°	20	10	12	14	14	16	16	18	18	20	20	20	22	22	22	22	24	24	24	24	24	24	26	26	26	28	28	28	28	28	28
	30	12	14	14	16	18	20	20	22	22	22	24	24	24	24	26	26	26	28	28	28	28	28	30	30	30	30	32	32	32	32
	40	12	14	16	18	20	22	22	24	24	24	26	26	28	28	28	30	30	30	30	32	32	32	32	34	34	34	34	34	36	36
18°～20°	20	10	12	14	16	16	18	18	20	20	20	20	22	22	22	22	24	24	24	24	24	24	26	26	26	28	28	28	28	28	28
	30	12	14	16	18	18	20	20	22	22	22	24	24	24	24	26	26	28	28	28	28	30	30	30	30	30	32	32	32	32	32
	40	12	16	18	18	20	22	22	24	24	24	24	26	28	28	28	30	30	30	30	32	32	32	32	34	34	34	34	34	36	36
22°～25°	20	10	12	14	16	16	18	18	20	20	20	22	22	22	22	24	24	24	24	24	26	26	26	26	28	28	28	28	28	28	30
	30	12	14	16	18	18	20	22	22	22	24	24	24	24	26	26	26	28	28	28	28	28	30	30	30	30	30	32	34	32	34
	40	14	16	18	18	20	22	24	24	24	26	26	28	28	28	30	30	30	30	32	32	32	32	34	34	34	34	34	34	36	36

斜导柱长度的计算是根据抽芯距离 $S_{抽}$、固定端模套板厚度 H、斜导柱直径 d 以及采用的斜角 α 的大小来确定的，如图 4.57 所示。斜导柱总长度 L 的计算公式如下（滑块斜孔引导端入口圆角直径 R 对斜导柱长度尺寸的影响忽略不计）：

$$L = L_1 + L_2 + L_3 = \frac{D-d}{2}\tan\alpha + \frac{H}{\cos\alpha} + d\tan\alpha + \frac{S_{抽}}{\sin\alpha} + (5 \sim 10)(\mathrm{mm}) \tag{4.43}$$

式中，L_1 为斜导柱固定端尺寸，mm；L_2 为斜导柱工作段尺寸，mm；L_3 为斜导柱工作引导端尺寸，mm；$S_{抽}$ 为抽芯距离，mm；H 为斜导柱固定端套板的厚度，mm；α 为斜导柱斜角，(°)；

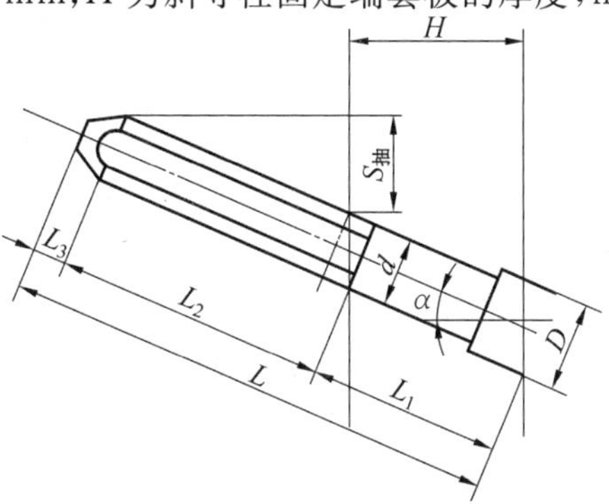

图 4.57 斜导柱长度的计算

d 为斜导柱工作段长度，mm；D 为斜导柱固定端台阶直径，mm。

② 滑块及锁紧装置的设计。

a. 滑块的形式及主要尺寸。图 4.58 所示为常用滑块的基本形式。图(a) 形式的滑块靠底部的倒T形部分导滑，用于较薄的滑块型芯。中心与T形导滑面较靠近，抽芯时滑块稳定性较好。图(b) 的形式适用于滑块较厚时的情况，T 形导滑面设在滑块中间，使型芯中心尽量靠近 T 形导滑面，以提高抽芯时滑块的稳定性。滑块的主要尺寸如图 4.59 所示。尺寸 C、B 是按活动型芯外径最大尺寸或抽芯动作元件的相关尺寸(如斜导柱直径)以及斜导柱受力情况等由设计需要确定的；尺寸 B_1 是活动型芯中心到滑块底面的距离。抽单个型芯时，使型芯中心在滑块尺寸 C、B 的中心。抽多型芯时，活动中心应是各型芯抽芯力的中心，此中心应在滑块尺寸 C、B 的中心；导滑部分厚度 B_2 一般取 15 ～ 25 mm，但要考虑套板强度，不致使套板强度太差；导滑部分宽度 B_3 主要承受抽芯中的开模阻力，应有一定的强度，常取为 6 ～ 10 mm；滑块长度 L 与滑块高度有关，为使滑块工作时运动平稳，一般取滑块长度 $L \geqslant 0.8C$，同时 $L \geqslant B$。

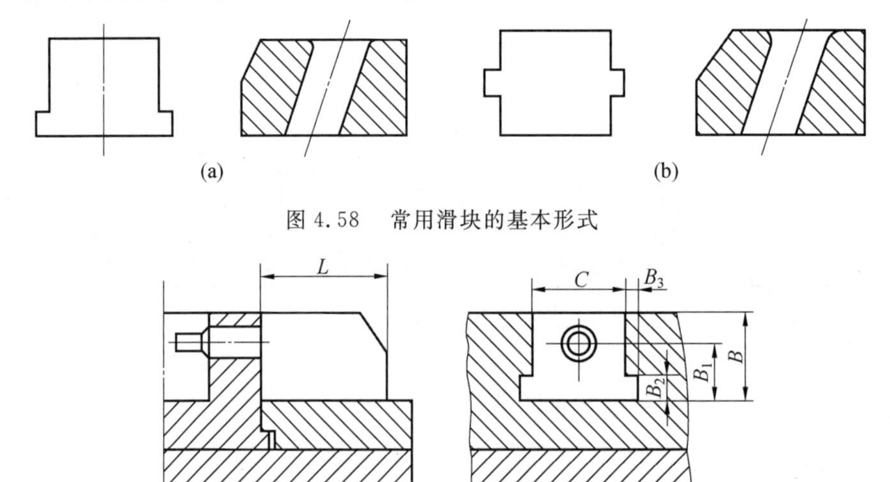

图 4.58 常用滑块的基本形式

图 4.59 滑块的主要尺寸

b. 滑块导滑部分的结构设计。滑块在导滑槽中的运动要平稳可靠，无上下蹿动和卡紧现象。因此，可将滑块导滑部分做成如图 4.60 所示的导滑槽形式。在图 4.60 中，图(a) 为整体式，强度高，稳定性好，但导滑部分磨损后修正困难，用于较小的滑块；图(b)、图(c) 为滑块与导滑件组合形式，导滑部分磨损后可修正，加工方便，用于中型滑块；图(d)、图(e)、图(f) 为滑槽组合镶拼式，滑块的导滑部分采用单独的导滑板或槽板，通过热处理来提高耐磨性，加工方便，也易更换。

滑块在导滑槽内运动时，不能产生偏斜。为此，滑块滑动部分要求有足够的长度，其导滑长度为滑块宽度的 1.5 倍以上。滑块在完成抽芯动作后，留在导滑槽内的长度应不小于滑块长度的 2/3，否则在滑块开始复位时，滑块易产生偏斜而损坏模具。为减少滑块与导滑槽间的磨损，滑块和导滑槽均应有足够的硬度。一般滑块硬度为 HRC53 ～ 58；导滑槽硬度为 HRC55 ～ 60。

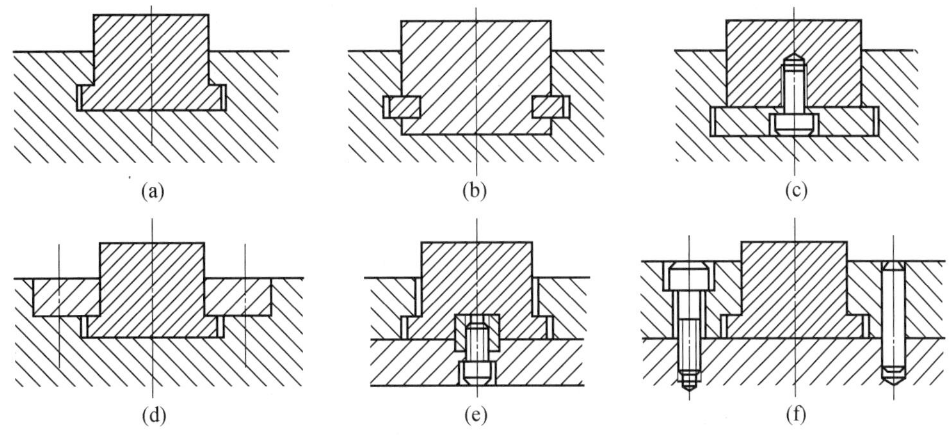

图 4.60 滑块的导滑槽形式

c. 滑块定位装置。开模后，滑块必须停留在刚刚脱离斜导柱的位置上，不可任意移动。否则，合模时斜导柱将不能准确进入斜滑块上的斜孔中，从而使模具损坏。因此，必须设计定位装置，以保证滑块离开斜导柱后能可靠地停留在正确的位置上，它起着保障安全的作用。常用的滑块定位装置如图 4.61 所示。在图 4.61 中，图(a) 为最常用的结构，特别适合于滑块向上抽芯的情况。滑块向上抽出后，依靠弹簧的弹力使滑块紧贴于限位块下方。弹簧的弹力要超过滑块的重力，限位距离 $S_{限}$ 等于抽芯距离 S 再加上 1～1.5 mm安全值，这种结构适用于抽芯距离较短的场合。图(b) 的形式适用于滑块向下运动的情况，抽芯后滑块靠自重下落，落在限位块上，可避免使用螺钉、弹簧等装置，结构简单。图(c) 的结构中弹簧处于滑块内侧，当滑块向上抽出后在弹簧作用下对限位块限位。图(d)、图(e)、图(f) 三种形式均为弹簧销或钢珠限位，结构简单，适合于水平方向抽芯的场合，其中图(e) 的形式适合于模套板特薄的场合。

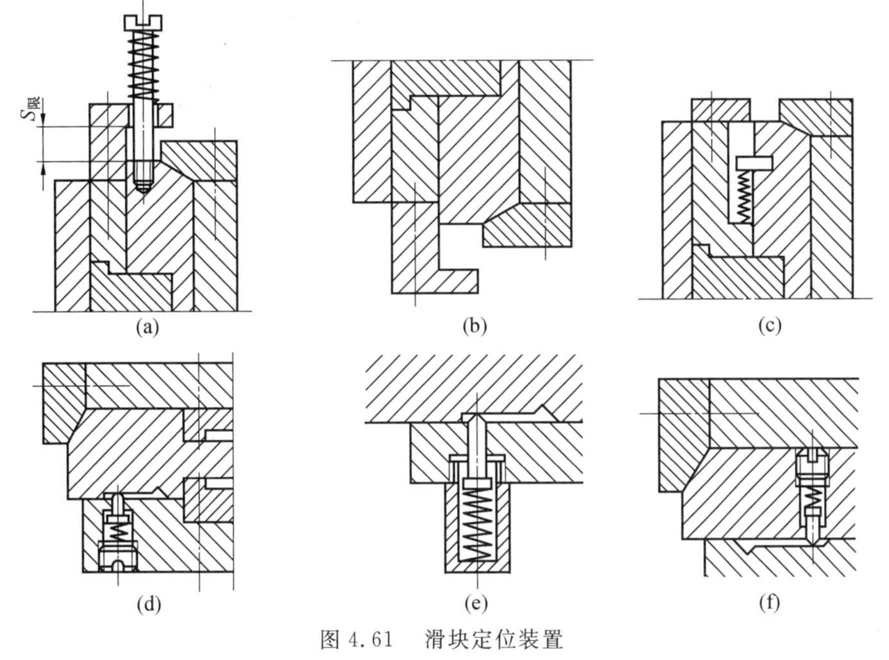

图 4.61 滑块定位装置

d. 锁紧装置。在压铸过程中，型腔内的金属液体以很高的压力作用在侧型芯上，从而推动滑块将力传到斜导柱上而使斜导柱产生弯曲变形，使滑块产生位移，影响压铸件的精度。同时，斜导柱与滑块间的配合间隙也较大，必须要靠锁紧装置来保证滑块的精确位置。压铸模常用的滑块锁紧装置如图 4.62 所示。在图 4.62 中，图(a) 的形式适用于反压力较小的情况。设计时应使紧固螺钉尽可能靠近受力部位，并用销钉定位。这种结构制造简便，便于调整锁紧力，但锁紧刚性差，螺钉易松动。图(b) 的结构是将楔紧块端部延长，在动模套板外侧镶接辅助楔紧块，以增加原有楔紧块的刚性。图(c)、图(d) 的形式是将其楔紧块固定于模套板内，从而使楔紧块强度和刚性得到了提高，用于反压力较大的场合。图(e) 为整体式锁紧，其优点是滑块受到强大的锁紧力不易移动，但缺点是材料消耗较大，并且会因为模套板不经热处理而导致表面硬度低，使用寿命较短，也难于调整压力。图(f) 的结构是对图(e) 的结构进行了改进，楔紧块可进行热处理，提高了耐磨性，便于调整锁紧力，维修方便。

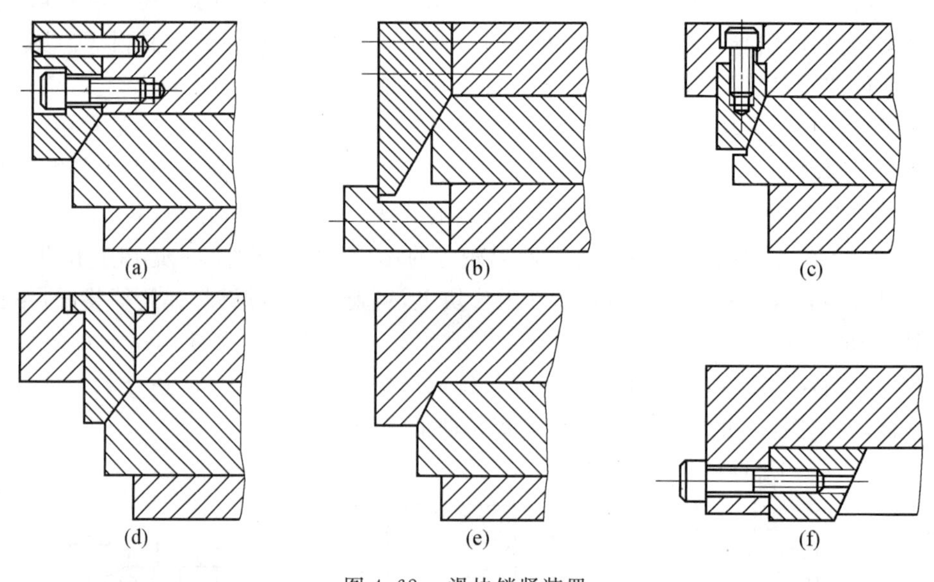

图 4.62　滑块锁紧装置

在设计锁紧装置时应注意，楔紧块的斜角(α') 应大于斜导柱的斜角(α)3° ～ 5°，如图 4.63 所示。

这样在开模时，楔紧块可以很快离开滑块的压紧面，避免楔紧块与滑块间产生摩擦。合模时，在接近合模终点时，楔紧块才接触滑块，并最后锁紧滑块，使斜导柱与滑块孔壁脱离接触，以免在压铸时使斜导柱受力。

e. 滑块与型芯的连接。图 4.64 所示为型芯与滑块的各种连接方法。当型芯尺寸较大时，可将型芯尾端加工成台阶，用定位销与滑块连接，型芯与滑块孔采用滑动配合，如图 4.64(a) 所示。小型芯可用图 4.64(b) 的方法连接；薄片型芯的连接如图 4.64(c) 所示。如图 4.64(d) 所示，大型芯用燕尾槽与滑块连接，小型芯镶入大型芯内固定。若型芯较多时，也可采用图 4.64(e) 的形式，或将型芯插入固定板，固定板用骑缝销与滑块连接，如图 4.64(f) 所示。

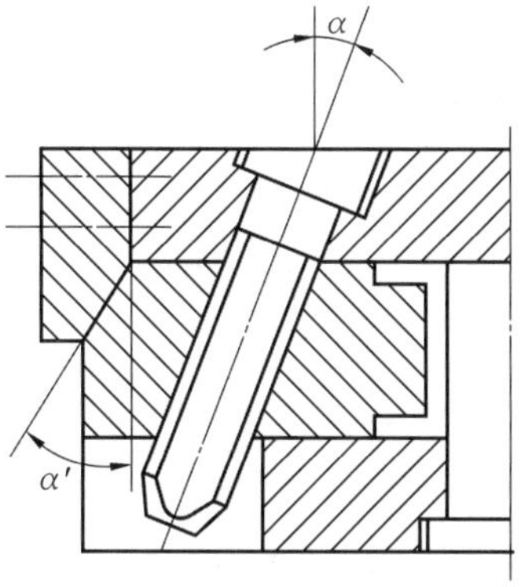

图 4.63　楔紧块斜角及斜导柱斜角

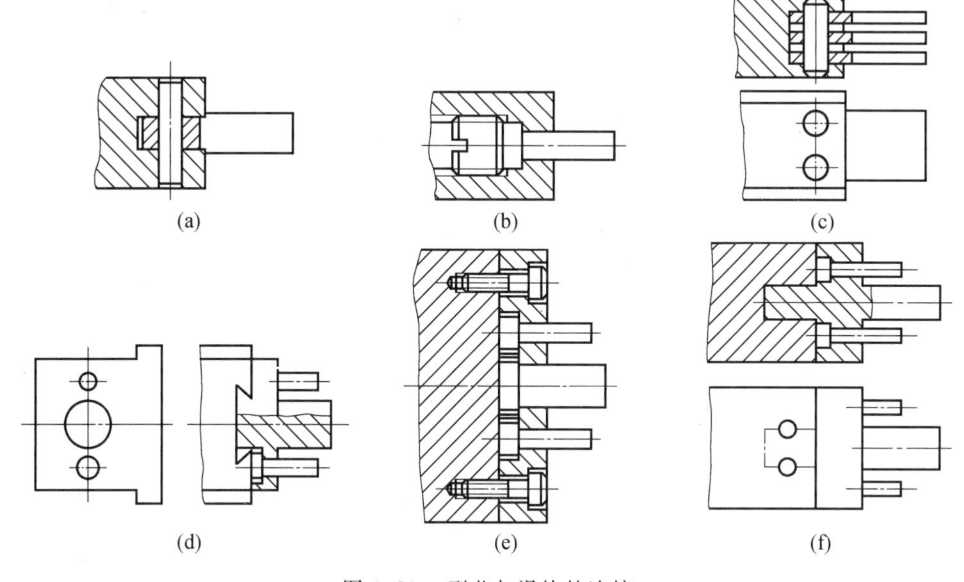

图 4.64　型芯与滑块的连接

4. **弯销抽芯机构**

(1) 弯销抽芯机构的特点。

弯销抽芯机构如图 4.65 所示，其工作原理与斜导柱工作原理基本相同，但相对于斜导柱抽芯机构又有其自身的特点。

① 弯销有矩形的截面，能承受较大的弯曲应力。

② 弯销的各段可以加工成不同的斜度，甚至是直段，因此根据需要可以随时改变抽芯速度和抽芯力或实现延时抽芯。例如，在开模之初，可采用较小的斜度以获得较大的抽芯力，然后用较大的斜角以获得较大的抽芯距离。当弯销做出不同的几段时，弯销孔也应做出相应的几段与之配合，一般配合间隙为 0.5 mm 或更大，以免弯销在弯销孔内卡死(图 4.66)，或者在滑孔内设置滚轮，以适应弯销的角度变化并减少摩擦力，如图 4.67 所示。

③ 抽芯力较大或型芯离分型面较远时，可以在弯销末端安装支撑块，以增加弯销的

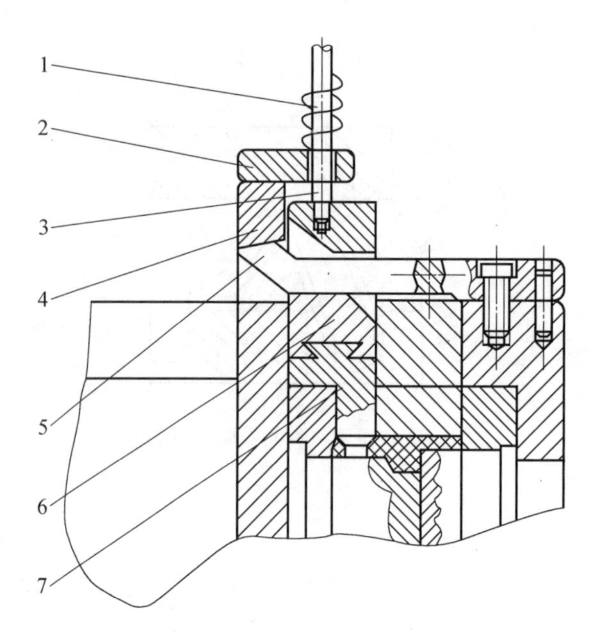

图 4.65　弯销抽芯机构

1— 弹簧；2— 限位块；3— 螺钉；4— 楔紧块；5— 弯销；6— 滑块；7— 型芯

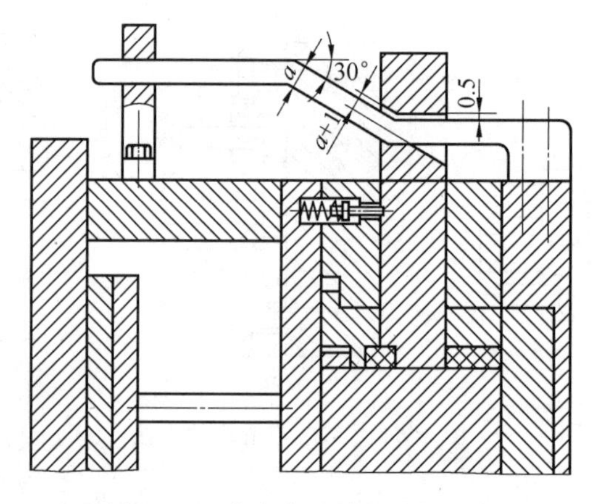

图 4.66　变角弯销抽芯时的配合

强度，如图 4.68 所示。

④ 开模后，滑块可以不脱离弯销，因此可以不用定位装置。但在脱模的情况下，需设置定位装置。

⑤ 弯销抽芯的特点是弯销制造困难大，制造较费时。

(2) 弯销的结构形式。

弯销的结构形式如图 4.68 所示，其截面大多数为方形和矩形。在图 4.68 中，图(a)的受力情况比斜导柱好，制造较困难；图(b) 适用于抽芯距离较小的场合，同时起导柱的作用，模具结构紧凑，制造较方便；图(c) 无延时抽芯要求，抽拔离分型面垂直距离较近的型芯。弯销头部倒角便于合模时导入滑块孔内；图(d) 适用于抽拔离分型面垂直距离较远的、有延时抽芯要求的型芯。

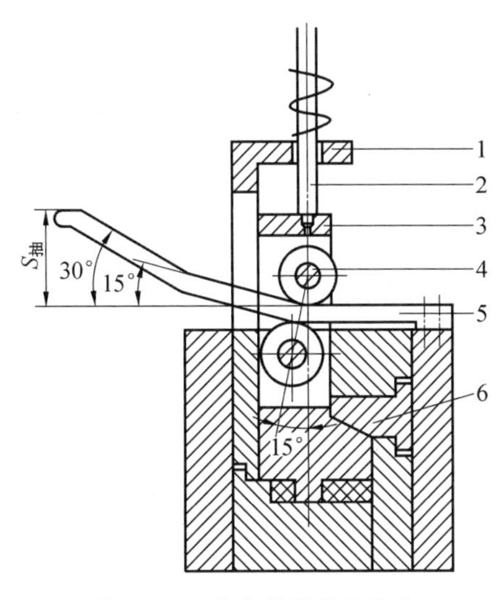

图 4.67 变角弯销抽芯机构

1— 支承滑块的限位块；2— 螺塞；3— 滑块；4— 滚轮；5— 变角弯销；6— 楔紧块

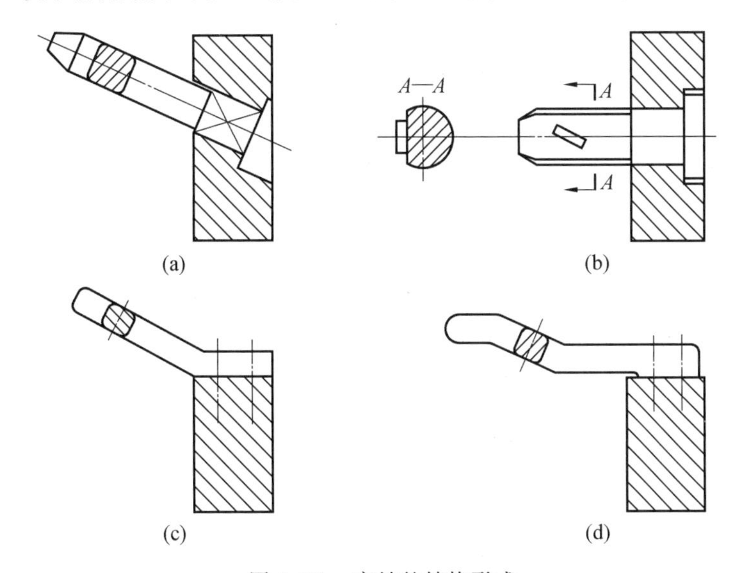

图 4.68 弯销的结构形式

(3) 弯销抽芯中滑块的锁紧。

弯销抽芯机构中的滑块在压铸过程中受到模具型腔压力的作用会发生位移，因此，必须对滑块进行锁紧。而弯销与斜导柱相比，能承受较大的弯矩，所以，当滑块承受的压力不大时，可以直接用弯销锁紧，如图 4.69(a) 所示；当型芯及压力较大时，可在弯销末端装支撑块来增加强度，如图 4.69(b) 所示；当型芯和滑块受到压力很大时，则需要另加楔紧块，如图4.69(c) 所示。为了保证抽芯机构的正常工作，当 $\alpha > \alpha_1$ 时，则必须保证 $S_{延} > S$。

(4) 弯销尺寸的确定。

弯销尺寸与滑块孔的配合情况如图 4.70 所示。

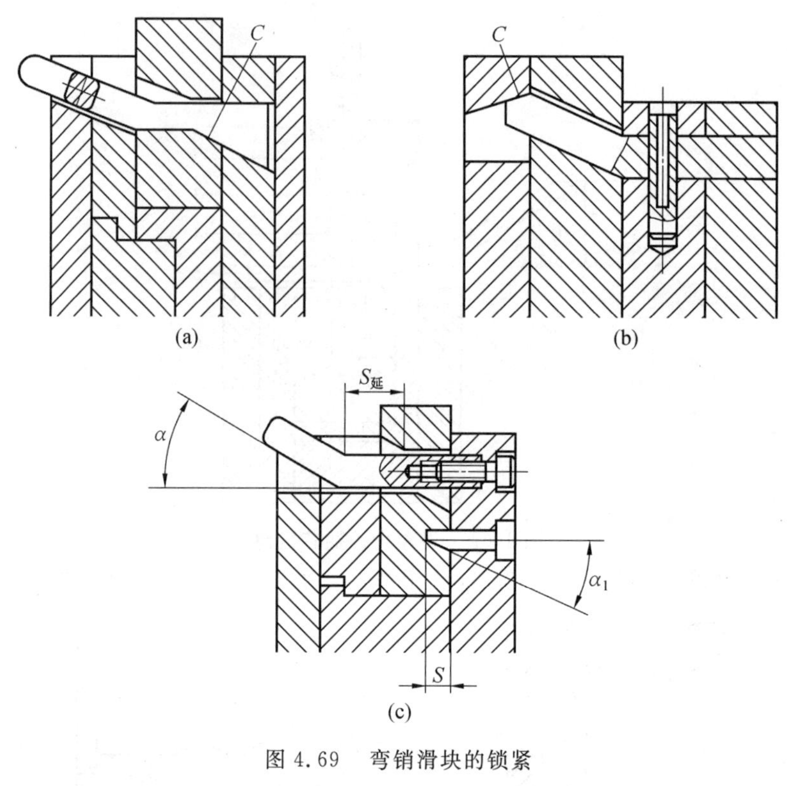

图 4.69 弯销滑块的锁紧

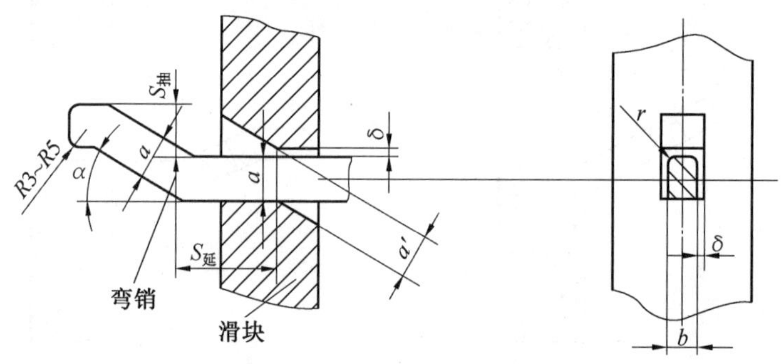

图 4.70 弯销尺寸与滑块孔的配合情况

① 弯销斜角的确定。

弯销斜角α越大，抽芯距$S_{抽}$越大，弯销所受的弯曲力也越大，因此在抽芯距离短而抽芯力大时斜角α取小值；当抽芯距离长、抽芯力小时，弯销斜角α取大值。常用α值为10°、15°、18°、20°、22°、25°、30°。

② 延时抽芯距离的确定。

a. 当交叉型型芯抽芯时，按第一级抽芯所需的抽芯距离求出第二级抽芯所需的延时行程。

b. 定模型芯包紧力较大时，开模一定距离后，先卸除定模型芯包紧力，再抽出动模型芯，则

$$S_{延}=(\frac{1}{3}\sim\frac{1}{2})h \tag{4.44}$$

式中，$S_{延}$ 为延时抽芯距离，mm；h 为定模型芯成型高度，mm。

c. 楔紧角小于斜角时，开模时先脱出楔紧块高度后再带动滑块抽芯，则

$$S_{延}\geqslant S \tag{4.45}$$

式中，S 是楔紧块伸入滑块的高度，mm。

③ 弯销宽度的确定。

为保证弯销在工作的时候稳定可靠，应使弯销具有一定的宽度，具体宽度的计算可以按照下列公式来进行：

$$b=\frac{2}{3}a \tag{4.46}$$

式中，b 为弯销的宽度，mm；a 为弯销的厚度，mm。

④ 弯销厚度的确定。

弯销的厚度一般根据抽芯力的大小、抽芯角度大小和抽芯距离的大小而定。

⑤ 弯销与孔的配合间隙。

弯销与孔的配合间隙如图 4.70 所示，对于滑块斜孔，$a'=a+1$（mm），配合间隙取 $\delta=0.5\sim1$（mm）。

(5) 变角弯销的特点与应用。

变角弯销抽芯用于抽拔抽芯距离较长，抽芯力又较大的场合，结构如图 4.67 所示，在起始段，一般 α 取较小的角度，以承受较大的抽芯力；在抽出一段距离后，弯销的作用主要是为了带动滑块的移动，所以弯销的斜角一般取得较大，这样滑块就能快速移动，并且能够获得较长的抽芯距离。变角弯销克服了弯销受力与抽芯距离 $S_{抽}$ 的矛盾，从而弯销的截面与长度都可以做得较小，使模具结构简单紧凑，并且节省材料。

在设计过程中应注意，一般在滑块孔内要设置滚轮与弯销呈滚动摩擦，以适应弯销角度的变化并减少摩擦力。

变角弯销的工作段尺寸如图 4.71 所示，各段的具体尺寸根据需要而进行设计。

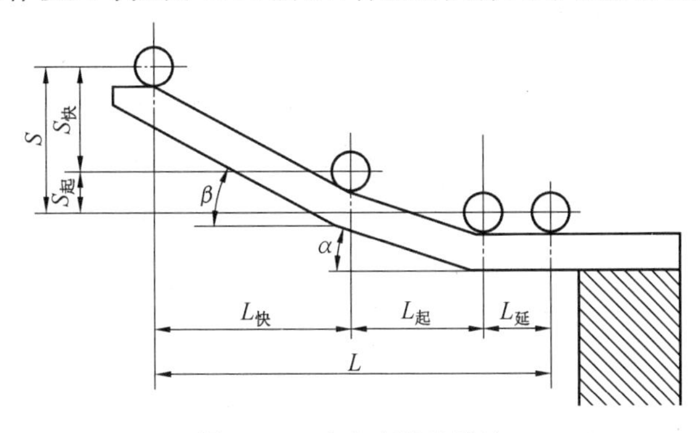

图 4.71 变角弯销的设计

5. **斜滑块抽芯机构**

(1) 工作原理及结构特点。

① 工作原理。

斜滑块抽芯机构如图 4.72 所示，图 4.72(a) 为合模状态。合模时，斜滑块 5 端面与定模分型面接触，使滑块进入动模套板 2 内复位，直至动、定模完全闭合。各斜滑块间密封面由压铸机锁模力锁紧。开模时，压铸机顶杆推动模具推杆 4，推杆推动滑块向右。在推出过程中，由于动模套板内斜导槽的作用，使滑块在向前移动的同时也向两侧移动分型，在推出铸件的同时也脱出铸件的侧凹或侧孔，如图 4.72(b) 所示。

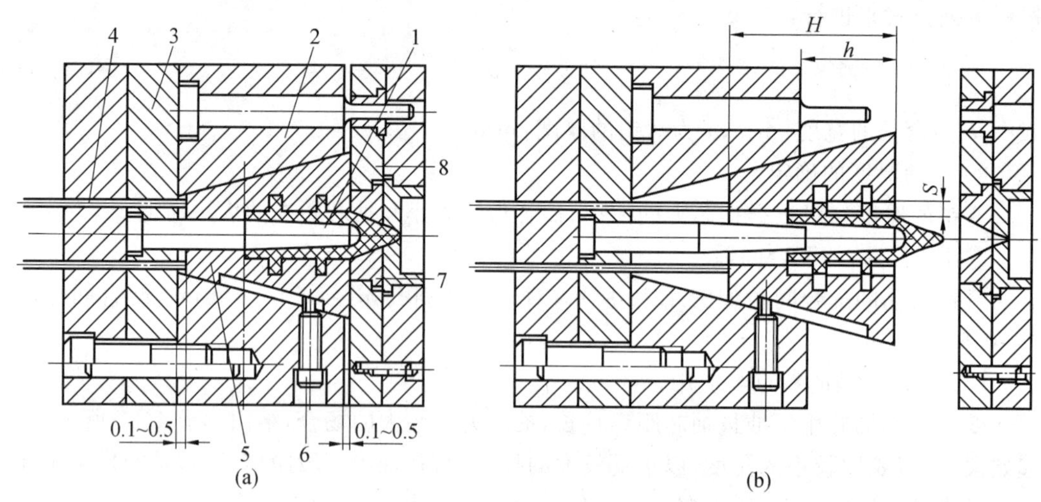

图 4.72　斜滑块抽芯机构

1— 型芯；2— 动模套板；3— 型芯固定板；4— 推杆；5— 斜滑块(型芯)；6— 限位螺钉；7— 定模镶块；8— 定模套板

② 结构特点。

从斜滑块的工作原理可以看出，该结构有如下特点：

a. 斜滑块抽芯机构的抽芯距离不能太长，其结构较简单。

b. 抽芯与推出的动作是重合在一起的。

c. 斜滑块的范围和锁紧是依靠压铸机的锁模力来完成的，所以在套板上会产生一定的预紧力，使各斜滑块侧面间具有良好的密封性，可以防止金属液蹿入滑块间隙形成飞边，影响铸件的尺寸精度。

(2) 斜滑块抽芯机构的设计要点。

① 通过合模后的锁紧力压紧斜滑块，在套板上可产生一定的预应力，使斜滑块之间的密封性增强，防止形成飞边及影响铸件的精度。这就要求滑块与套板之间具有良好的装配要求，如图 4.72 所示。斜滑块 5 底部与动模套板 2 之间应有 0.5 ～ 1 mm 的间隙。斜滑块端面应高出动模套板分型面 0.1 ～ 0.5 mm。

② 在多块斜滑块的抽芯机构中推出时间需要同步，其目的是防止铸件因受力不均匀而产生形变，影响铸件尺寸精度，使推出时间达到同步的方法如下。

a. 在两滑块上增加横向导销，强制斜滑块同步，如图 4.73 所示。

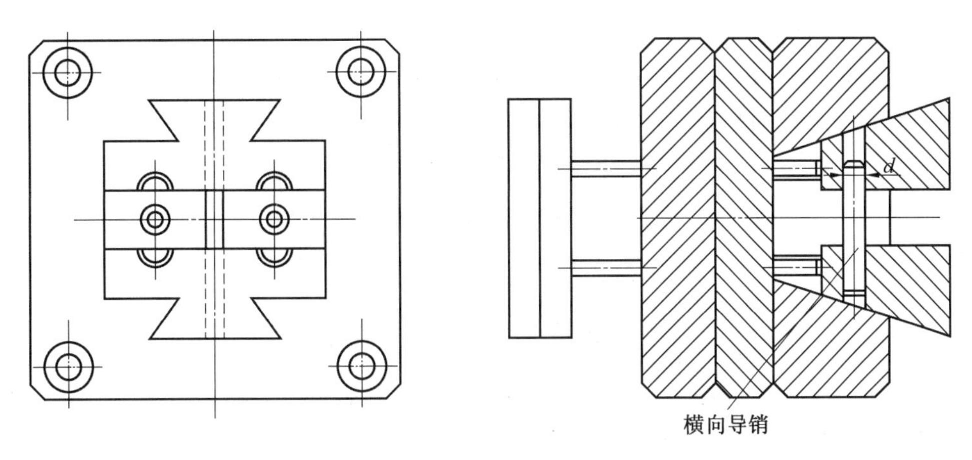

图 4.73　通过横向导销保持同步的结构

b. 推出机构的推杆前端增设导向套，使推杆导向平稳，从而保证斜滑块推出的同步，如图 4.74 所示。

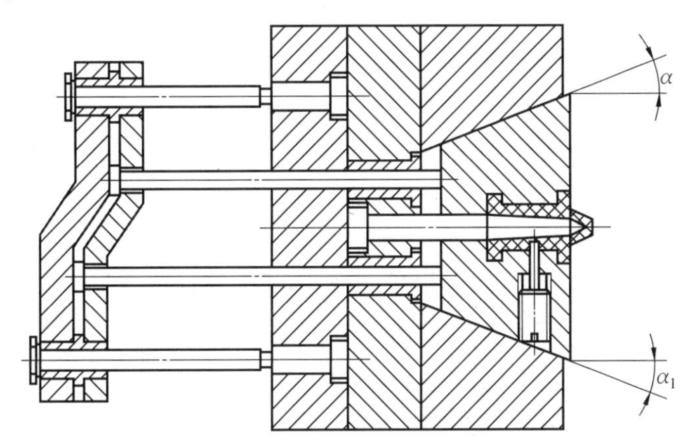

图 4.74　通过推杆导向套保持同步的结构($\alpha_1 \neq \alpha$)

c. 采用斜滑块及卸料板组成的复合推出机构(图 4.75)，以达到同步的效果。该结构加工精度较高，推出铸件后卸料板会挡住型芯，喷洒涂料较困难。

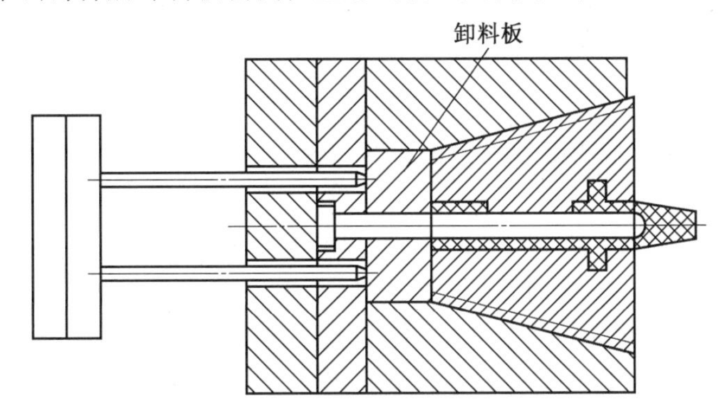

图 4.75　通过复合推出保持同步的机构

③ 在定模型芯包紧力较大的场合，开模时斜滑块和铸件可能留在定模型芯上，或斜

滑块受到定模型芯的包紧力而产生位移使铸件变形。此时，应设置强制装置，确保开模后斜滑块稳定地留在动模套板内。如图 4.76 所示，开模时斜滑块受限位销的作用，避免斜滑块的径向移动，从而强制斜滑块留在动模套板内。

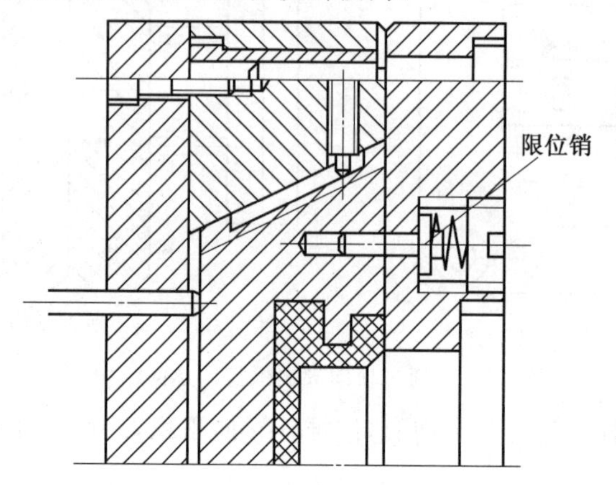

图 4.76　限位销强制斜滑块留在动模套板内的结构

④ 防止铸件留在一侧斜滑块上的措施。

a. 动模部分应设置可靠的导向元件，使铸件在推出承受侧向拉力时仍能沿着推出方向在导向元件上滑移，防止铸件在推出和抽芯的同时由于各斜滑块的抽芯力大小不同而将铸件拉向抽芯力大的一边，使铸件取出困难。

图 4.77 所示为无导向元件的结构。开模后铸件留在抽芯力较大的一侧，影响铸件的取出。如图 4.78 所示，该结构采用动模导向型芯，避免铸件留在斜滑块一侧。

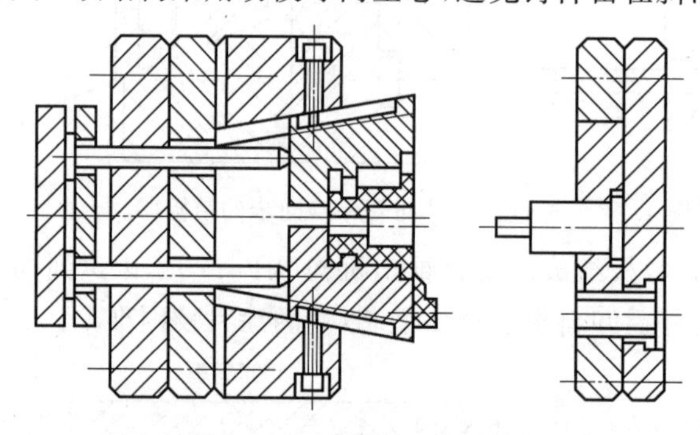

图 4.77　无导向元件的结构

b. 斜滑块成型部分应有足够的脱模斜度和较小的表面粗糙度，防止铸件受到较大的侧向拉力而发生变形。

⑤ 内斜滑块的端面应低于型芯的端面，如图 4.79 所示，$\delta=0.05\sim0.10$ mm。否则，在推出铸件时，内斜滑块的端面会陷入铸件底部，阻碍内斜滑块的径向移动。在内斜滑块边缘的径向移动范围（即 $L>L_1$）内，铸件上不应有台阶，否则阻碍内斜滑块的活动。

⑥ 对于抽芯距离较长或推出力较大的斜滑块，工作时，斜滑块的底部与推杆的端面的摩擦力较大，在这两个端面上，应有较高的硬度和较低的表面粗糙度。此外，还可以设置滚轮推出机构，减少端面的摩擦力，但应保持斜滑块的同步推出。

图 4.78 动模导向型芯结构

1— 导向型芯；2— 限位螺钉

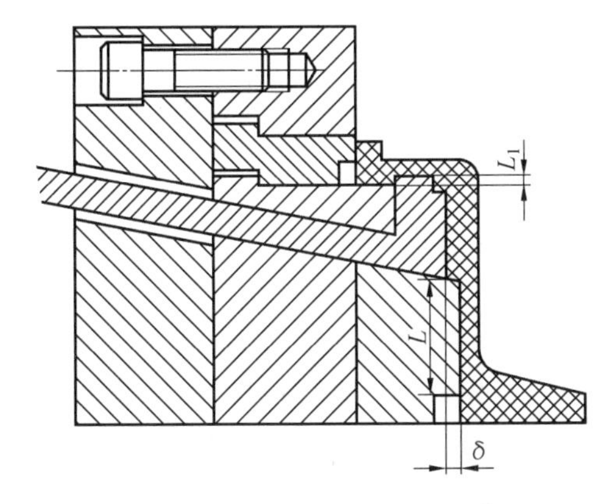

图 4.79 内斜滑块的端面结构

⑦ 对斜滑块的推出距离的控制，除了可以用推板和支承板之间的距离进行限制外，还应设置限位螺钉，特别对于模具下面的斜滑块，推出后往往会因为重力而滑出导向槽，所以应特别设置限位机构。

⑧ 斜滑块的主分型面上应尽量不设置浇注系统，防止金属进入套板和斜滑块的配合间隙。在特定情况下，可将浇道设置在定模分型面上（图 4.80）。如果采用缝隙浇道，可设置在垂直分型面上，但都以不阻碍斜滑块的径向顺利移动为原则。

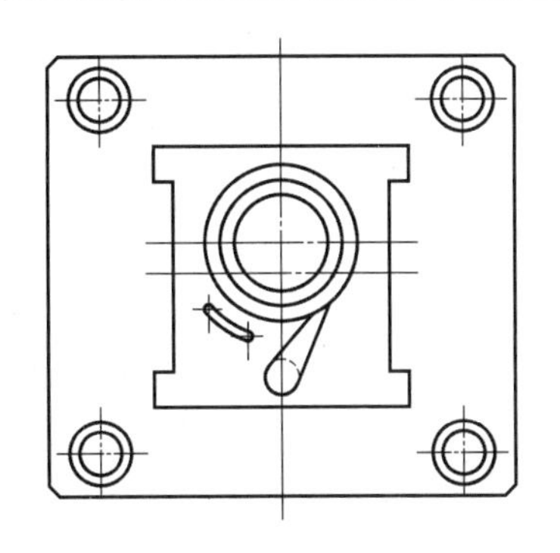

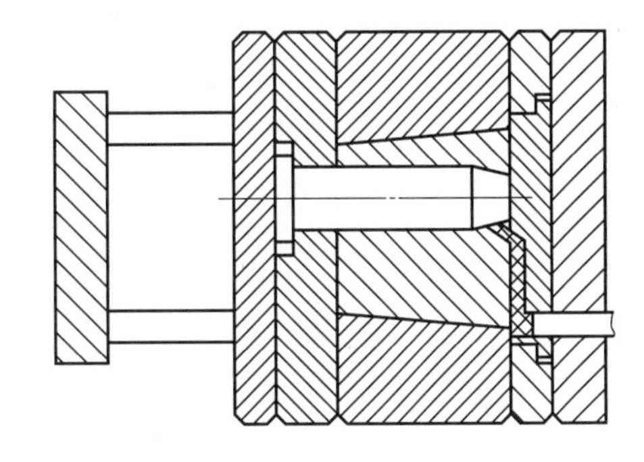

图 4.80 将浇道设置在定模分型面上

在垂直分型面上设置溢流槽时，流入口的截面厚度应增加至 1.2 ～ 1.5 mm，防止取出铸件时断落在滑块的某一部分上，合模时挤坏滑块。

⑨ 带有深腔的铸件，采用斜滑块抽芯时，需要计算开模后能取出铸件的开模行程。

⑩ 推出高度 l 可以由下式计算：

$$l=\frac{S_{抽}}{\tan\alpha} \tag{4.47}$$

式中，$S_{抽}$ 为斜滑块的抽芯距离，mm；α 为斜滑块的斜角，(°)。

推出高度是斜滑块在推出时做轴向运动的全行程，即推出行程或抽芯距离。确定推出高度的原则如下：

a. 当斜滑块处于推出的终止位置时，应以充分卸除铸件对型芯的包紧力为原则，同时必须完成所需的抽芯距离。

b. 斜滑块推出高度与斜滑块的导向斜角有关。随导向斜角变小，留在套板内的导滑长度可减少，而推出高度可增加。

⑪ 导向斜角 α 需要在确定推出高度 l 及抽芯距离 $S_{抽}$ 后按下列公式求出：

$$\alpha=\operatorname{arccot}\frac{S_{抽}}{l} \tag{4.48}$$

按式(4.48)计算的 α 值较小，应进位取整数值后再按推荐值选取，一般 $\alpha\leqslant 25°$。

(3) 斜滑块的基本形式。

斜滑块的基本形式如图 4.81 所示。在图 4.81 中，图(a)为常用的结构，适用于抽芯和导向斜角较大的场合，导向部分牢固可靠，但导向槽部分的加工工作量较大，也可以将导向槽加工成图(b)所示的燕尾槽形式。图(c)所示为双圆柱销导向的结构，导向部分加工方便，用于多块斜滑块模具，抽芯力和导向斜角中等。图(d)为单圆柱销导向的结构，导向部分结构简单，加工方便，适用于抽芯力和导向斜角较小的场合，滑块宽度也不能太大。图(e)采用的是斜导销导向形式，适用于抽芯力较小，导向斜角较大的场合。有时也

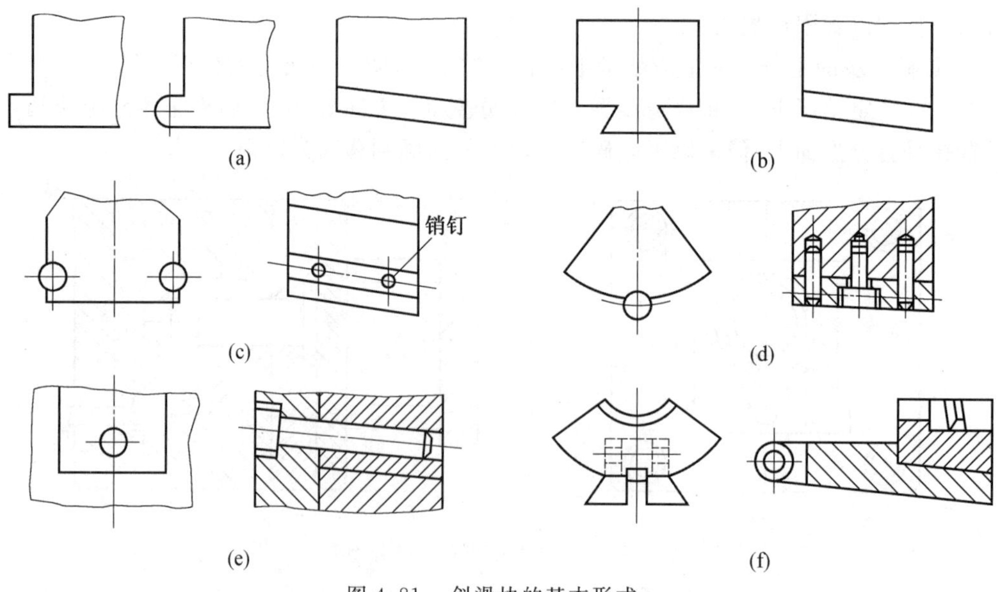

图 4.81 斜滑块的基本形式

可将斜滑块和推杆进行组合,如图(f) 所示。推杆尾部设置滑轮是为了减轻推杆与推板之间的摩擦力。这种结构形式能承受较大的推出力,可靠性好,适用于推出高度较大或抽芯长度较长的场合。

6. **齿轴、齿条抽芯机构**

(1) 工作原理。

齿轴、齿条抽芯机构如图4.82所示。合模时,装在定模上的楔紧块6与齿轴5端面的斜面楔紧,齿轴5承受顺时针方向的力矩,通过齿轴上的齿与齿条滑块4上的齿相互作用,使滑块楔紧。开模时,楔紧块6脱开,由于传动齿条3上有一段延时抽芯距离,因此传动齿条3与齿轴5不发生作用。当楔紧块完全脱开,铸件从定模中脱出后,传动齿条才与齿轴啮合,从而带动齿条滑块及活动型芯7从铸件中抽出。最后,在推出机构的作用下将铸件完全推出。抽芯结束后,齿条滑块由可调的限位螺钉1限位,保持复位时齿条与齿轴的顺利啮合。

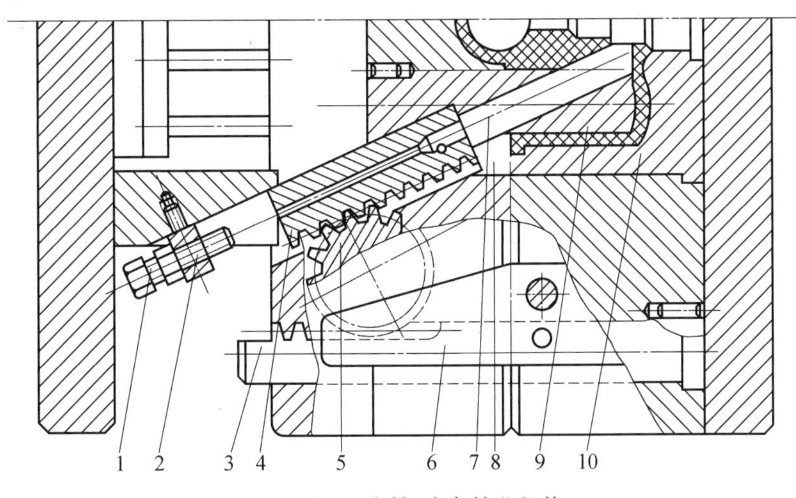

图4.82 齿轴、齿条抽芯机构

1— 限位螺钉;2— 螺钉固定块;3— 传动齿条;4— 齿条滑块;5— 齿轴;6— 楔紧块;7— 活动型芯;8— 动模;9— 动模型芯;10— 定模

(2) 齿轴、齿条布置在定模上的抽芯机构要点。

① 传动齿条的齿形。从加工方便和具备较高的传动强度方面考虑,宜采用渐开线短齿;从设计角度来考虑,为达到传动平稳,开始啮合条件较好等标准,取下列几何参数:$m=3$、齿轴齿数 $z=12$、压力角 $\alpha=20°$。以下有关计算皆以上述参数为依据。

② 常用的传动齿条的截面形式有如下两种:

a. 装于模具内侧的啮合传动,采用圆形截面装在固定部分,应采用止转销定位(图4.83)。

b. 装于模具外侧的啮合传动,采用矩形截面传动,受力段应采用滚轮压紧(图4.84)。

③ 齿轴、齿条的模数及啮合的宽度是决定机构承受抽芯力的主要参数,当 $m=3$ 时,可承受的抽芯力 F 按下式估计:

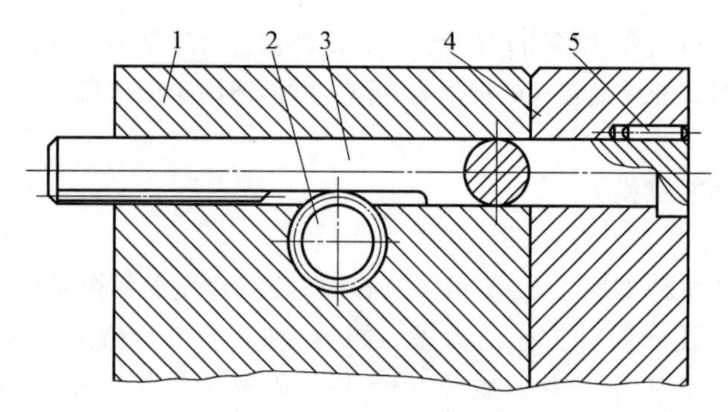

图 4.83 圆截面传动齿条
1— 动模;2— 齿轴;3— 齿条;4— 定模;5— 止转销

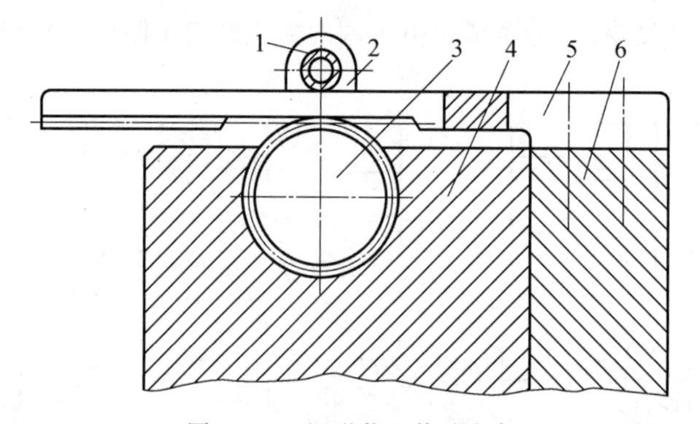

图 4.84 矩形截面传动齿条
1— 滚轮;2— 座架;3— 齿轴;4— 动模;5— 齿条;6— 定模

$$F = 3\ 500B \tag{4.49}$$

式中,F 为抽芯力,N;B 为啮合宽度,cm。

④ 开模结束时,传动齿条与齿轴脱开,为了保证合模时传动齿条与齿轴的顺利啮合,齿轴应位于正确的位置上,为达到此目的,齿轴应有定位装置,如图 4.85 所示。

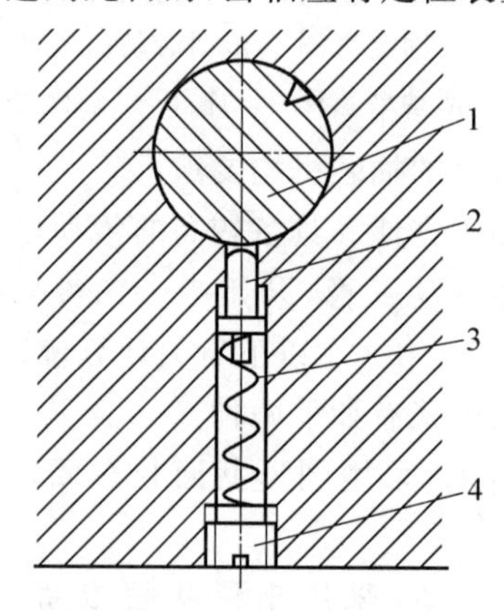

图 4.85 齿轴的定位装置
1— 齿轴;2— 定位装置;3— 弹簧;4— 螺塞

合模结束后，传动齿条上有一段延时抽芯距离，传动齿条与齿轴也脱开，通过对齿条滑块的楔紧，使齿轴的基准齿的对称中心线A与传动齿条保持垂直，以保证开模抽芯时准确啮合，如图4.86所示。

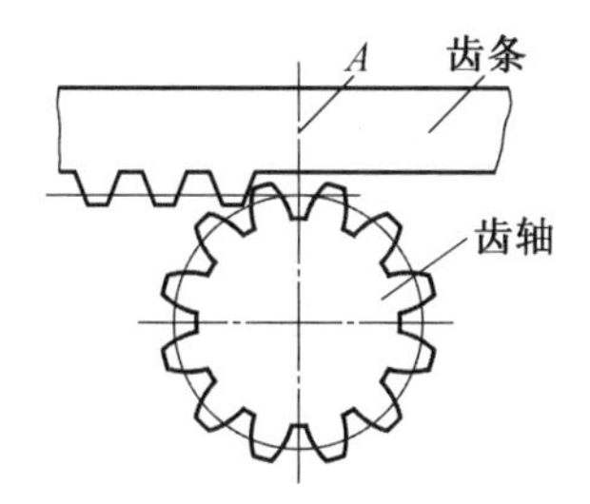

图4.86 齿轴、齿条的正确位置

⑤ 齿条滑块合模结束时，楔紧装置可按下述标准选用：齿条滑块与分型面平行或倾斜角不大时，一般可根据斜滑块的楔紧装置来设计。传动齿条上均有一段延时抽芯距离，开模时，先脱离楔紧块、后抽芯。

(3) 滑套齿条、齿轴抽芯机构。

① 工作原理。

图4.87(a)所示为合模状态。由固定在定模上拉杆的头部台阶，压紧在滑套齿条2的孔螺塞4的端面，通过齿啮合来楔紧齿条滑块5。

图4.87(b)所示为开模状态。在开模初期，固定于定模上的拉杆1上有一段空行程$S_{空}$，因此开模初期不抽芯。当拉杆头部的台阶与滑套齿条孔的上端面接触后，滑套齿条开始带动齿轴3转动，拨动齿条滑块5开始抽芯，当达到压铸机最大开模行程时，型芯应完全脱离铸件。

合模时，拉杆在滑套齿条内滑动一段空行程$S_{空}$，当拉杆头部与滑套齿条内孔螺塞端面接触，滑套齿条开始推动齿轴转动，拨动齿条滑块插芯至模具完全闭合，完成复位动作。

② 机构特点。

抽芯过程及开、合模终止时，滑套齿条、齿轴及齿条滑块始终是啮合的，所以不需要设置限位装置；并且，机构工作时间啮合情况良好，不易产生碾齿现象。但滑套齿条过长时，会使模具的厚度增加，因此不能用于抽拔较长的侧抽芯型芯。

(4) 利用推出机构推动齿轴、齿条的抽芯机构。

当抽芯距离不长时，可采用图4.88所示的齿轴、齿条抽芯机构，将齿条安装于动模。合模时，由于伸出动模面的传动齿条14比复位杆长，因此，定模套板先与传动齿条14接触，推动一次推板2后退，同时带动齿轴16，型芯齿条滑块15复位。当合模结束后，二次推板5与支柱7相接触。开模时，铸件首先从定模9部分脱离。当压铸机顶杆推动一次推板2使传动齿条向前移动时，带动齿轴16、齿条滑块15进行抽芯。抽芯结束后，一次推板2碰到二次推板5，推动二次推板向前运动，从而将铸件推出。这种机构在开模及合模终止时，各齿间不脱离啮合，因此，不会产生齿条与齿轴的干涉现象。但该机构推出部分行程较长，模具厚度较大。

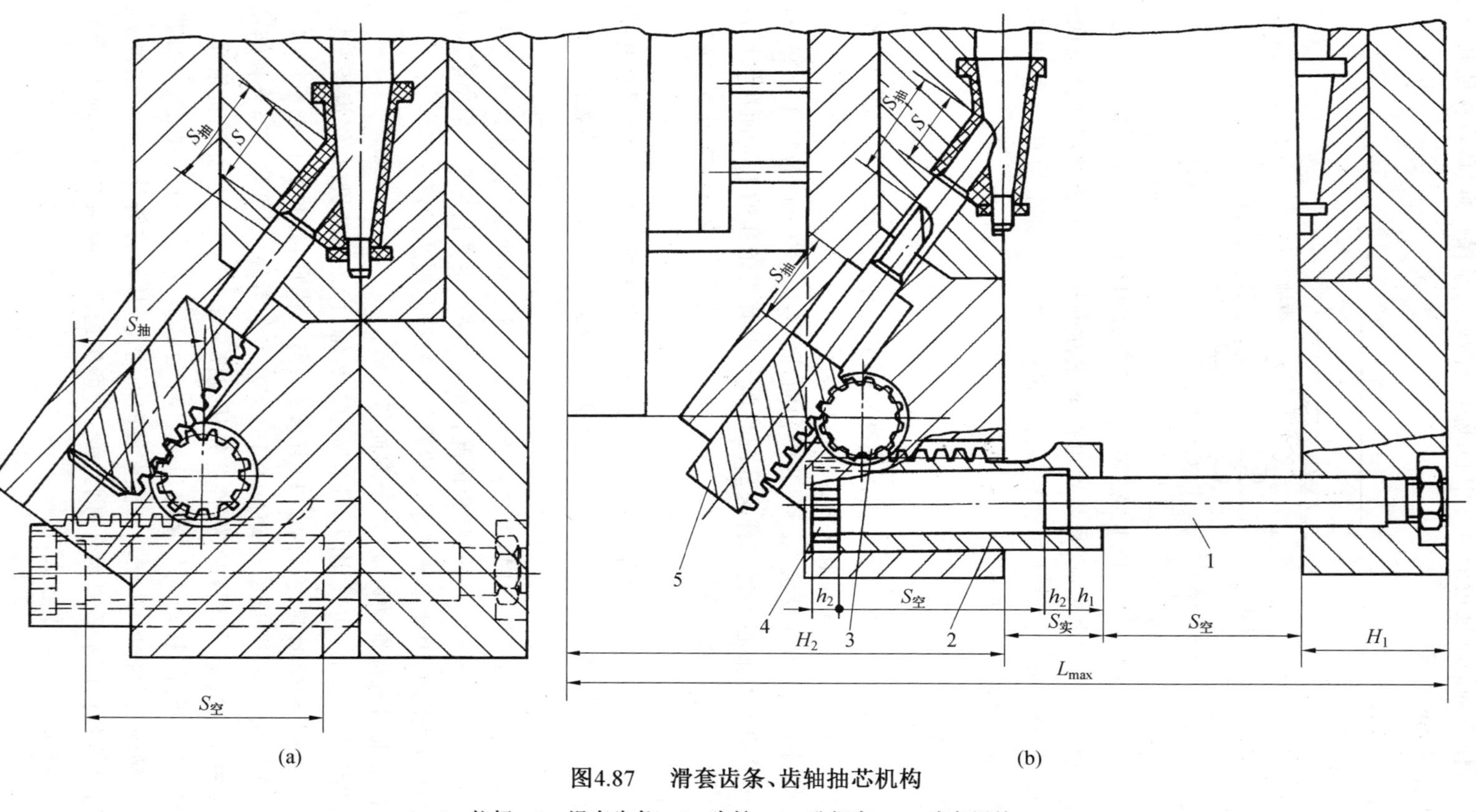

图4.87　滑套齿条、齿轴抽芯机构

1—拉杆；2—滑套齿条；3—齿轴；4—孔螺塞；5—齿条滑块

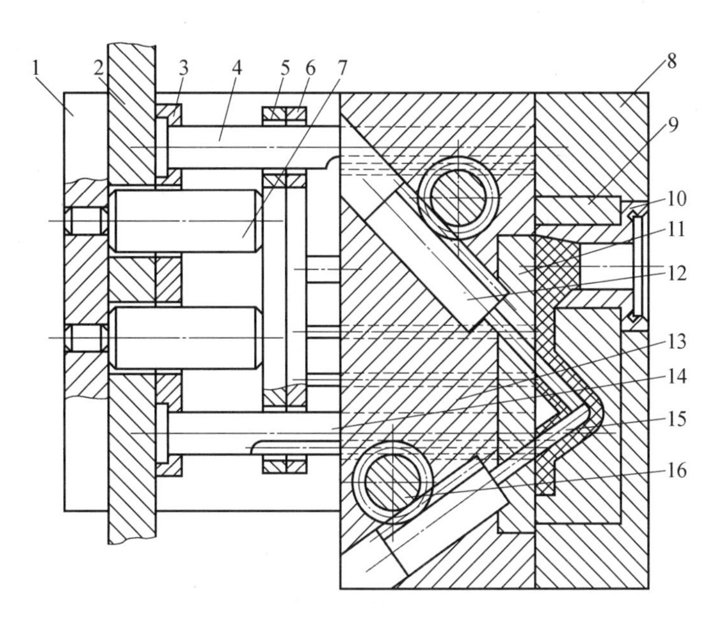

图 4.88　利用推出机构推动齿轴、齿条的抽芯机构

1— 动模座板；2— 一次推板；3— 齿条固定板；4— 齿条；5— 二次推板；6— 推杆固定板；
7— 支柱；8— 定模套板；9— 定模；10— 浇道套；11— 动模；12,15— 齿条滑块；
13— 动模套板；14— 传动齿条；16— 齿轴

7. 液压抽芯机构

(1) 工作原理及特点。

液压抽芯机构由液压抽芯器，抽芯器座及联轴器等组成。联轴器将滑块拉杆与抽芯器连成一体。液压抽芯机构的特点如下：

① 可以抽拔阻力较大、抽芯距较长的型芯。

② 可以抽拔任何方向的型芯。

③ 可以单独使用，随时开动。当抽芯器压力大于型芯所受反压力的 1/3 左右时，可以不装楔紧块。这样，可以在开模前进行抽芯，使铸件不易变形。

④ 抽芯器为通用件，规格已经系列化，有 10 kN、20 kN、30 kN、40 kN、50 kN、100 kN。用液压抽芯可以使模具结构缩小。

(2) 液压抽芯机构设计要点。

① 滑块受力分析计算。当抽芯器设置在动模上，而且活动型芯的投影面积较大时，为防止在压铸时型芯受到型腔反压力的作用而后移，应设置斜楔限位装置。滑块的受力状况如图 4.89 所示。

a. 楔紧滑块所需的作用力 $F_{作}$ 按下式计算：

$$F_{作} \geqslant K\frac{F_{反}-F_{锁}}{\cos\alpha}=K\frac{pA-F_{锁}}{\cos\alpha} \tag{4.50}$$

式中，$F_{反}$ 为压铸时的反压力，N；p 为压射比压，MPa；A 为受压铸反力的投影面积，mm^2；K 为安全系数(取 1.25)；$F_{锁}$ 为抽芯器锁芯力，N，具体计算公式见表 4.57；α 为滑块楔紧角，(°)。

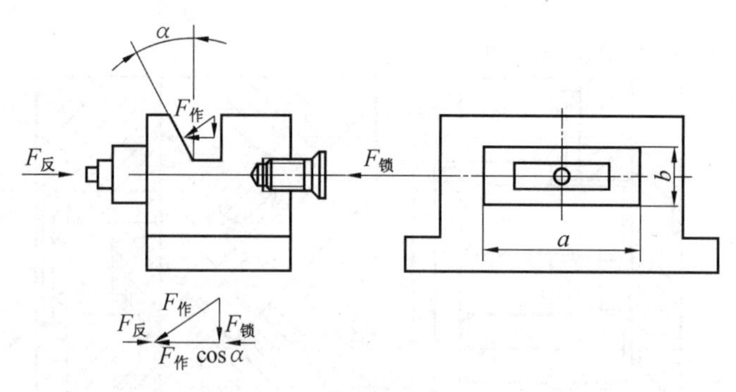

图 4.89　滑块的受力状况

b. 锁芯力的设计。液压抽芯机构中，当抽芯器设置在定模时，开模前须先抽芯，不能设置楔紧块，只能依靠抽芯器本身的锁芯力锁住滑块型芯。锁芯力的计算取决于抽芯器活塞的面积和油路压力，此外，还与压铸机的油路系统有关。当抽芯器的前腔有常压时，锁芯力较小；当抽芯器的前腔道回油时，锁芯力大。抽芯器锁芯力的计算见表4.57。

表 4.57　抽芯器锁芯力的计算公式

	抽芯时有背压	抽芯时无背压
简图	D, d, p, OT	D, d, OP
已知抽芯器活塞直径的计算公式	$F_{锁}=\dfrac{p\pi d^2}{4}$	$F_{锁}=\dfrac{p\pi D^2}{4}$
已知抽芯器活塞杆直径的计算公式		$F_{锁}=F_{抽}+\dfrac{p\pi d^2}{4}$
说明	D 为抽芯器活塞直径，mm；d 为抽芯器活塞杆的直径，mm；p 为管路压力，MPa；$F_{锁}$ 为抽芯器锁芯力，N；$F_{抽}$（$F_{抽}=F_{锁}$）为抽芯器抽芯力，N	

② 抽芯力的计算见本节有关部分，根据抽芯力及抽芯距离决定选用抽芯器时，应按所选得的抽芯力乘以 1.3 的安全系数。

③ 抽芯器不宜设置在操作者一侧，以免发生事故。

④ 无特殊要求时，不宜将抽芯器的抽芯力作为锁紧力，需要另设楔紧块锁紧。

⑤ 合模前，首先将抽芯器上的型芯复位，防止楔紧块损坏型芯或滑块。在抽芯器上应设置行程开关，并与压铸机的电器系统连接，使抽芯器按压铸程序工作，以防止模具结构间的干涉。

⑥ 由于液压抽芯机构在合模前滑块先复位，因此要特别注意活动型芯与推出系统的干涉。一般在活动型芯下面不设置推出机构。

8. 其他抽芯机构

在压铸模抽芯机构中，除了上面常用的几种形式外，还可以设计出其他各种抽芯机构。一般根据其结构形式和操作特点，可将其分为手动抽芯机构和镶块模外抽芯机构。

(1) 手动抽芯机构。

① 手动螺杆抽芯机构。

手动螺杆抽芯机构的螺杆应有足够的强度，能承受抽芯时的抽芯力，螺杆与螺母间传动要灵活。抽拔细长的型芯时，为加快螺杆的拔出速度，可采用双头螺纹。压铸时，对于压力较小的型芯，可直接用螺杆锁紧。设置在定模部分的螺杆，需在开模前抽出，所以不应设置楔紧装置。传动螺杆的手柄，一般要求设置在操作者一侧，以便操作。抽拔较长的型芯时，可由蜗轮螺杆通过电动机传动抽出型芯，以减轻劳动强度。

图 4.90 所示为带楔紧块的螺杆抽芯的应用实例：螺杆 2 在滑块 4 内为间隙配合，转动螺杆使滑块做直线运动，抽出活动型芯 6。

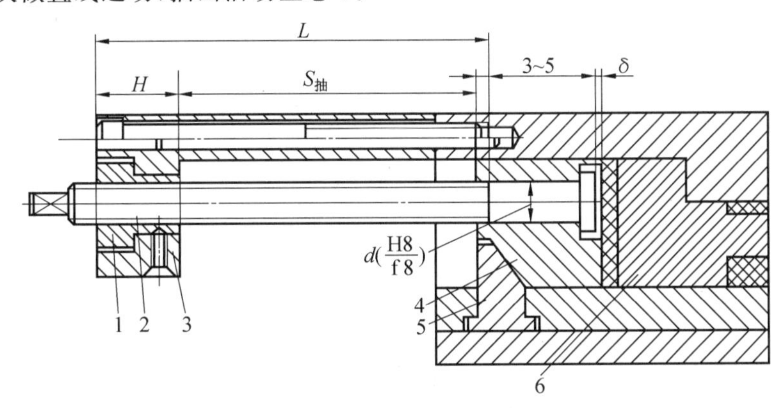

图 4.90　带楔紧块的螺杆抽芯

1— 导程螺母；2— 螺杆；3— 座架；4— 滑块；5— 楔紧块；6— 活动型芯

抽芯过程的操作程序为：开模 → 中停 → 抽芯 → 继续开模推出铸件 → 抽芯 → 合模。

螺杆台阶与滑块台阶配合端面应留有间隙 δ，以保证滑块楔紧后不引起螺纹配合处的受力变形，一般 δ 取 0.5 mm。

传动螺杆长度按下式计算：

$$L = H + S_{抽} + (8 \sim 10) = 1.5d + S_{抽} + (8 \sim 10) \tag{4.51}$$

式中，L 为螺杆的长度，mm；H 为导程螺母的厚度，$H = 1.5d$，mm；$S_{抽}$ 为抽芯距离，mm；d 为螺杆的外径，mm。

② 手动齿轴、齿条双抽芯机构。

手动齿轴、齿条双抽芯结构如图 4.91 所示。在模具的同一侧有相同的双型芯或多型芯，采用图示结构，可使模具结构简单紧凑，但操作时，劳动强度较高，常用于小型模具。

③ 手动曲肘连杆抽芯。

手动曲肘连杆抽芯如图 4.92 所示，图中所示为抽出型芯位置。抽芯时，扳动手柄 1(按箭头所示 N 的方向) 带动连杆 4，使滑块复位，当手柄接触限位螺钉 3 时机构的回转点 a、b、c 连成一条直线，将滑块 6 楔紧。

此种结构可用于定模或动模抽芯。对于抽芯距离无特殊要求时，一般在开模前抽芯，合模后插芯。

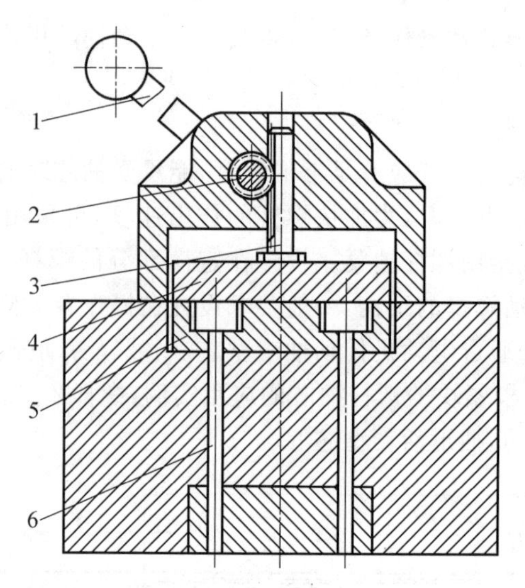

图 4.91 手动齿轴、齿条双抽芯结构

1— 手柄;2— 齿轴;3— 齿条;4— 齿条固定板;5— 型芯固定板;6— 活动型芯

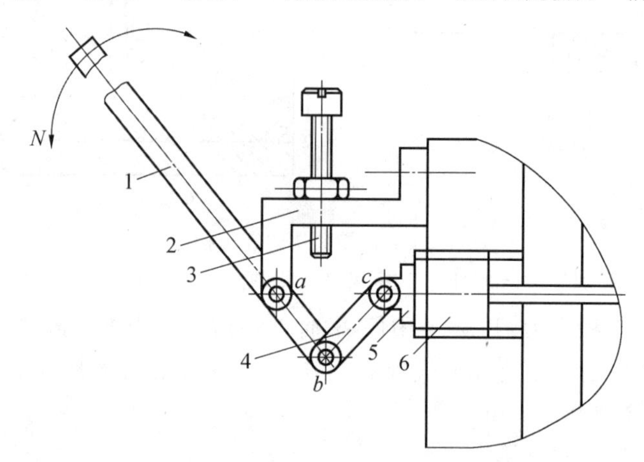

图 4.92 手动曲肘连杆抽芯

1— 手柄;2— 座架;3— 限位螺钉;4— 连杆;5— 连杆座;6— 滑块

(2) 活动镶块模外抽芯机构。

① 圆弧内侧凹的单活动镶块的抽芯。

圆弧内侧凹的单活动镶块的抽芯如图 4.93 所示,活动镶块与动模型芯的结合采用燕尾槽结构,开模时与铸件一起推出,活动镶块因燕尾槽的斜导向而将活动镶块置于内侧凹抽出部分。活动镶块的端面应低于动模型芯面 δ 值。δ 值一般取 0.1 mm。

放置活动镶块的操作程序:合模、推出元件复位 → 开模一段距离后、中停 → 放置活动镶块 → 合模 → 压铸。

② 局部内侧凹双活动镶块的抽芯。

局部内侧凹双活动镶块的抽芯如图 4.94(a) 所示,活动镶块以燕尾槽插入动模型芯,合模后由定模压紧。开模推出铸件的同时,将活动镶块推出并抽出型芯,然后放入专用夹具[图 4.94(b)],取下活动镶块。

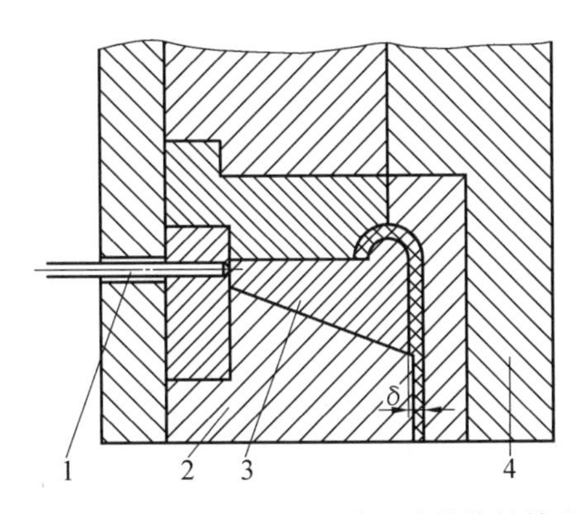

图 4.93　圆弧内侧凹单活动镶块的抽芯

1— 推杆；2— 动模型芯；3— 活动镶块；4— 定模

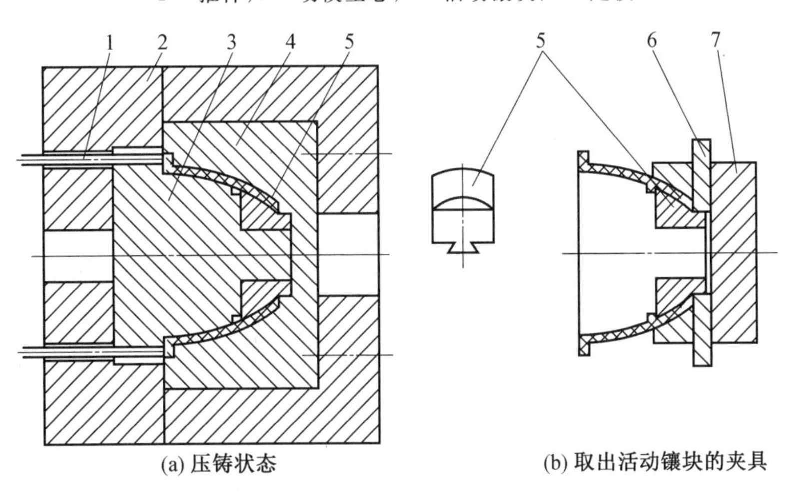

(a) 压铸状态　　(b) 取出活动镶块的夹具

图 4.94　局部内侧凹双活动镶块的抽芯

1— 推杆；2— 动模；3— 动模型芯；4— 定模；5— 活动镶块；6— 推出块；7— 夹具座

4.8.2　推出机构设计

在压铸的每个循环中，都必须有将铸件从模具型腔中脱出的工序，而用来完成这一工序的机构称为推出机构。推出机构用于卸除铸件对型芯的包紧力，机构设计的好坏直接影响铸件的质量。因此，推出机构的设计是压铸模设计的一个重要环节。

1. 推出机构的分类、组成及设计要点

(1) 推出机构的组成。

推出机构的组成如图 4.95 所示。一般推出机构由下列几部分组成：

① 推出元件。推出元件用于推出铸件，使之脱模，包括推杆、推管、卸料板、成型推块、斜滑块等。

② 复位元件。复位元件用于控制推出机构，使之在合模时回到准确的位置。如复位杆及能起复位作用的卸料板、斜滑块等。

③ 限位元件。限位元件用于保证推出机构在压射力的作用下不改变位置，起到止退的作用，如挡钉、挡圈等。

④ 导向元件。导向元件用于引导推出机构的运动方向，防止推板倾斜和承受推板等元件的质量，如推板导柱(导钉、导杆支柱)、推板导套等。

⑤ 结构元件。结构元件使推出机构各元件装配成一体，起固定的作用，如推杆固定板、推板、其他连接件、辅助零件等。

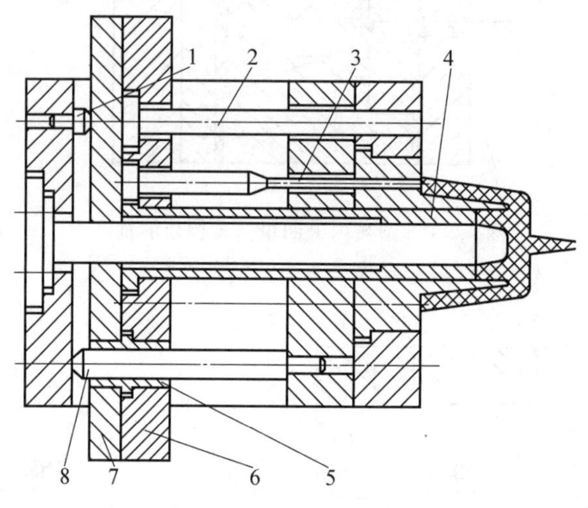

图 4.95　推出机构的组成

1— 限位钉；2— 复位杆；3— 推杆；4— 推管；5— 推板导套；6— 推杆固定板；7— 推板；8— 推杆导柱

(2) 推出机构的分类。

推出机构按其基本的传动形式，可分为机动推出、液压推出和手动推出三类。

① 机动推出机构是利用开模的动作，由压铸机上的顶杆推动模具上的推出机构，将铸件从模具型腔中推出的装置。

② 液压推出机构利用了安装在模具上或模座上专门设置的液压缸。在开模时，铸件随动模移至压铸机的开模的极限位置，然后，再由液压缸推动推出机构推出铸件。

③ 手动推出机构是将压铸机开模到极限位置，然后由人工来操作推出机构实现铸件脱模的装置。

推出机构根据不同的推出元件，又可分为推杆推出机构、推管推出机构、推件板推出机构等。根据模具的结构特征，其又可分为常用推出机构、二极推出机构、多次分型推出机构、成型推杆推出机构和定模推出机构等。

(3) 推出力的确定。

压铸时，高温的金属液在高压的作用下迅速充满型腔，冷却收缩后铸件对型芯产生包紧力。当铸件从型腔中推出时，必须克服这一由包紧力而产生的摩擦阻力及推出机构运动时所产生的摩擦阻力。在铸件开始脱模的瞬间，所需的推出力(脱模力) 最大，此时需克服铸件收缩产生的包紧力和推出机构运动时的各种阻力。继续开模时，只需克服推出机构的运动阻力。在压铸模中，由包紧力产生的摩擦阻力远多于其他摩擦阻力。所以，计算推出力时，主要是指开始脱模的瞬时所需克服的阻力，即脱模力。

① 脱模力的估算。

铸件脱模时的脱模力可按下式计算：

$$F_{脱} > KF_{包} \tag{4.52}$$

式中，$F_{脱}$ 为铸件脱模时所需的脱模力，N；$F_{包}$ 为铸件（包括浇注系统）对模具成型零件的包紧力及推出铸件外形与型腔壁间的摩擦力，N；K 为安全值，一般取 1.2。
取 $F_{包} = pA$，则

$$F_{脱} > KpA \tag{4.53}$$

式中，p 为挤压应力（单位面积包紧力），对于锌合金一般 p 取 6 ~ 8 MPa，对于铝合金一般 p 取 10 ~ 12 MPa，对于铜合金一般 p 取 12 ~ 16 MPa；A 为铸件包紧型芯的侧面积，m^2。

② 受推面积和受推压力。

在推出力的推动下，铸件受推出零件所作用的推出面积，称为受推面积。而在单位面积上的压力称为受推力。许用受推力锌合金为 40 MPa，镁合金为 30 MPa，铝合金为 50 MPa，铜合金为 50 MPa。

③ 影响脱模力的主要因素。

a. 脱模力与铸件包容型芯的表面积大小有关，成型表面积越大，所需的脱模力越大。

b. 脱模力与脱模斜度有关，脱模斜度越大，所需的脱模力越小。

c. 脱模力与铸件成形部分的壁厚有关，铸件壁越厚，产生的包紧力越大，脱模力也越大。

d. 脱模力与斜导柱的表面粗糙度有关，表面粗糙度越小，型芯表面越光洁，脱模力越小。

e. 脱模力与铸件在模内停留的时间、压铸时的模温有关，铸件在模内停留的时间越长，压铸时模温越低，脱模力越大。

f. 脱模力与压铸合金的化学成分，压射力、压射速度等有关。

由于许多因素（如模温、铸件在模内停留的时间、压射力等）本身在变化，因此即使考虑所有的影响因素，结果仍只是近似值。

2. 推杆推出机构

(1) 推杆推出机构的组成和特点。

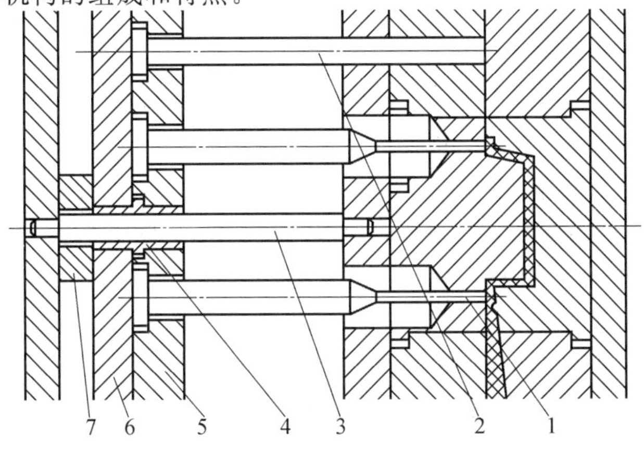

图 4.96 推杆推出机构的组成

1— 推杆；2— 复位杆；3— 推板导柱；4— 推板导套；5— 推板固定板；6— 推板；7— 挡圈

推杆推出机构的组成如图 4.96 所示。大部分推杆推出机构采用圆形推杆，这种推杆形状简单，制造方便，推杆位置可以根据铸件对型芯包紧力的大小及推出力是否均匀来确定。此外，这种机构具有动作简单、安全可靠、不易发生故障的优点，所以这种推出机构最常用。但由于推杆直接作用于铸件表面，在铸件上会留下推出痕迹，影响铸件的表面质量。由于推杆截面面积较小，会使推出时单位面积所承受的力较大，如果推杆设置部位不当，易使铸件变形或局部损坏。

(2) 推杆推出部位的设置。

① 推杆应合理布置，使铸件各部位所受推力均衡。

② 铸件有深腔和包紧力大的部位，要选择正确的推杆直径和数量，同时推杆兼排气、溢流的作用。

③ 避免在铸件重要的表面、基准面设置推杆，可在增设的溢流槽上增设推杆。

④ 应尽可能避免推杆的推出位置与活动型芯发生干涉。

⑤ 必要时，在流道上应合理布置推杆，有分流锥时，在分流锥部位设置推杆。

⑥ 推杆的布置应考虑模具的成型零件是否有足够的强度，如图 4.97 所示，图中 $S>3$ mm。

⑦ 推杆直径 d 应比成型尺寸 d_0 小 0.4～0.6 mm。推杆边缘与成型立壁保持一个小距离 δ，形成一个小台阶，可避免金属的窜入。

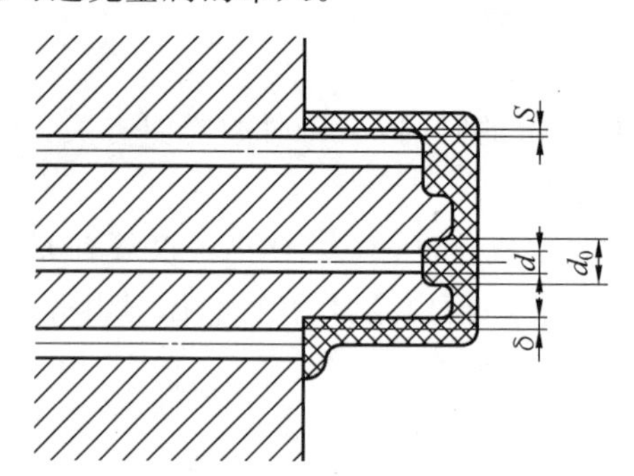

图 4.97 保证模具强度和防止配合间隙的推杆位置设置

(3) 推杆的基本形式与截面形状。

① 基本形式。

铸件在推出时作用部位不同，推杆推出端的形状也不同。

推杆的基本形式如图 4.98 所示。在图 4.98 中，图(a) 为平面形，通常设置于铸件的端面、凸台、肋部、浇注系统及溢料系统，推杆较粗大时，即 $D>6$ mm 或 $L/D<20$ 时，可采用图(b) 的形式；当推杆较细即 $D<6$ mm 或 $L/D>20$ 时，其后部应考虑加强的结构，可采用图(c) 所示的阶梯形推杆。当铸件上要求有供钻孔用的定位锥孔时，可采用图(d) 所示的圆锥形头部的推杆，该推杆常用于分流锥中心处，既有分流作用，又有推杆作用。图(e) 所示为斜钩形推杆，没有分流锥时可采用该机构，开模时，斜钩将直浇道从定模中拉出，然后再推出。

② 推杆推出端的截面形状。

推杆推出端的截面形状多种多样，常见的截面形状如图 4.99 所示。在图 4.99 中，图

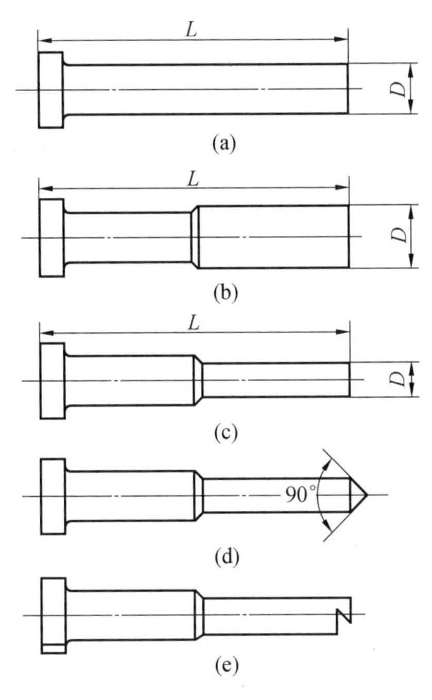

图 4.98 推杆的基本形式

(a) 为圆形截面推杆，制造和维修都很方便，因此应用广泛。图(b)、(c) 为方形和矩形截面推杆，四角应避免锐角。装配时，还应注意推杆与推杆孔的配合，四周及四角应防止出现溢料现象。图(e) 所示为半圆形截面推杆，推出力与推杆中心略有偏心，通常用于推杆位置受到局限的场合。图(f) 所示为扇形截面推杆，加工较困难，通常为了避免与分型面上的横向型芯发生干涉，可取代部分推管以推出铸件。对于厚壁筒形件，可用平圆形截面推杆[图(d)] 代替扇形截面推杆，这样可简化加工工艺，避免内径处的锐角。图(g) 所示为腰圆形截面推杆，强度高，可代替矩形推杆，以防止四角处的应力集中。

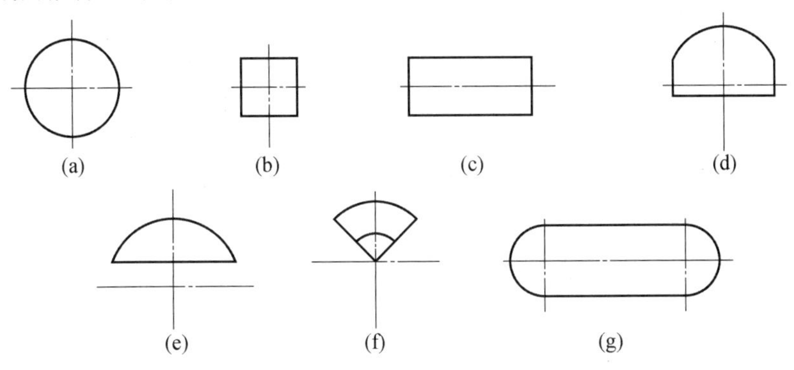

图 4.99 推杆推出端的截面形状

(4) 推杆止转方式和固定形式。

① 止转方式。

为防止推杆在操作过程中发生转动而影响操作，甚至损坏模具，必须设置止转装置。常见的止转装置有圆柱销和平键等。

② 固定方式。

推杆根据其尾部的形状不同，可采用不同的固定方法，如图 4.100 所示。在图 4.100 中，图(a) 为整体式，该结构强度高，不易变形，但对于多根推杆，各推杆的深度尺寸 h 的一致性难以保证。为此，常用图(b) 的形式，用垫块或垫圈在推板与推杆固定板之间保证尺寸 h 的一致性。图(c) 为铆接形式，推杆直接铆接在推板上，不需要再设推杆固定板，该方法可以节省材料，但连接强度较低。图(d) 为螺塞固定式，直接将螺塞拧入推板，推杆由轴肩定位，螺塞拧紧后可防止推杆轴向移动。当推杆直径较大时，可采用螺钉固定式，如图(e) 所示。图(f) 为螺母固定式，该结构比较简单，制造方便，应用广泛，但容易松动，使用时应注意安全。

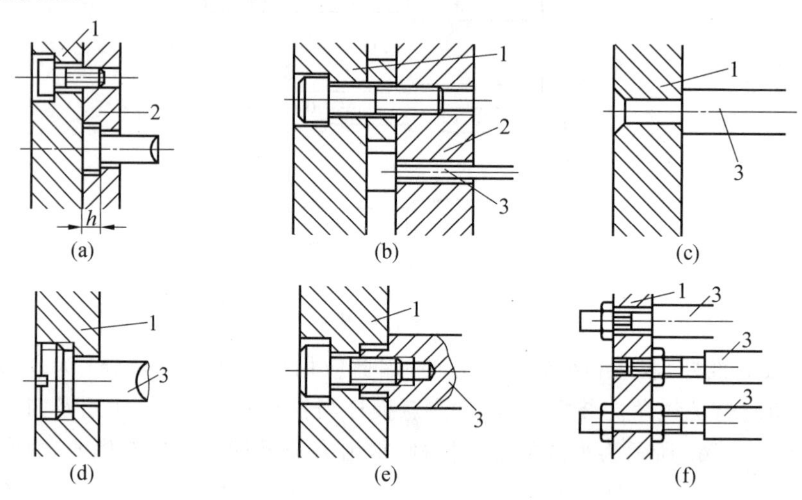

图 4.100 推杆的固定形式

1— 推板；2— 推杆固定板；3— 推杆

(5) 推杆的尺寸。

推出时为使铸件不变形不损坏，应从铸件和推杆两方面来考虑。对铸件而言，应有足够的强度来承受每个推杆所给予的负荷。而铸件的强度除了与铸件所用的合金种类、形状、结构和壁厚有关外，还与铸件的压铸质量等因素有关。根据铸件的许用应力可计算出所需的推杆的总截面面积，从而确定推杆的数量和直径。对推杆而言，其长度与直径之比较大，故在确定推杆的数量和直径后，还应对细长推杆的刚度进行校核。

① 推杆截面面积 A 的计算。

$$A=\frac{F_{推}}{n[\sigma]} \tag{4.54}$$

式中，$F_{推}$ 为推杆承受的总推力，N；n 为推杆数量；$[\delta]$ 为许用应力，Pa，对于铜、铝合金，$[\delta]=50$ MPa，对于锌合金，$[\delta]=40$ MPa，对于镁合金，$[\delta]=30$ MPa。

② 推杆的稳定性。

为保证推杆的稳定性，需要根据单个推杆的细长比调整推杆的截面面积。推杆承受静压力下的稳定性可根据下式计算：

$$K_{稳}=\eta\frac{EJ}{F_{推}L^2} \tag{4.55}$$

式中，$K_{稳}$ 为稳定安全倍数，对于钢取 1.5 ～ 3；η 为稳定系数，其值取 20.19；E 为弹性模数，N/cm²，对于钢取 $E = 2 \times 10^7$ N/cm²；$F_{推}$ 为推杆承受实际推力，N；L 为推杆全长，mm；J 为推杆最小截面处的抗弯截面矩，cm⁴，圆截面 $J = \dfrac{\pi d^4}{64}$（d 为直径），矩形截面 $J = \dfrac{a^3 b}{12}$（a 为短边长，b 为长边长）。

3. **推管推出机构**

（1）推管推出机构的组成。

当铸件的形状为圆筒形或具有较深的圆孔时，可在构成这些形状部位的型芯的外围采用推管作为推出元件。推管推出机构中，对推管的精度要求较高，间隙控制较严，推管内的型芯的安装固定应方便牢固，且便于加工。通常，推管推出机构由推管、推板、推管紧固件等组成，如图 4.101 所示。图 4.101(a) 中是将推管尾部做成台阶，用推板与推杆固定板夹紧，使型芯固定在动模座板上。该结构定位准确，推管强度高，型芯维修及调换方便。图 4.101(b) 所示型芯直径较大，推管推出距离较长，该结构比较简单，但装配较麻烦。图 4.101(c) 所示为将型芯固定在支承板上，推管在支承板内移动，该结构推管较短，刚性好，制造方便，装配容易，但支承板厚度较大，适用于推出距离较短的铸件。

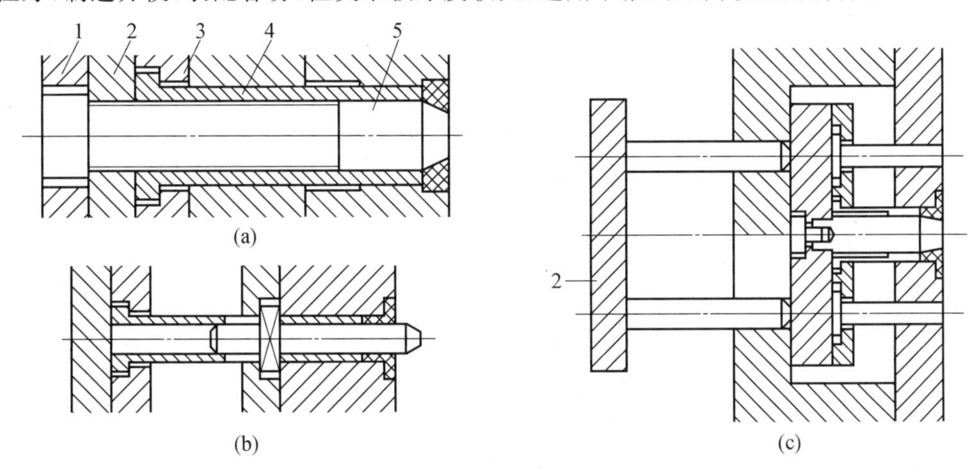

图 4.101 推管推出机构

1— 动模座板；2— 推板；3— 推杆固定板；4— 推管；5— 型芯

（2）推管设计要点。

① 对于推管推出机构，如采用机动推出，推出后推管包围着型芯，难以对型芯喷涂涂料；如采用液压推出，因推出后立即复位，推管不会包围住型芯，对喷涂涂料无影响。设计推管推出机构时，应保证推管在推出时不擦伤型芯及相应的成型表面，故推管的外径应比铸件外壁尺寸单位小 0.5 ～ 1.2 mm，推管的内径应比铸件的内径每边大 0.2 ～ 0.5 mm，尺寸变化处用圆角直径 0.15 ～ 0.12 mm 过渡，如图 4.102 所示。推管与推管孔的配合、推管与型芯的配合，可根据不同的压铸合金而定，具体可参见表 4.58。

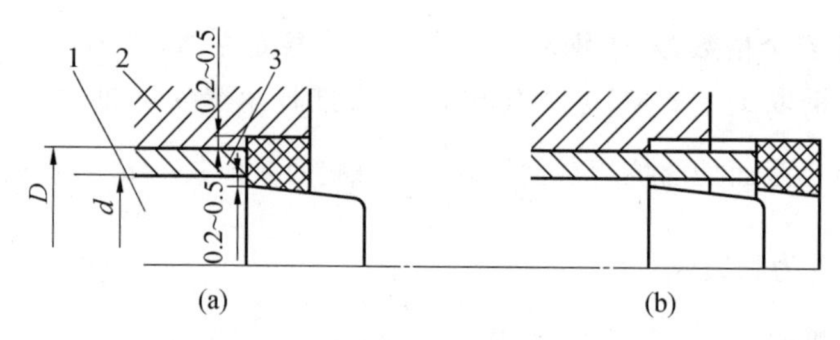

图 4.102 推管内、外径尺寸设计

1— 推管;2— 动模镶块;3— 型芯

表 4.58 推管与推管孔及型芯的配合

压铸合金	推管外径与推管孔	推管内径与型芯
锌合金	H7/f7 ~ H7/e8	H8/h7
铝合金	H7/e8 ~ H7/d8	H8/h7
铜合金	H7/d8 ~ H7/e8	H8/h7

② 通常推管内径在 $\phi10 \sim \phi60$ mm范围内选取为宜。另外,管壁应有相应的厚度,取 1.5 ~6 mm。

③ 推管的导滑封闭段长度 L 按下式来计算:

$$L=(S_{推}+10)\geqslant 20\ \text{mm} \tag{4.56}$$

式中,$S_{推}$ 为推出距离,mm。

4. 推板推出机构

(1) 推板推出机构的特点与组成。

对于铸件面积较大的薄壁壳体类零件,可采用推板推出机构。推板推出机构的特点是作用面积大,推出力大,铸件推出平稳、可靠,最基本表面没有推出痕迹,但推板推出机构推出后型芯难以喷涂涂料。

图 4.103 所示为常用的两种推板推出机构。图 4.103(a) 中将整块模板作为推件板,推出后推件板底面与动模板分开一段距离,清理较方便,且有利于排气,应用广泛。图 4.103(b) 所示为镶块式推件板,推件板嵌在动模套板内,该结构制造方便,但易堆积金属残屑,应注意经常取出清理。

(2) 推板推出机构的设计要点。

① 推出铸件时,动模镶块推出距离 $S_{推}$ 不得大于动模镶块与动模固定型芯结合面长度的 2/3,以使模具在复位时保持稳定。

② 型芯同动模镶块间的配合精度一般取 H7/e8 ~ H7/d8 之间。如型芯直径较大,与推件板配合段可做成斜度 1° ~ 3°,以保证顺利推出。

5. 其他推出机构

其他推出结构是按铸件的不同结构形式或工艺要求等而设计的特殊推出机构,无固定的推出形式,在设计模具时,根据具体情况而定。

(1) 倒抽式推出机构。

如图 4.104 所示,铸件为壁厚 1.1 mm 的圆筒形铸件,其对动模型芯的包紧力较大,不宜采用推杆推出机构,此时可采用动模倒抽机构,卸除型芯的包紧力。

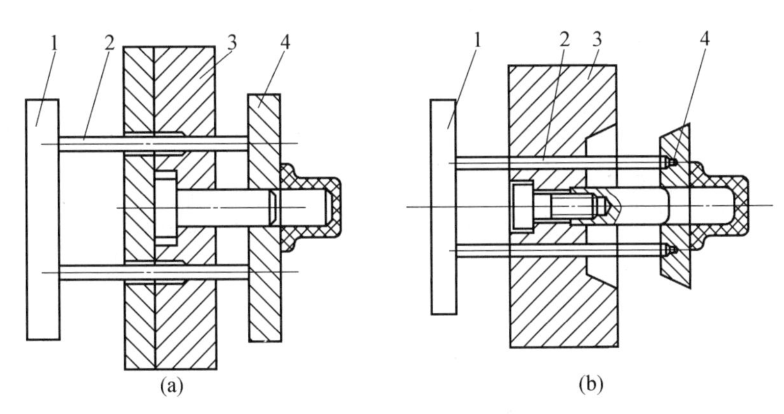

图 4.103 常用的推板推出机构
1— 推板;2— 推杆;3— 动模套板;4— 推件板

该机构的液压缸 1 通过连接器 2 与推板 3、型芯 6 连接。开模时,液压缸 1 带动推板 3、型芯 6 倒抽,完全脱离铸件后集渣包推杆 7、浇道推杆 8 开始推出,推出铸件。楔紧销 5 在合模后起楔紧的作用,倒抽型芯 6 之前,楔紧销推杆由于液压缸的作用而退出。

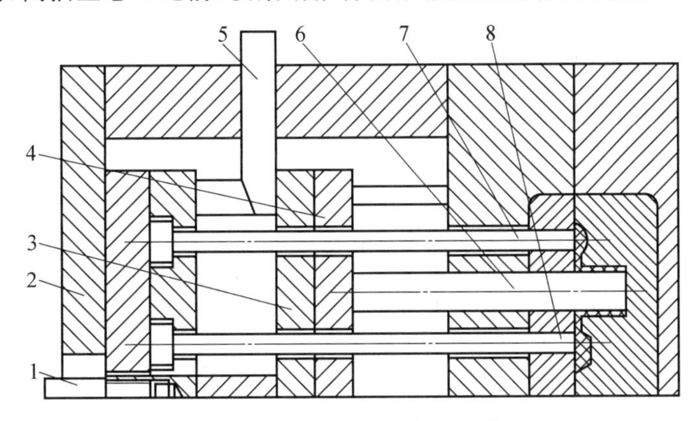

图 4.104 动模液压缸倒抽机构
1— 液压缸;2— 连接器;3— 推板;4— 推杆固定板;5— 楔紧销;6— 型芯;7— 集渣包推杆;8— 浇道推杆

(2) 动模齿轮、齿条倒抽机构。

如图 4.105 所示,铸件深孔由型芯 2 成型,由于推杆推出易使铸件变形,因此采用倒抽与推出的复合结构。型芯 2 及齿条推杆 4 的齿条尾部,分别与同轴的大齿轮及小齿轮 3 啮合。型芯 2 轴向位置由台阶定位,并由液压楔紧销 1 楔紧。推出前,先卸除楔紧销 1 的楔紧作用。推出推板 5 带动齿条推杆 4,以带动齿轮。因为大齿轮轴为刚性连接,角速度相同而线速度不同,所以型芯 2 倒抽的速度比推杆前进的速度快。此结构以比较小的推出距离就能获得较大的倒抽距离。

设计要点:

① 消除齿条间的啮合间隙,使推出运动能同时进行。

② 齿条两端应有可靠的支承孔与其保持一定的配合,否则,不能保持齿轮、齿条的啮合精度。

③ 齿轮模数取 $m=2$。

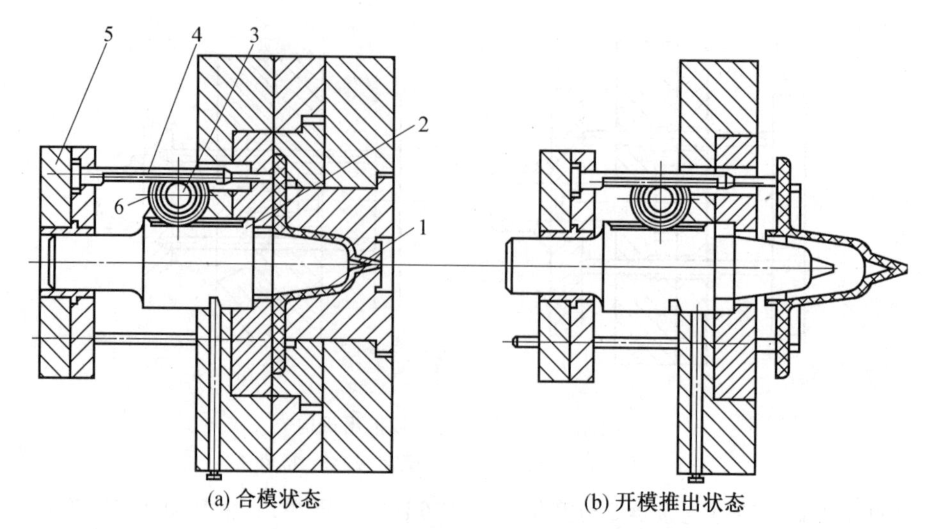

图 4.105 动模齿轮、齿条倒抽机构

1— 楔紧销；2— 型芯；3— 小齿轮；4— 齿条推杆；5— 推板；6— 大齿轮

④ 齿轮 3、6 固定在动模套板上，只能转动而不能移动。

(3) 齿轮旋转推出结构。

旋转推出机构主要用于推出螺纹类及斜齿类有旋转成型要求的铸件，推出铸件的同时要求同时完成分离和推出两种复合运动。

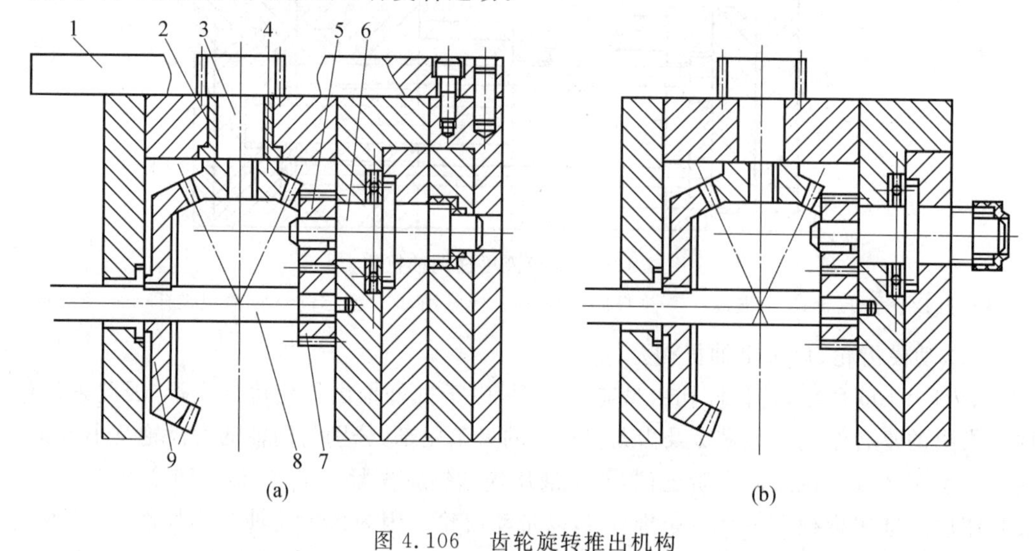

图 4.106 齿轮旋转推出机构

1— 齿条；2— 轴套；3，5，7— 直齿轮；4— 锥齿轮；6— 型芯；8— 轴；9— 大锥齿轮

如图 4.106 所示，该结构适用于旋出螺纹圈数较多的铸件。螺纹由型芯 6 成型。齿条 1 固定于定模上，并与动模上直齿轮 3 啮合。件 4 与件 3 为刚性连接，安装于轴套 2 内，并与件 9 啮合，件 6 端部直齿轮 5 由中心直齿轮 7 传动。开模时，通过齿条系列传动，使型芯 6 转动而旋出铸件。在多模腔内，螺纹型芯 6 可沿中心直齿轮 7 周围设置。

设计要点：

① 因内浇口承受全部转矩及推力，所以内浇口截面面积应增大，且铸件布置应靠近分流锥。

② 齿轮、齿条的模数 $m=2$。

③ 传动比、转数根据需要决定。

(4) 二次推出机构。

有时由于铸件的特殊形状或生产自动化需要，在一次推出时易使铸件变形或不能自动脱落，此时，可采用二次推出机构。

① 杠杆二次推出机构。

如图 4.107 所示，开模后，推杆 1 带动推杆板 2、推杆固定板 3 和推杆 5 向前移动并预留间隙距离 L，使铸件脱离动模型腔和型芯。由于铸件黏附力作用，铸件黏附在推杆 5 端面而不能自动脱落。推杆板 2、推杆固定板 3 带动杠杆 4 继续向前移动，碰钉 6 撞击杠杆 4 绕销 7 转动，撞击二次推杆 9。二次推杆 9 作用于浇注系统上，即带动铸件脱离推杆 5 端面而自动脱落。

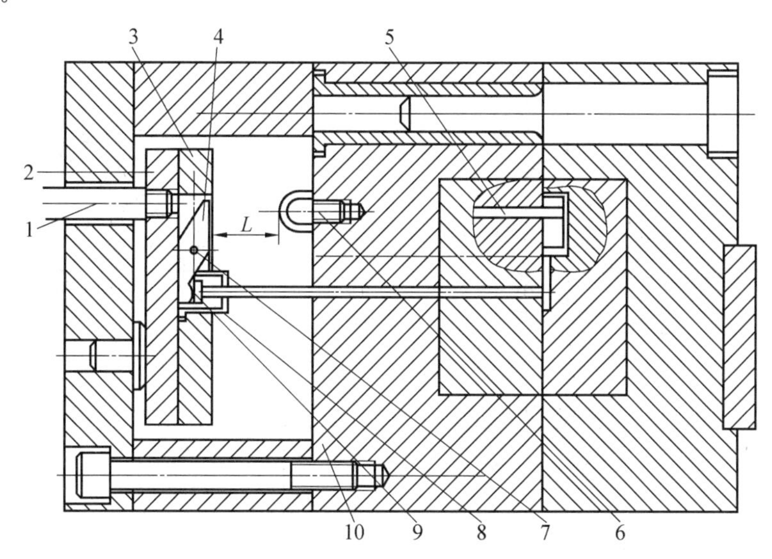

图 4.107 杠杆式二次推出机构

1— 推杆；2— 推杆板；3— 推杆固定板；4— 杠杆；5— 推杆；6— 碰钉；7— 销；8— 压块；9— 二次推杆；10— 动模套板

设计要点：

a. 杠杆厚度一般不超过推杆固定板的厚度。

b. 二次推杆 9 的直径尺寸应大于浇道宽度尺寸，以便于二次推杆复位。

② 摆块式超前二次推出机构。

如图 4.108 所示，铸件用卸料板及推杆做二次推出。推出时，推杆 2、4 推动动模板 1 和铸件一起移动距离 L_1，使铸件脱出型芯 3，完成第一次推出。撞杆 5 与垫板接触，继续推出时，推杆 4 推动动模板 1 继续移动。同时，由于撞杆 5 迫使摆块 6 摆动，推杆 2 做超前于动模板 1 的移动，将铸件从型腔中推出。

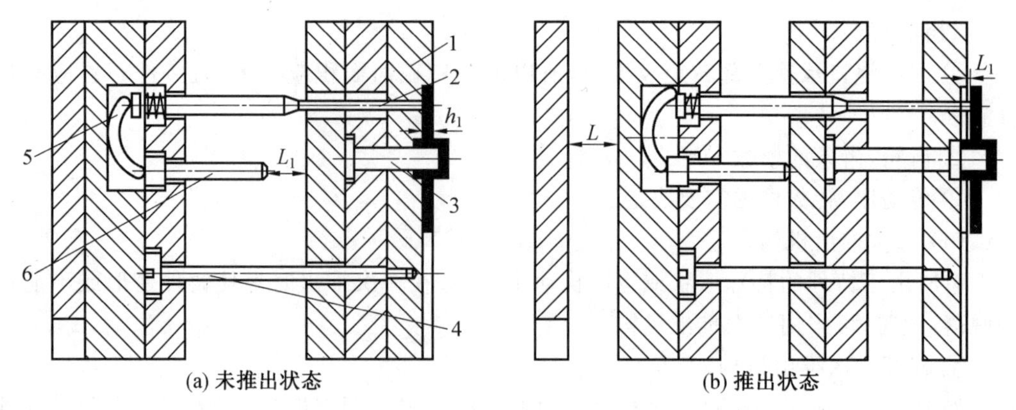

(a) 未推出状态　　(b) 推出状态

图 4.108　摆块式超前二次推出机构

1— 动模板；2，4— 推杆；3— 型芯；5— 撞杆；6— 摆块

（5）摆动推出机构。

摆动推出机构适用于推出带有内外有弧形的形状的铸件，按其固有的弧形轨道将铸件顺利推出。

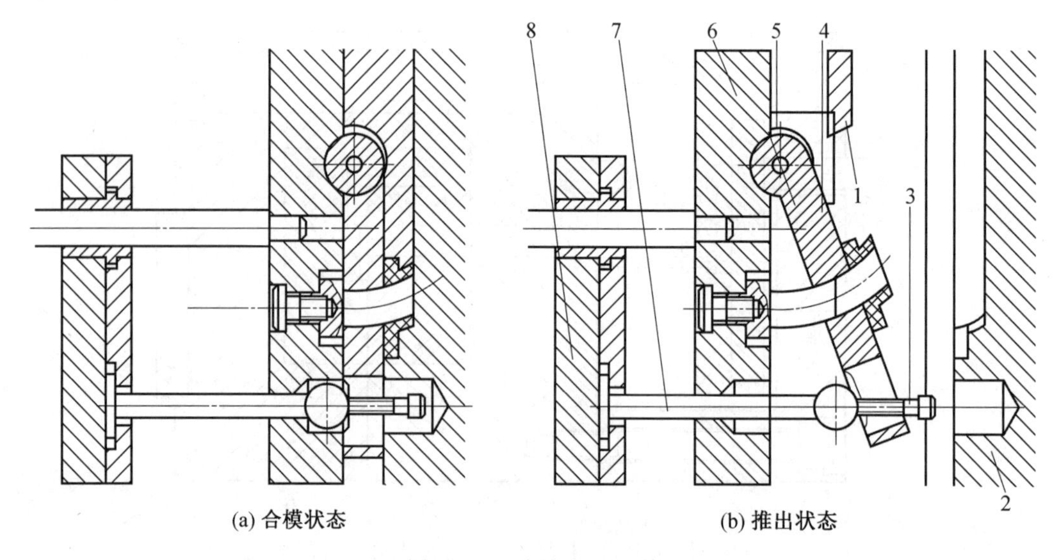

(a) 合模状态　　(b) 推出状态

图 4.109　摆板推出机构

1— 滑块；2— 定模镶块；3— 内六角螺钉；4— 摆板；5— 心轴；6— 动模套板；7— 球形推杆；8— 推板

① 摆板推出机构。

如图 4.109 所示，定模镶块 2 与滑块 1 组合成铸件外形，沿圆弧轴心线分界。摆板 4 能绕心轴 5 做摆动。球形推杆 7 可在摆板 4 的椭球形槽内滑动，摆板 4 沿心轴 5 摆动，而使铸件沿圆弧轴线被推出。

设计要点：

a. 铸件弧形轴心线所对应的圆心角一般不超过 120°。

b. 摆板 4 必须有预复位机构，否则，滑块 1 复位时会造成损坏。

c. 摆板 4 与球形推杆 7 需要螺钉连接。

② 摆块推出机构。

如图 4.110 所示，铸件有外侧凹，由摆块 3 成型，利用推出铸件时摆块的摆动推出内侧凹，省略抽芯机构。摆块 3 由镶有滚珠的推杆 4 推动。由于铸件弧形半径大于摆动中心到滚珠推杆 4 轴线的距离，因此摆块圆弧摆脱速度要比推出速度快。

设计要点：

a. 摆块在动模镶块槽的两侧取 H7/f7 的配合，以防止金属液的窜入。

b. 合模后，摆块由定模镶块压紧。

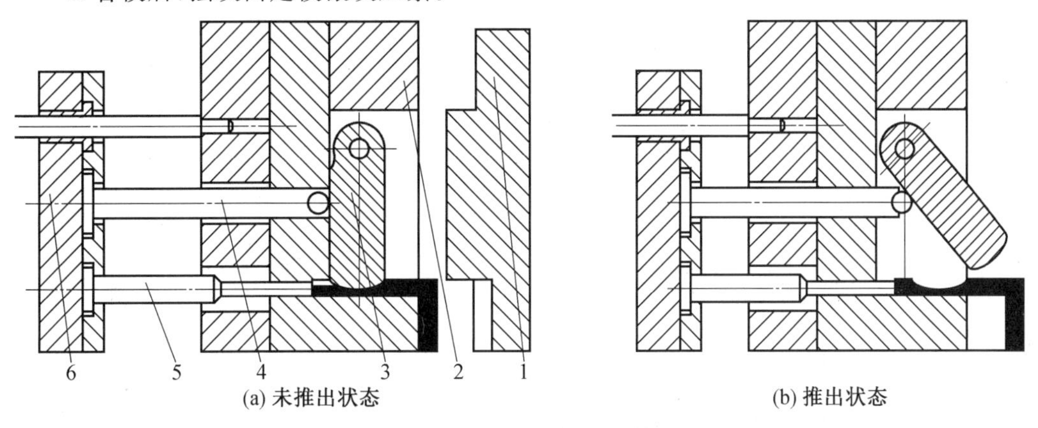

图 4.110 摆块推出机构

1— 定模镶块；2— 动模镶块；3— 摆块；4— 滚珠推杆；5— 推杆；6— 推板

(6) 定模推出机构。

有些由于结构设计中的问题或其他因素而留在定模的铸件或需要强制脱离定模的铸件，可采用定模推出机构。

① 延时脱出定模机构。

若铸件对定模型芯的包紧力较大，且动模内设有与分型面基本平行的活动型芯时，为了保证在开模时铸件能留在动模上，可采用延时抽芯的办法。如图 4.111 所示，分型面打

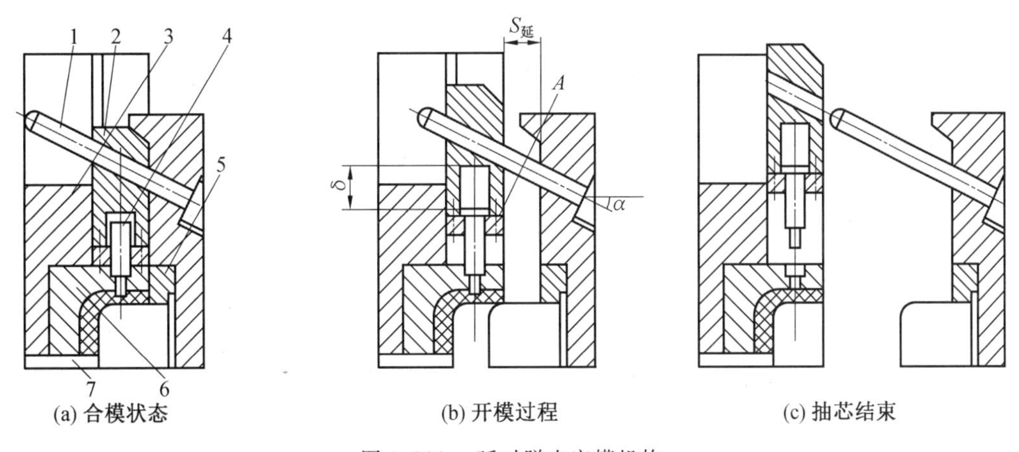

图 4.111 延时脱出定模机构

1— 斜导柱；2— 滑块；3— 动模；4— 活动型芯；5— 定模；6— 定模型芯；7— 推杆

开时，滑块 2 先移动空行程 δ，此时活动型芯 4 带动铸件卸除对定模型芯 6 的包紧力。继续开模时，滑块 2 的台阶面 A 与活动型芯 4 的台阶面接触，抽芯开始。斜导柱 1 脱离滑块 2 的孔，抽芯结束。然后，推杆 7 将铸件推出。此种机构不但具有延时抽芯的功能，而且可将铸件推出定模，结构简单、加工方便。

② 定模拉杆推出机构。

如图 4.112 所示，铸件有特殊要求时，定模型芯 2 承受主要包紧力。开模后，铸件留在定模内，分流锥也离开动模，被铸件所包围。随着开模距离的增大，拉杆 9 及拉杆套 10 开始相对运动。当拉杆 9 及拉杆套 10 拉足时，利用开模力迫使定模套板 3 及定模镶块 4 连同铸件一起脱离定模，同时也拔出浇道。此种结构也可用于摆板摆动推出机构。

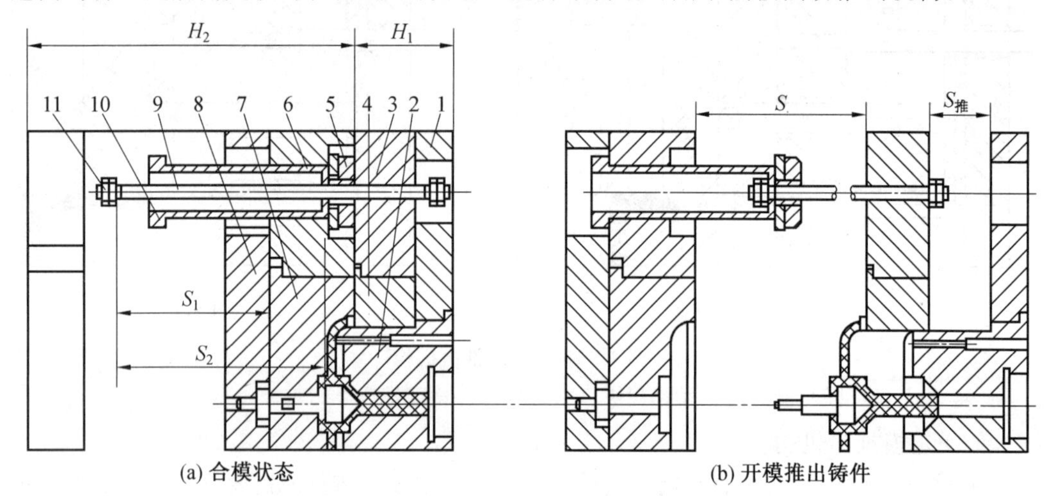

图 4.112　定模拉杆推出机构

1— 定模底板；2— 定模型芯；3— 定模套板；4— 定模镶块；

5,11— 螺母；6— 动模套板；7— 动模镶块；8— 支撑板；9— 拉杆；10— 拉杆套

(7) 多次分型辅助机构。

有些铸件由于结构的特殊性和工艺要求而需要多次分型时，可采用如下的辅助机构形式。

① 摆钩式多次分型机构。

如图 4.113 所示，摆钩机构设在模具两侧，摆钩 7 尾部靠近滚轮 3 处。合模状态时，摆钩 7 用头部钩住动模套板 8，使分型面 Ⅱ 在开模距离小于定距螺钉 1 活动范围内时，始终呈闭合状态。当开模行程增大到摆钩 7 的尾部时，因受到滚轮 3 的压迫，摆钩头部逐渐抬起，脱离动模套板 8 而打开分型面 Ⅱ。

② 滑块顺序分型机构。

如图 4.114 所示，固定于动模 2 上的拉钩 4 紧钩住能在定模 3 内滑动的滑板 5。开模时，动模通过拉钩 4 带动定模，使分型面 Ⅰ 打开。分型面打开一定距离后，滑板 5 受到限压块 8 斜面作用，向模内移动而脱离拉钩 4。由于定距螺钉的作用，在动模继续移动时，分型面 Ⅱ 打开。

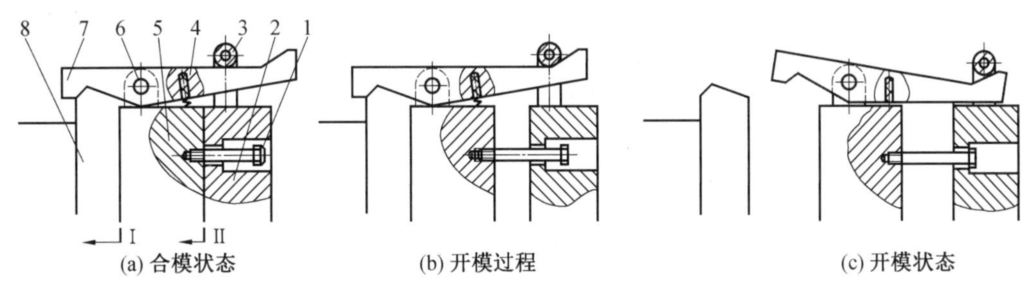

图 4.113 摆钩式多次分型机构

1— 定距螺钉;2— 定模座板;3— 滚轮;4— 压簧;5— 定模套板;6— 轴;7— 摆钩;8— 动模套板

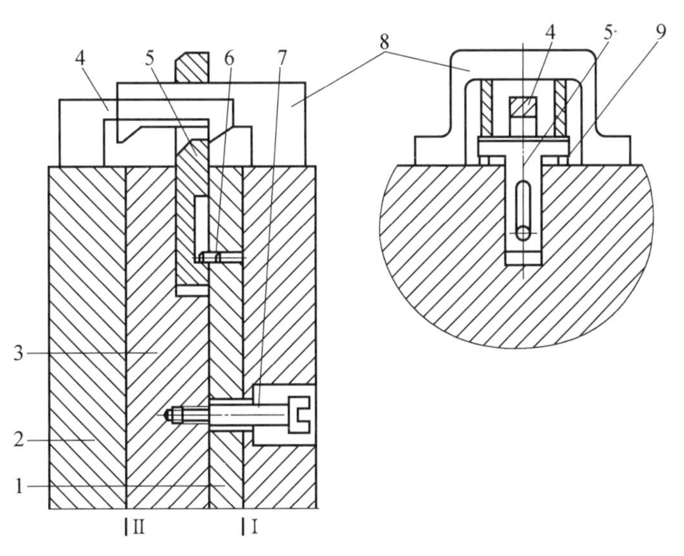

图 4.114 滑块顺序分型机构

1— 垫板;2— 动模;3— 定模;4— 拉钩;5— 滑板;6— 定距销钉;7— 定距螺钉;8— 限压块;9— 弹簧

6.推出机构的导向

为保证推出机构动作平稳并使推出导滑顺利,应设置推出导向机构。有些推出机构的导向零件兼起动模支承板的支承作用。常见的推出导向机构如图 4.115 所示,推件板、推杆 1 和复位杆 2 作为推出机构的元件,还起到了导向作用。该结构适用于小型模具,且导向元件与动模套板选用 H8/f9 的配合精度。

图 4.116 所示为另设推出导向机构的形式。在图 4.116 中,图(a) 机构的导柱 3 的两端分别嵌入支承板 4 和定模座板 5,使模具后部分组成一个框架机构,刚性好,推板导柱兼起支承作用,支承板刚性也有提高。该结构适用于大型模具。图(b) 机构组成简单,推板导柱、推板导套容易达到配合要求,但推板导柱容易单边磨损,且不起支承作用,推板复位时的定位靠螺钉紧固定位圈,生产中容易松动,适用于小型模具。图(c) 机构加工方便,精度容易保证,推板导柱兼起支承作用,适用于中型模具。图(d) 机构套管内用六角螺钉固定于动模套板上,推出杆可在套管上滑动,这样,既可以省略导柱,又有限位作用,适用于中、小模具,但不起对动模的支承作用。

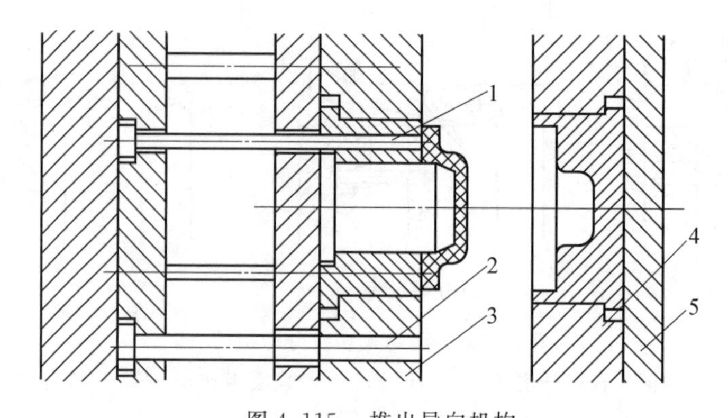

图 4.115 推出导向机构

1— 推杆；2— 复位杆；3— 动模套板；4— 定模套板；5— 定模座板

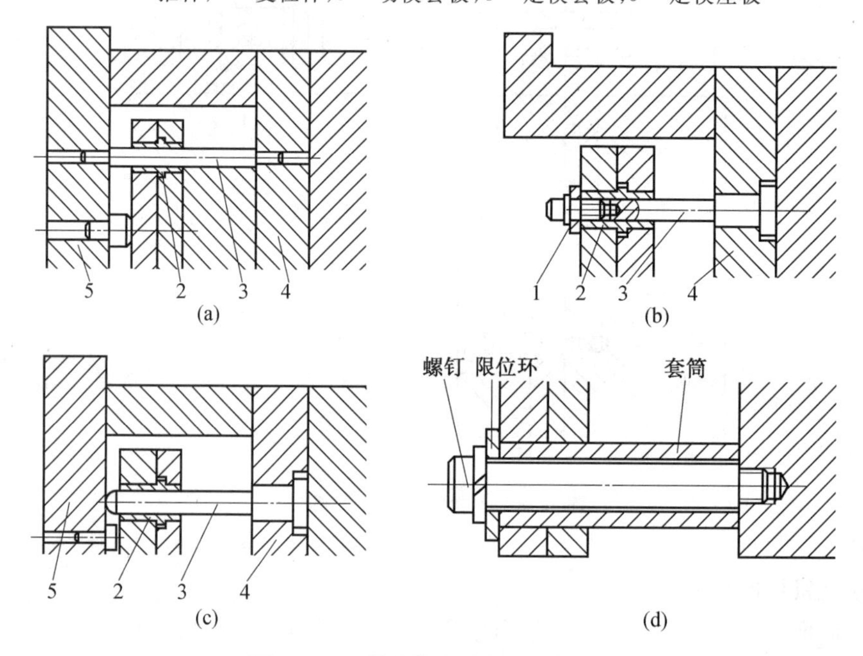

图 4.116 另设推出导向机构的形式

1— 定位圈；2— 推板导套；3— 推板导柱；4— 支撑板；5— 定模座板

7. 推出机构的复位与预复位机构

在压铸的每个循环中，推出机构将铸件推出后，在下个压铸循环前，推出元件都必须准确地回到原来的位置。这一动作通常由复位机构来实现。并且，挡钉在最后定位，使推出机构处于准确可靠的位置。

(1) 复位机构。

如图 4.117 所示，合模时，复位杆 9 与动模分型面相接触，推动推杆板 2 后退至与挡钉 8 相碰而止，达到精准复位。挡钉等限位元件尽可能设置在铸件的投影面积内，复位杆、导向元件及限位元件有均匀分布，以使推杆板受力均匀。

(2) 预复位机构。

在斜导柱抽芯的模具结构中，若采用回程杆复位推杆时，有可能发生滑移复位先于推杆复位，而使滑块上的型芯与推杆相撞的情况，这种情况称为干涉现象(图 4.118)。

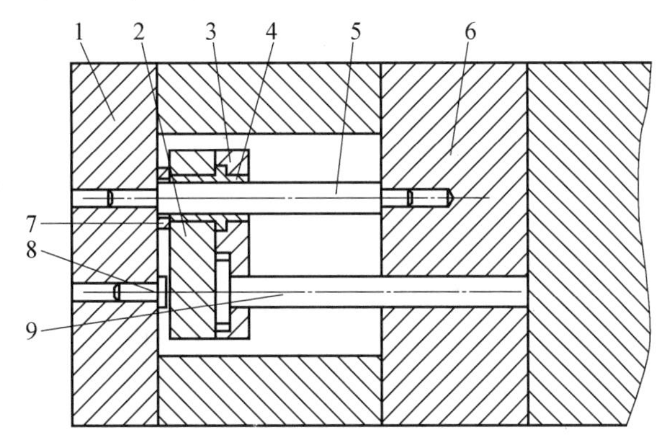

图 4.117　复位机构

1— 动模座板；2— 推杆板；3— 推杆固定板；4— 导套；5— 导柱；6— 动模套板；
7— 推板垫圈；8— 挡钉；9— 复位杆

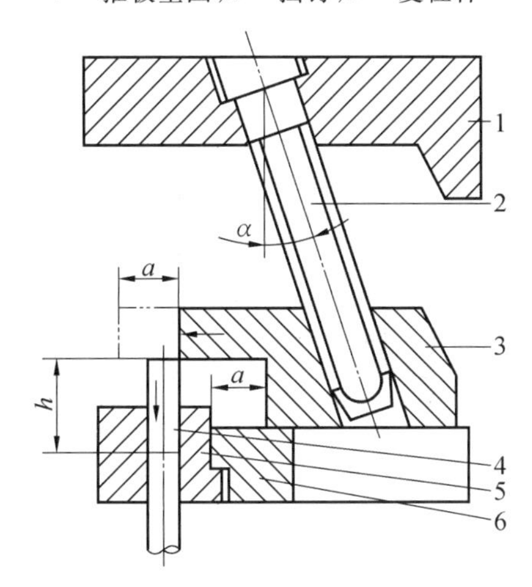

图 4.118　滑块与推杆的干涉现象

1— 定模座板；2— 斜导柱；3— 滑块；4— 推杆；5— 动模；6— 动模套板

产生干涉现象的必要条件是侧型芯沿模具轴线的投影与推杆端面相重合。因此，模具设计时应尽可能避免这种情况发生。不能避免时，若能满足下列条件也不会发生干涉现象，即

$$h > a\cot\alpha$$

式中，h 为推杆端面至活动型芯的最近距离；a 为活动型芯与推杆的重合距离；α 为斜导柱斜角。

为避免干涉，就要采用预复位机构。通常在压铸模中预复位机构有液压预复位机构和机械预复位机构两种。

目前，大部分压铸机上都安装有液压推出器，模具推杆板与液压缸连接，通过电器和液压系统的控制，按照一定程序实现推出与预复位操作。通常压铸模中机械预复位机构有以下几种：

① 摆杆预复位机构，如图4.119所示。合模时，预复位杆1推动摆杆4上的滚轮2，使摆杆绕轴5逆时针方向旋转，从而推动推板3和推杆6预复位。这种预复位机构适合于在推出距离较大时使用。

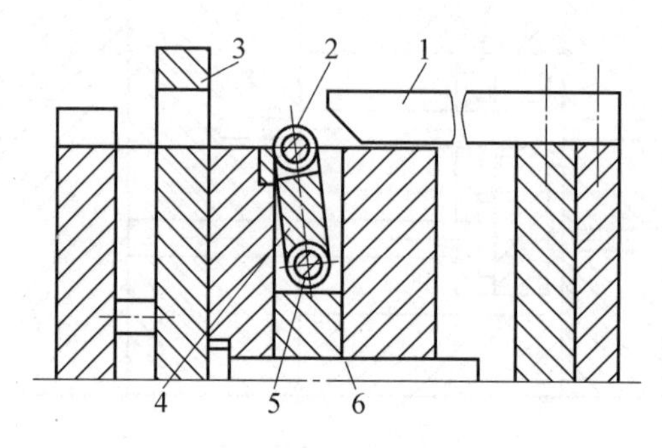

图4.119 摆杆预复位机构

1— 预复位杆；2— 滚轮；3— 推板；4— 摆杆；5— 轴；6— 推杆

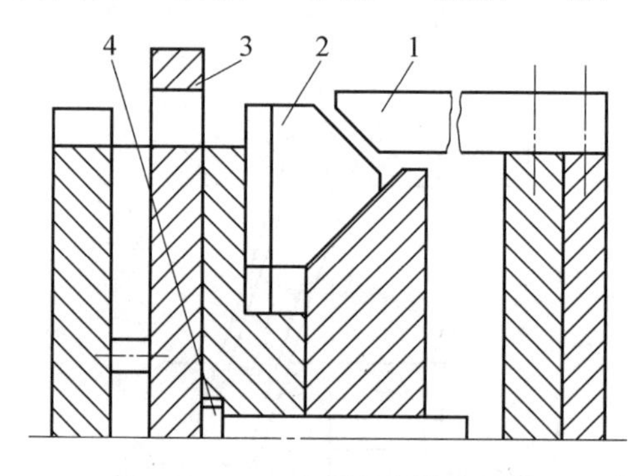

图4.120 三角滑块预复位机构

1— 预复位杆；2— 三角滑块；3— 推板；4— 推杆

② 三角滑块预复位机构，如图4.120所示。合模时，预复位杆1推动三角滑块2移动，同时三角滑块又推动推板3及推杆4预先复位。这种预复位机构适用于推出距离较小的情况。

4.9 压铸模材料的选择及技术要求

4.9.1 压铸模材料的选择

在金属的压力铸造生产过程中，压铸模直接与高温、高压、高速的金属液相接触。一方面它受到金属液的直接冲刷、磨损、高温氧化和各种腐蚀；另一方面由于生产的高效率，模具温度的升高和降低非常剧烈，并呈周期性的变化。因此，压铸模的工作环境十分恶劣。所以，在选择压铸模的制造材料时就应该多加注意。

1. 对铸模使用材料的要求

① 具有良好的可锻性和切削性。

② 高温下具有较高的红硬性、高温强度、高温硬度、抗回火稳定性和冲击韧度。

③ 具有良好的导热性和抗疲劳性。

④ 具有足够的高温抗氧化性。

⑤ 热膨胀系数小。

⑥ 具有高的耐磨性和耐蚀性。

⑦ 具有良好的淬透性和较小的热处理变形率。

2. 压铸模主要零件材料的选用及热处理要求

压铸模主要零件材料的选用及热处理要求见表 4.59。

表 4.59 压铸模主要零件材料的选用及热处理要求

<table>
<tr><th colspan="2" rowspan="2">零件名称</th><th colspan="3">压铸合金</th><th colspan="2">热处理要求</th></tr>
<tr><th>锌合金</th><th>铝合金、镁合金</th><th>铜合金</th><th>压铸锌合金、铝合金、镁合金</th><th>压铸铜合金</th></tr>
<tr><td rowspan="2">与金属液接触的零件</td><td>型腔镶块、型芯、滑块中成型部位等成型零件</td><td>4Gr5MoV1Si
3Gr2W8V
(3Gr2W8)
5GrNiMo
4GrW2Si</td><td>4Gr5MoV1S
3Gr2W8V
(3Gr2W8)</td><td rowspan="2">3Gr2W8V
(3Gr2W8)
3Gr2W5Co5MoV
4Gr3Mo3W2V
4Gr3Mo3SiV
4Gr5MoV1Si</td><td rowspan="2">HRC43 ~ 47
(4GrMoV1Si)
HRC44 ~ 48
(3Gr2W8V)</td><td rowspan="2">HRC38 ~ 42</td></tr>
<tr><td>浇道镶块、浇道套、分流锥等浇注系统</td><td colspan="2">4Gr5MoV1S
3Gr2W8V
(3Gr2W8)</td></tr>
<tr><td rowspan="4">滑动配合零件</td><td>导柱、导套(斜导柱、弯销)</td><td colspan="3">T8A
(T10A)</td><td colspan="2">HRC50 ~ 55</td></tr>
<tr><td rowspan="2">推杆</td><td colspan="3">4Gr5MoV1Si
3Gr2W8V
(3Gr2W8)</td><td colspan="2">HRC45 ~ 50</td></tr>
<tr><td colspan="3">T8A(T10A)</td><td colspan="2">HRC50 ~ 55</td></tr>
<tr><td>复位杆</td><td colspan="3">T8A(T10A)</td><td colspan="2">HRC50 ~ 55</td></tr>
<tr><td rowspan="2">模架结构零件</td><td rowspan="2">动模套板、定模套板、支撑板、垫块、动模底板、定模底板、推板、推杆固定件</td><td colspan="3">45</td><td colspan="2">调质 HBS220 ~ 250</td></tr>
<tr><td colspan="3">Q235
铸钢</td><td colspan="2">—</td></tr>
</table>

注:① 表中所列材料,先列者为优先选用。

② 压铸锌、镁、铝合金的成型零件经淬火后可进行软氮化或氮化处理,氮化层深度为 0.08 ~ 0.15 mm,硬度 ≥ HV600。

4.9.2 压铸模的技术要求

1. 压铸模装配图需标明的技术要求

装配图上应标注如下几点技术要求:

① 模具的最大外形尺寸(长×宽×高)。

② 选用压铸机的型号。

③ 选用压室内径、比压或喷嘴直径。

④ 最小开模行程。

⑤ 推出机构的推出行程。

⑥ 铸件的浇注系统及主要尺寸。

⑦ 模具有关的附加的规格、数量和工作程序。

⑧ 注意特殊机构的动作过程。

2.压铸模外形和安装部位的技术要求

① 各模板的边缘均应倒角 C_2,安装面应光滑平整,不应有突出的螺钉头、销钉、毛刺和击伤的痕迹。

② 在模具非工作表面醒目的地方打上明显标记,包括以下内容:产品代号、模具编号、制造日期和模具制造厂家名称或代号。

③ 在定、动模上分别设有吊装螺钉,质量较大的零件(≥25 kg)也应设置起吊螺钉。

④ 模具安装部位的有关尺寸应符合所选用压铸机的相关对应尺寸,且装拆方便,压室的安装孔径和深度必须严格检查。

⑤ 分型面上除导套孔、斜导柱孔外,所有模具制造过程中的工艺孔、螺钉孔多应堵塞,并且与分型面平齐。

3.总体装配精度的技术要求

① 模具分型面对定、动模板安装平面的平行度,见表4.60。

表4.60 模具分型面对定、动模板安装平面的平行度 mm

被侧面最大直线长度	≤160	>160~250	>250~400	>400~630	>630~1 000	>1 000~1 600
公差值	0.06	0.08	0.10	0.12	0.16	0.20

② 导柱、导套对定、动模座板安装平面的垂直度,见表4.61。

表4.61 导柱、导套对定、动模座板安装平面的垂直度 mm

导柱导套的有效长度	≤40	>40~63	>63~100	>100~160	>160~250
公差值	0.015	0.020	0.025	0.030	0.040

③ 在分型面上,定模、动模镶块平面应分别与定模、动模模板齐平,可允许略高,但误差应控制在0.05~0.10 mm。

④ 推杆、复位杆应分别与型面平齐,推杆允许突出型面,但不大于0.1 mm。复位杆允许低于分型面,但误差应不大于0.05 mm。

⑤ 模具所有活动部件应保证位置准确,动作可靠,不得有卡滞和歪斜的现象。要求固定的零件不得相对蹿动。

⑥ 浇道的转接处应光滑连接,镶拼处应紧密,未注脱模斜度不小于5°,表面粗糙度不大于0.4 μm。

⑦ 滑块运动应平稳,合模后滑块与楔紧块应压紧,接触面积不小于3/4,开模后定位准确可靠。

⑧ 合模后分型面应紧密贴合,局部间隙不大于0.05 mm(排气槽除外)。

⑨ 冷却水路应畅通，不应有渗漏现象，进水口和出水口应有明显标记。

⑩ 所有成形表面粗糙度不大于 0.4 μm，所有表面不允许有击伤、擦伤和微裂纹。

4. 压铸模结构零件的公差与配合

压铸模是在高温下进行工作，因此在选择压铸模零件的配合公差时，不仅要求在室温下达到一定的装配精度，而且要求在工作温度下保证各部分机构尺寸稳定、动作可靠。尤其是金属液直接接触的零件部位，在填充过程中受到高压、高速和热交变应力，与其他零件配合间隙容易产生变化，影响压铸的正常进行。

配合间隙的变化除与温度有关以外，还与模具零件的材料、形状、体积、工作部位受热程度以及加工装配后实际的配合性质有关。因此，压铸模零件在工作时的配合状态十分复杂，通常应使配合间隙满足以下两点要求：

① 对于装配后固定的零件，应使其在金属液冲击下不产生位置上的偏差。受热膨胀后变形不能使配合过紧，以防模具镶块和套板局部严重过载而导致模具开裂。

② 对于工作时活动的零件，其受热后应维持间隙配合的性质，保证填充过程中，金属液不致蹿入配合间隙。

根据国家标准(GB/T 1800—1999)，结合国内外压铸模制造和使用的实际情况，现将压铸模各主要零件的公差与配合精度推荐如下。

(1) 成型尺寸的公差。

一般公差等级规定 IT9 级，孔用 H，轴用 h，长度用 GB/T 1800—F。个别特殊尺寸在必要时取 IT6 ～ IT8 级。

(2) 成型零件配合部位的公称与配合。

① 与金属液接触受热量较大零件的固定部分，主要指套板和镶块、镶块和型芯、套板和浇道套、镶块和分流锥等。

整体式配合类型和精度为 H7/h6 或 H8/h7。

镶拼式的孔取 H8；轴中尺寸最大的一件取 h7，其余各件取 js7，并应使装配累计公差为 h7。

② 活动零件活动部分的配合类型和精度：活动零件包括型芯、推杆、推管、成型推板、滑块和滑块槽等，孔取 H7；轴取 e7、e8 或 d8。

③ 镶块、镶件和固定型芯的高度尺寸公差取 F8。

④ 基面尺寸的公差取 js8。

(3) 模板尺寸的公差与配合。

① 基面尺寸的公差取 js8。

② 型芯面为圆柱或对称形状，从基面到模板上固定型芯的固定孔中心线的尺寸公差取 js8。

③ 型芯为非圆柱或对称形状，从基面到模板上固定型芯的边缘的尺寸公差取 js8。

④ 组合式套板的厚度尺寸公差取 h10。

⑤ 整体式套板的镶块孔的深度尺寸公差取 h10。

⑥ 滑块槽的尺寸公差：

a. 滑块槽到基面的尺寸公差取 f7。

b. 对组合式套板，从滑块槽到套板底面的尺寸公差取 js8。

c. 对整体式套板，从滑块槽到镶块孔底面的尺寸公差取 js8。

(4) 导柱、导套的公差与配合。

① 导柱、导套固定处，孔的尺寸公差取 H7，轴的尺寸公差取 m6、r6 或 k6。

② 导柱、导套间隙配合处，若孔的尺寸公差取 H7，则轴的尺寸公差取 k6 或 f7；若孔的尺寸公差取 H8，则轴的尺寸公差取 e7。

(5) 导柱、导套与基面之间的尺寸。

① 从基面到导柱、导套中心线的尺寸公差取 js7。

② 导柱、导套中心线之间距离的尺寸公差取 js7，或者配合加工。

(6) 推板导柱、推杆固定板与推板之间的公差与配合。

孔的尺寸公差取 H8，轴的尺寸公差取 f8 或 f9。

(7) 型芯台、推杆台与相应尺寸的公差。

孔台深取 0.05 ～ 0.10 mm；轴台高取 －0.03 ～－0.05 mm。

(8) 各种零件未标注公差尺寸的公差等级。

此类均为 IT14 级，孔用 H，轴用 h，长度(高度) 及距离尺寸按 Js14 级精度选取。

5. 压铸模结构零件的形位公差和表面粗糙度

形位公差是零件表面形状和位置的偏差。成型工作零件的成型部位和其他所有机构件的基准部位形位公差在偏差范围，一般均要求在尺寸的公差范围内，在图样上不再另加标注。压铸模零件其他表面的形位公差的精度等级按表 4.62 选取，在图样上标注。

表 4.62　压铸模零件的形位公差精度等级的选用

有关要素的形位公差	选用精度
导柱固定部位的轴线与导滑部分轴线的同轴度	5 ～ 6 级
圆形镶块各成型台阶表面对安装表面的同轴度	5 ～ 6 级
导套内径与外径轴线的同轴度	6 ～ 7 级
套板内镶块固定孔轴线与其他套板上的孔的公共轴线同轴度	圆孔 6 级，非圆孔 7 ～ 8 级
导柱或导套安装孔的轴线与套板分型面的垂直度	5 ～ 6 级
套板的相邻两侧面为工艺基准的垂直度	5 ～ 6 级
镶块相邻两侧面和分型面对其他侧面的垂直度	6 ～ 7 级
套板内镶块孔的表面与其分型面的垂直度	7 ～ 8 级
镶块上型芯固定孔的轴线对分型面的垂直度	7 ～ 8 级
套板两平行面的平行度	5 级
镶块相对两侧面和分型面对其底面的平行度	5 级
套板内镶块孔的轴线与分型面的端面圆跳动	6 ～ 7 级
圆形镶块的轴线对其端面的径向圆跳动	6 ～ 7 级
镶块的分型面、滑块的密封面、组合拼块的组合面等的平行度	≤ 0.05 mm

注：图样中未标注的形位公差应符合 GB/T 1184－1996《形状和位置公差未注公差的规定》，其公差等级按 C 级。

压铸模零件的表面粗糙度，既影响压铸件的表面质量，又影响模具的使用、磨损和寿命。应按零件的工作需要选取，其适宜的表面粗糙度见表 4.63。

表 4.63 压铸模的表面粗糙度

表面部位	表面粗糙度 /μm
镶块、型芯等成型零件的成型表面和浇注系统表面	0.1 ～ 0.2
镶块、型芯、浇道套、分流锥等零件的配合表面	⩽0.4
导柱、导套、推杆、斜导柱等零件的配合表面	⩽0.8
模具分型面、各模板间的接合面	⩽0.8
型芯、推杆、浇道套、分流锥等零件的支撑面	⩽1.6
非工作的其他表面	⩽6.3

4.10 压铸模设计程序

压铸模设计程序因设计人员的技术熟练程度和习惯不同而异，一般程序如下所述。

1. 对压铸件进行结构分析

在设计压铸模前，首先对压铸件进行结构分析，在可能的情况下，使压铸件更加符合压铸工艺要求。

(1) 在满足压铸件结构强度的条件下，宜采用薄壁结构。这样不仅可减轻压铸件的质量，也减少了模具的热载荷。压铸件壁厚应均匀，避免热节，减少局部热量集中，降低模具材料的热疲劳。压铸件的正常壁厚和最小壁厚见表 4.64。

(2) 压铸件所有转角处应当有适当的铸造圆角，以避免相应部位形成棱角使该处产生裂纹和塌角。

(3) 压铸件上应尽量避免窄而深的凹穴，使模具的相应部分出现尖角，使散热条件恶化而产生断裂。压铸件上有过小的圆孔时，可只在铸件表面上压出样冲眼位置，然后再对压铸件后加工。压铸件的最小孔径与孔深的关系见表 4.65。

(4) 分析压铸件上的尺寸精度用压铸方法加工能否达到，若不能达到，则应留加工余量以便后加工，压铸件能达到的尺寸精度见表 4.66，其机械加工余量见表 4.67。

表 4.64 正常壁厚及最小壁厚 mm

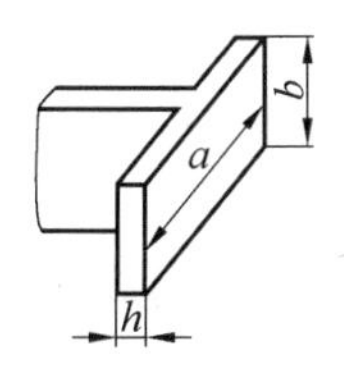

合金	锌合金		铝合金		镁合金		铜合金	
	壁厚 h							
	最小	正常	最小	正常	最小	正常	最小	正常
锌合金	0.5	1.5	0.8	2.0	0.8	2	0.8	1.5
铝合金	1.0	1.8	1.2	2.5	1.2	2.5	1.5	2.0
镁合金	1.5	2.2	1.8	3.0	1.8	3	2.0	2.5
铜合金	2.0	2.5	2.5	4.0	2.5	4.0	2.5	3.0

表 4.65 压铸件的最小孔径与孔深的关系

合金	最小孔径 d/mm		深度为孔径 d 的倍数			
	经济上合理的	技术上可行的	不通孔		通孔	
			$d>5$	$d<5$	$d>5$	$d<5$
锌合金	1.5	0.8	$6d$	$4d$	$12d$	$8d$
铝合金	2.5	2.0	$4d$	$3d$	$8d$	$6d$
镁合金	2.0	1.5	$5d$	$4d$	$10d$	$8d$
铜合金	4.0	2.5	$3d$	$2d$	$5d$	$3d$

表 4.66 压铸件能达到的尺寸精度(IT 值)

压铸件的材料	压铸件空间对角线长度 /mm							
	<50	>50～180	>180～500	>500	<50	>50～180	>180～500	>500
	可能达到的公差等级(GB/T 1800－1997)				配合尺寸公差等级(GB/T 1800－1997)			
锌合金	8～9	10	11	12～13	10	11	12～13	—
铝合金	10	11	12～13	12～13	11	12～13	14	14
镁合金	10	11	12～13	12～13	11	12～13	14	14
铜合金	11	12～13	14	12～13	12～13	14	—	—

表 4.67 压铸件的机械加工余量 mm

尺寸	<30	>30～50	>50～80	>80～120	>120～180	>180～260	>260～360	>360～500
每面余量	0.3	0.4	0.5	0.6	0.7	0.8	1.0	1.2

2. 选择分型面及浇注系统

根据选择分型面的基本原则合理选择分型面的位置，并根据铸件的结构特点合理选择浇注系统，使铸件具有最佳的压铸成型条件、最长的模具寿命和最好的模具机械加工性能。

3. 选择压铸机型号

根据铸件的形状、尺寸及工厂实际压铸机的拥有情况，选定压铸机的型号规格。

4. 合适的模具结构

在确定压铸模结构时，应考虑下列情况：

① 模具中各结构元件应有足够的刚性，以承受锁模力和金属液填充时的反压力，且不产生变形。所有与金属液接触的部位，均应选择耐热模具钢。

② 尽量防止金属液正面冲击或冲刷型芯，避免浇道流入处受到冲蚀。当上述情况不可避免时，受冲蚀部分应做成镶块式，以便经常更换；也可采用较大的内浇道截面来保持模具的热平衡，以提高模具寿命。

③ 合理选择模具镶块的组合形式，避免锐角、尖角，以适应热处理的要求。推杆与型芯孔应与镶块的边缘保持一定的距离，以免减弱镶块的强度。模具易损部分也应考虑用镶拼结构，以便更换。

④ 成型处拼接后容易在铸件上留下拼接痕，因此拼接痕的位置确定应考虑铸件的美观和使用性能。

⑤ 模具的尺寸大小应与选择的压铸机相对应。

5. 画出压铸模装配图

压铸模装配图反映各零件之间的装配关系，主要包括零件的形状、尺寸及压铸的工作原理。

6. 对相关零件进行刚度或强度计算

7. 画出压铸模零件图

在设计压铸模零件时应注意以下几点：

① 对于零件和浇注系统的零件，其材料和热处理硬度参见表4.59的要求。

② 压铸锌、镁、铝合金的成型零件经淬火工艺处理后，成型面要进行软氮化或氮化处理，氮化深度为0.08～0.15 mm，硬度≥HV600。

③ 模具零件非工作部位棱边均应倒角或倒圆。型面与分型面或型芯、推杆等相配合的交接边缘不允许倒角或倒圆。

④ 零件的设计应考虑制造工艺的可能性。

⑤ 零件图的绘制应首先从成型零件开始，然后再逐步设计出动、定模套板，垫板，滑块等结构零件。

⑥ 零件设计结束后，应经过仔细复核，以免造成差错。

第5章　离心铸造

5.1　概　　述

离心铸造是将金属液浇入旋转的铸型中，在离心力的作用下填充铸型而凝固成形的一种铸造方法。对于离心铸造，Erchart在1809年申请了第一个专利，直到20世纪初期离心铸造才逐渐被采用。我国在20世纪30年代就开始使用离心铸造方法生产管、筒类铸件，目前离心铸造的生产已经高度机械化、自动化。

1. 离心铸造的分类

离心铸造必须采用离心铸造机，以提供使铸型旋转的条件。根据铸型旋转轴线在空间的位置，离心铸造分为立式离心铸造和卧式离心铸造两种。

(1) 立式离心铸造。

立式离心铸造的铸型是绕垂直轴旋转的，如图5.1所示。由于铸型的安装及固定比较方便，铸型可采用金属型，也可采用砂型、熔模型壳等非金属型。立式离心浇注主要用于生产圆环类铸件，也可用来生产异形铸件，如图5.2所示。

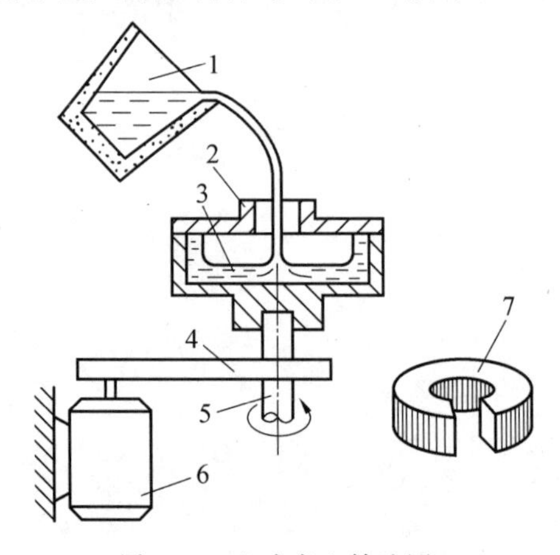

图5.1　立式离心铸造图

1— 浇包；2— 铸型；3— 液体金属；4— 皮带轮和皮带；5— 旋转轴；6— 电动机；7— 铸件

(2) 卧式离心铸造。

卧式离心铸造的铸型是绕水平轴或与水平线交角很小的轴旋转浇注的，如图5.3所示。

卧式离心铸造铸型可采用金属型，也可采用砂型、石膏型、石墨型、陶瓷型等非金属型。它主要用于生产套筒类或管类铸件。

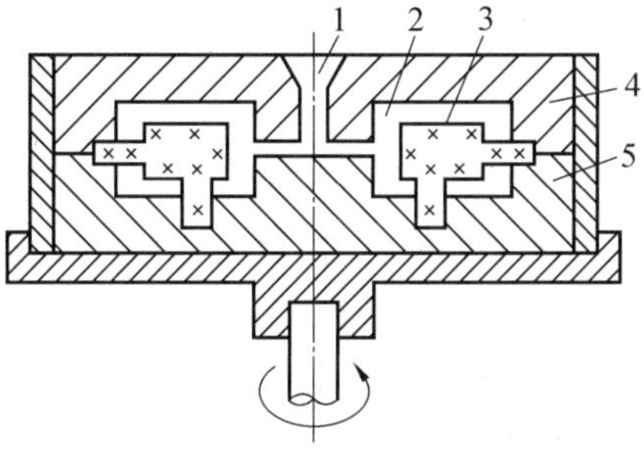

图 5.2　立式离心浇注异形铸件

1— 浇注系统；2— 型腔；3— 型芯；4— 上型；5— 下型

2. 离心力与铸型材料分类

（1）离心铸造按离心力应用情况可分为真正离心铸造、半真离心铸造和非真离心铸造三类。

不用型芯，仅靠离心力使金属液与铸型型壁贴紧成型的方法称为真正离心铸造，其特点是铸件轴线与旋转轴线重合；半真离心铸造的中心孔可以由型芯形成，但铸型形状仍然是轴对称的，离心力不起成形作用，仅帮助充型与凝固，铸型转速较低；非真离心铸造的铸件形状不受限制，其利用旋转产生的离心力增加金属液凝固时的压力，铸件轴线与旋转轴不重合，转速更低。目前，应用较多的还是真正离心铸造的水平离心铸造法。

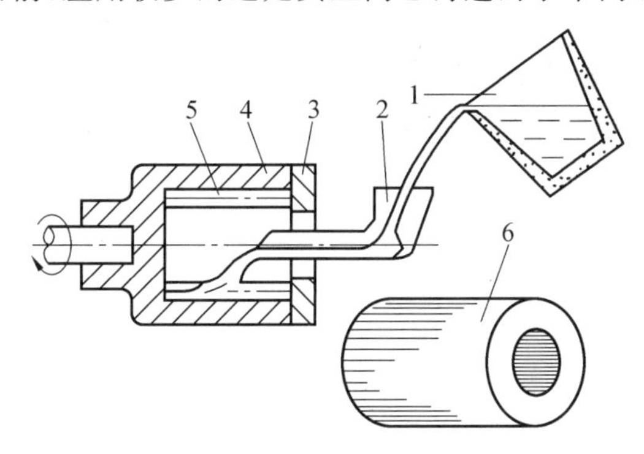

图 5.3　卧室离心铸造图

1— 浇包；2— 浇注槽；3— 端盖；4— 铸型；5— 液体金属；6— 铸件

（2）离心铸造按铸型材料可分为金属型离心铸造、砂型离心铸造、衬耐火材料金属型离心铸造及其他材料铸型离心铸造。离心铸造中，金属型可在不同温度下工作，按铸型温度可分为冷模离心铸造和热模离心铸造。将金属型密闭在水套中，通冷却水冷却来控制金属型在工作时处于低温状态的离心铸造方法，称为水冷金属型或冷模离心铸造；不采用冷却或在空气中冷却时，金属型工作温度较高，此种方法则称为热模离心铸造。

3. 离心铸造的特点及应用

与其他铸造方法相比，离心铸造具有如下特点：离心铸造的铸件致密度较高，气孔、夹渣等缺陷少，力学性能较高；生产中空铸件时可不用型芯，生产长管形铸件时可大幅度改善金属充型能力，简化铸件的生产过程；离心铸造中几乎没有浇注系统和冒口系统的金属消耗，大大提高了铸件出品率；离心铸造成形铸件时，可借离心力提高金属液的充型性，故可生产薄壁铸件；离心铸造便于制造筒、套类复合金属铸件。但是，离心铸造用于生产异型铸件时有一定的局限性。

离心铸造应用广泛，用离心铸造法既可以生产铁管、内燃机缸套、各类铜套、双金属钢背铜套、轴瓦、造纸机滚筒等产量很大的铸件，也可以生产双金属铸铁轧辊、加热炉底耐热钢辊道、特殊钢无缝钢管毛坯、刹车鼓、活塞环毛坯、铜合金蜗轮毛坯、叶轮、金属假牙、小型阀门等经济效益显著的铸件。离心铸造制备的铸件最小内径可为 8 mm，最大直径达 3 m，最大长度为 8 m，铸件质量可为几克至十几吨。

5.2 离心铸造原理

5.2.1 离心力和离心力场

离心铸造时，假设金属液中某个质量为 m 的质点 M，以一定的旋转角速度 ω 做圆周运动，旋转半径为 r，如图 5.4 所示，则此质点旋转时产生的离心力 F 为

$$F = m\omega^2 r = \frac{\pi^2 mn^2 r}{900} \approx 0.011mrn^2 \tag{5.1}$$

式中，n 为转速，r/min。

离心铸造时产生离心力的旋转金属所占的空间称为离心力场，在此力场中每个金属质点都受到式(5.1) 所示的离心力的作用。

离心力场中单位体积液体金属的质量即为它的密度 ρ，这部分液体金属产生的离心力称为有效重度 γ'，其计算公式为

$$\gamma' = \rho\omega^2 r = \frac{\gamma\omega^2 r}{g} \tag{5.2}$$

式中，γ 为金属的重度，N/m^3。

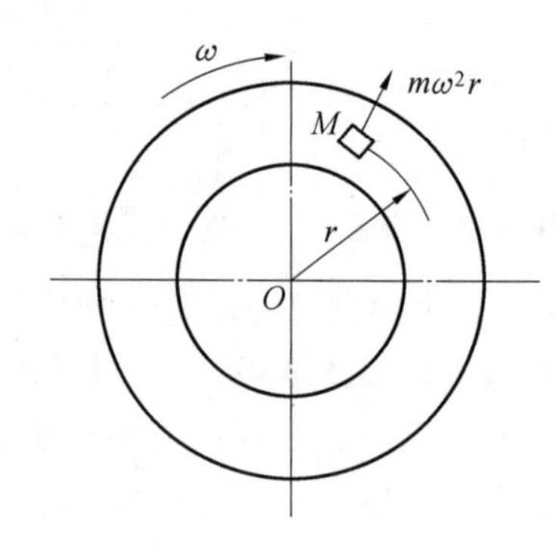

图 5.4 离心力场的示意场

有效重度大于一般重度的倍数，称为重力系数 G，即

$$G = \frac{\omega^2 r}{g} \tag{5.3}$$

离心铸造时，重力系数的数值为几十至一百多。

5.2.2 离心力场中液体金属自由表面的形状

离心铸造时，在离心力的作用下，与大气接触的金属液表面冷凝后最终成为铸件的内表面，这一表面称为自由表面。离心力场中液体金属自由表面的形状主要由重力和离心力的综合作用决定。

1. 立式离心铸造时自由表面的形状

立式离心铸造时，金属液的自由表面为回转抛物线形状。如在铸型上截取轴向断面，可得到图5.5所示的形状。

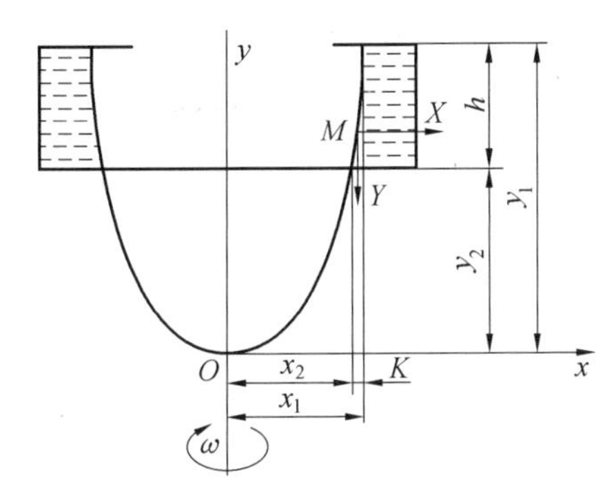

图5.5 立式离心铸造时液体金属轴向断面上自由表面的形状

取金属液自由表面上的某一质点 M，因自由表面与大气接触，是一个等压面，所以由水力学中的欧拉公式可知，当液体质点受力在等压面上做微小位移时，应满足

$$X\mathrm{d}x + Y\mathrm{d}y + Z\mathrm{d}z = 0 \tag{5.4}$$

式中，X、Y、Z 为质点在 x、y、z 轴方向上所受的力，N；$\mathrm{d}x$、$\mathrm{d}y$、$\mathrm{d}z$ 为质点在 x、y、z 轴方向上微小位移的投影，m。

由式(5.1)及重力可知：$X = m\omega^2 x$，$Y = mg$，由于自由表面为一个回转面，故 z 方向合力为0。将 X、Y 值代入式(5.4)得

$$m\omega^2 x\mathrm{d}x + mg\mathrm{d}y = 0 \tag{5.5}$$

移项积分后，得

$$y = \frac{\omega^2}{2g}x^2 \tag{5.6}$$

式(5.6)为一个抛物线方程，因此，在立式离心铸造的旋转铸型中，液体金属的自由表面是一个绕垂直旋转轴的回转抛物面，故凝固后的铸件沿着高度存在着壁厚差，上部的壁薄，内孔直径较大，下部的壁厚，内孔直径较小，其半径相差数值 K（单位为 m）可用下式估算：

$$K = x_1 - \sqrt{x_1^2 - \frac{0.18h}{\left(\frac{n}{100}\right)^2}} \tag{5.7}$$

式中，n 为铸型转速，r/min；x_1 为铸型上部金属液内孔半径，m；h 为铸件高度，m。

由此可知，当铸型转速不变时，铸件越高，壁厚差越大；当铸件高度一定时，提高铸型的转速，可减少壁厚差。

若已知铸件高度和允许的壁厚差，则可用下式估算所需的铸型转速：

$$n = 42.3\sqrt{\frac{h}{x_1^2 - x_2^2}} \tag{5.8}$$

式中，x_2 为铸件下部的内孔半径，m。

2. 卧式离心铸造时自由表面的形状

卧式离心铸造时，液体金属自由表面的形状为一个圆柱面，由于离心力和重力场的联合作用，其轴线在未凝固时会向下偏移一段很小的距离，而在金属液的凝固过程中，因液态金属是由外壁向自由表面结晶的，同时，型壁上同一圆周各处冷却速度相同，随着凝固过程的进行，温度降低，液态金属的黏度增大，所以内壁金属液各处厚度趋于均匀，偏移现象逐渐消失，最后，铸件的内表面不会出现偏心。

5.2.3 液体金属中异相质点的径向运动

浇入旋转铸型的金属液常常夹有密度与金属液本身不一样的异相质点，如随金属液体进入铸型的夹杂物和气泡、渣粒，不能互溶的合金组元及凝固过程中析出的晶粒和气体等。密度较小的颗粒会向自由表面移动（内浮），密度较大的颗粒则向型壁移动（外沉），它们的沉浮速度为

$$v = \frac{d^2(\rho_1 - \rho_2)\omega^2 r}{18\eta} \tag{5.9}$$

式中，v 为颗粒的沉浮速度，正值为沉，负值为浮，m/s；d 为异相质点颗粒直径，m；ρ_1，ρ_2 分别为金属液和异相质点颗粒的密度，kg/m^3；η 为金属液的动力黏度，Pa·s。

与一般重力场铸造比较，异相质点的沉浮速度增大 $G = \frac{\omega^2 r}{g}$，故离心铸造时，渣粒、气泡等密度比金属液小的质点能很快浮向自由表面，减少铸件内部污染，提高铸件的致密度，但铸件内易形成密度偏析，如离心铸铁件中的硫偏析，离心铸钢件中的碳偏析，离心铅青铜件中的铅偏析等。改善铸型冷却条件，可减轻偏析的产生。

5.2.4 离心铸件在液体金属相对运动影响下的凝固特点

在离心铸件的断面上常会发现两种独特的宏观组织，即倾斜的柱状晶和层状偏析。

(1) 离心铸型径向断面上金属液的相对运动及其对铸件结晶的影响。

由于离心铸造时，金属液是浇入正在快速旋转的铸型中，在它与型壁接触之前，本身没有与铸型同样方向的旋转初速度，而是被铸型借助于摩擦力带动而进行转动的。由于惯性的作用，进入型内的金属液在最初一段时间内往往不能与铸型做同样速度的转动而有些滞后，越靠近自由表面，滞后现象越严重，随着时间的推移，滞后现象会逐渐减弱，直至消失。

这种径向相对运动会阻碍异相质点内浮外沉，使凝固时结晶前沿的液固相共存区增大，在结晶前沿上的金属液相对流动还会使离心铸件径向断面上出现倾斜的柱状晶，如图 5.6 所示，柱状晶的倾斜方向与铸型旋转方向一致。

(2) 离心铸型轴向断面上金属液的相对运动及其对铸件结晶的影响。

离心铸型轴向断面上金属液的相对运动有两种。

在卧式离心铸造时，浇入型内的金属液有从掉落的铸型区段（落点）向铸型两端流动填充铸型的过程（轴向运动），此运动结合由惯性引起的转动速度的滞后，使金属液沿铸型壁的轴向运动成为一种螺旋线运动，如图 5.7 所示。此螺旋线在进行方向上的旋转方向与铸型的旋转方向相反，图中螺旋线上的箭头表示金属液自落点向两端流动的方向。故离心铸件外表面上常有螺旋线形状的冷隔痕迹。

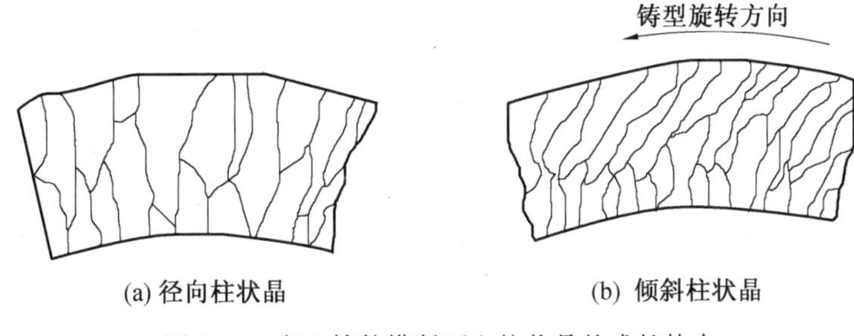

图 5.6 离心铸件横断面上柱状晶的成长特点

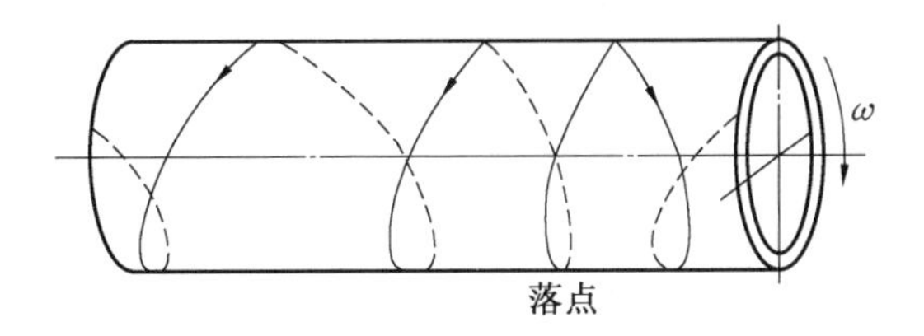

图 5.7 金属液在铸型壁上的螺旋线形轴向运动

在生产较长的管状离心铸件时，进入铸型的液体金属除了沿四周方向覆盖铸型内表面外，还会沿内表面以一股液流的形式层状地在铸件上做轴向流动，以完成填充成形过程，如图 5.8 所示。图中数字表示各层金属液的流动次序，即第一层金属液做轴向流动时，由于铸型的冷却作用，使温度降低，液体金属的黏度增大，流动速度减小，而内表面温度较高，第二股流便在第一股流上流动并超越第一股流的前端，继续向前流动一段距离，依次类推。由于层状流动时温度降低较快，各液层的金属均按各自条件进行凝固，因而各层的金相组织、组元的分布也会有所不同，所以常在铸件断面上出现层状偏析，且大多以近似于同心圆环的形式分层，如图 5.9 所示。

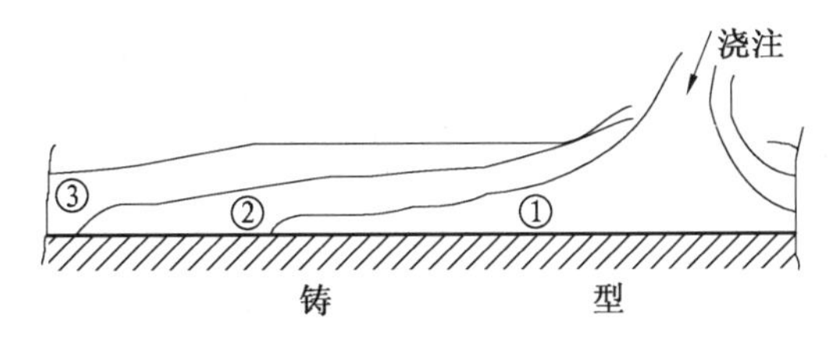

图 5.8 离心铸型纵断面上液体金属层状流动示意图

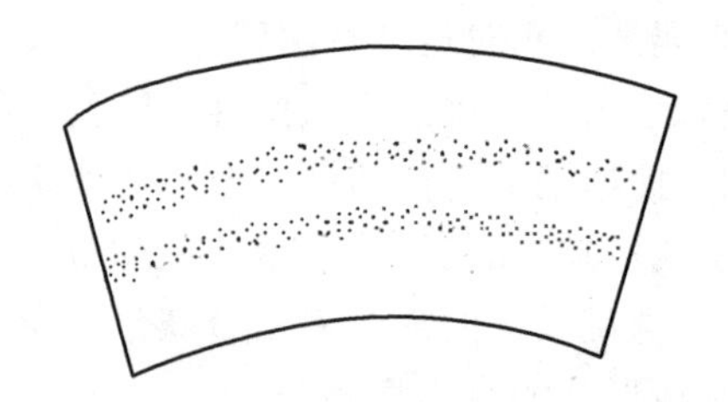

图 5.9　离心铸件横断面上的层状偏析

5.3　离心铸造机

离心铸造机的结构形式有很多,总体来说离心铸造机可分为立式离心铸造机和卧式离心铸造机,卧式离心铸造机又有滚筒式和悬臂式两种。

立式离心铸造机的基本结构如图 5.10 所示。机身安装在地坑中,上层轴承座可通水冷却。铸件最大外径为 3 000 mm,最大高度为 300 mm。主轴最大载重为 25 000 N,铸型最高转速为 500 r/min。铸型安装在垂直主轴(或与主轴固定在一起的工作台面)上,主轴的下端用止推轴承和径向轴承限位,上方用径向轴承限位。上、下轴承均安装在机座上,主轴安装带轮。启动电动机,通过传动带带动铸型转动。立式离心铸造机仅在有限领域使用,装备多为自行设计制造的。

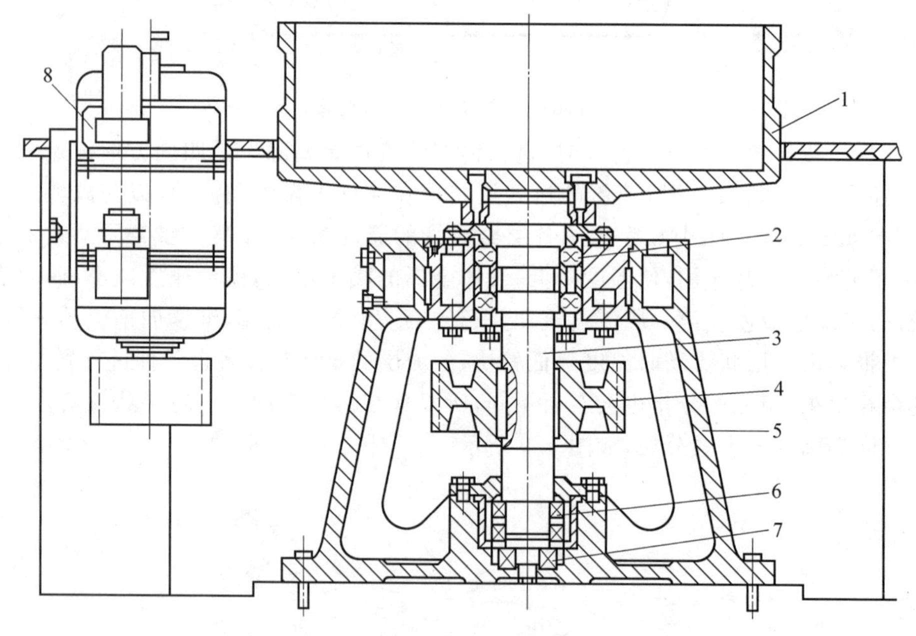

图 5.10　立式离心铸造机

1— 铸型套;2— 轴承;3— 主轴;4— 带轮;5— 机座;6,7— 轴承;8— 电动机

卧式滚筒式离心铸造机的结构如图 5.11 所示。两支承轮中心与铸型中心连线的夹角为 90° ~ 120°,支承轮轴承间距离可横向调整,以满足不同直径铸件浇注的需要。铸件最大直径为 1 100 mm,铸件最大长度为 4 000 mm,特殊情况下可达 8 000 mm,铸型转速

为 150 ~ 800 r/min。该设备可用于生产各种直径的管状铸件，如各种铸铁管、造纸机滚筒和轧钢机轧辊等。

卧式悬臂式离心铸造机的结构如图 5.12 所示。铸型安装在水平的主轴上，主轴由安装在机座上的轴承支撑，在主轴的中部或端部有带轮，当电动机启动时，通过带轮带动主轴使铸型转动。浇注槽装在悬臂回转架上。凝固后的铸件用气缸通过顶杆将铸件和内型套一起顶出。铸件最大直径为 400 mm，铸件最大长度为 600 mm，铸件最大质量为 120 kg，铸型转速为 250 ~ 1 250 r/min，电动机功率为 3 ~ 10 kW（上限为带轮装在主轴端部，下限为带轮装在主轴中部），可生产各种中、小型缸套，铜套等套筒类铸件。

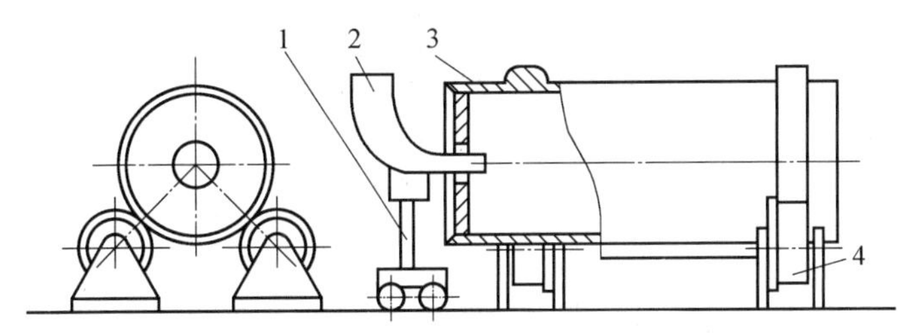

图 5.11　卧式滚筒式离心铸造机的结构

1— 浇槽支架；2— 浇注槽；3— 铸型；4— 托辊

多工位卧式离心铸造机的结构如图 5.13 所示，它是按生产工序的要求，由多台小型悬臂式离心机安装在回转盘上组合而成的。回转盘由气缸驱动做间歇式转动，每转一个工位完成相应的工序。每工位均有一个小电机带动铸型旋转，浇注槽和气缸杆只有一套，且位置固定，用于生产小型缸套，生产效率高。

卧式水冷金属型离心铸造机的结构如图 5.14 所示，其是将金属铸型完全浸泡在一定温度的封闭冷却水中，以提高冷却速度和生产效率的一种离心铸造机。其特点是金属管模的冷却强度较大，金属液凝固速度较快，组织中存在渗碳体，断面多为白口，机械化、自动化程度较高。水冷金属型离心铸造机分为二工位和三工位两种机型，使用最广泛的是二工位机型。水冷金属型离心铸造机的结构复杂，主要由浇注系统、机座、离心机、拔管机、控制系统、运管小车、桥架及液压站 8 个部分组成。国内外通常使用生产直径在 1 000 mm 以下的铸管。

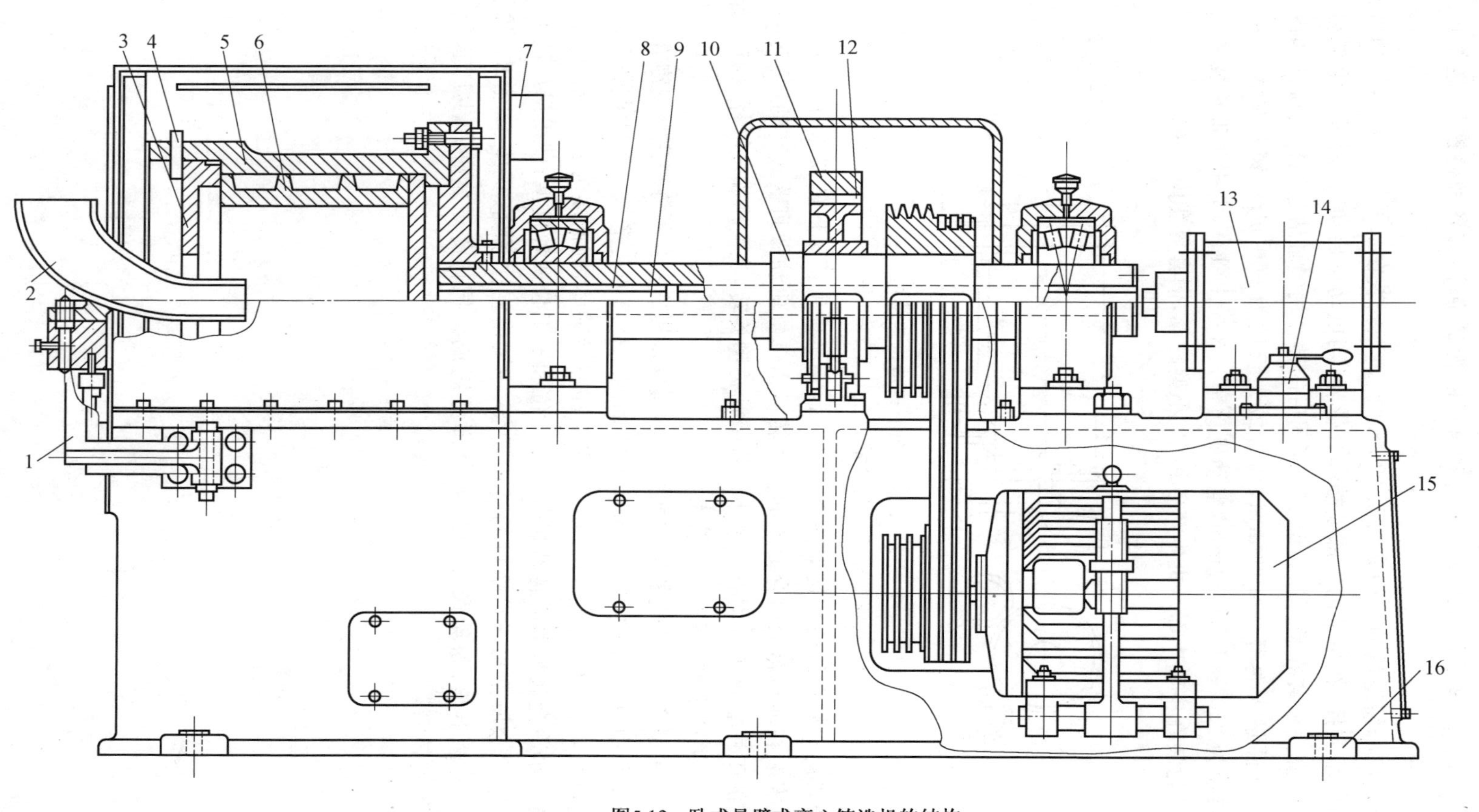

图5.12 卧式悬臂式离心铸造机的结构

1—浇槽支架；2—浇注槽；3—端盖；4—销子；5—外型；6—内型；7—挡板；8—弹簧；
9—顶杆；10—主轴；11—闸板；12—制动轮；13—气缸；14—气阀；15—电动机；16—机座

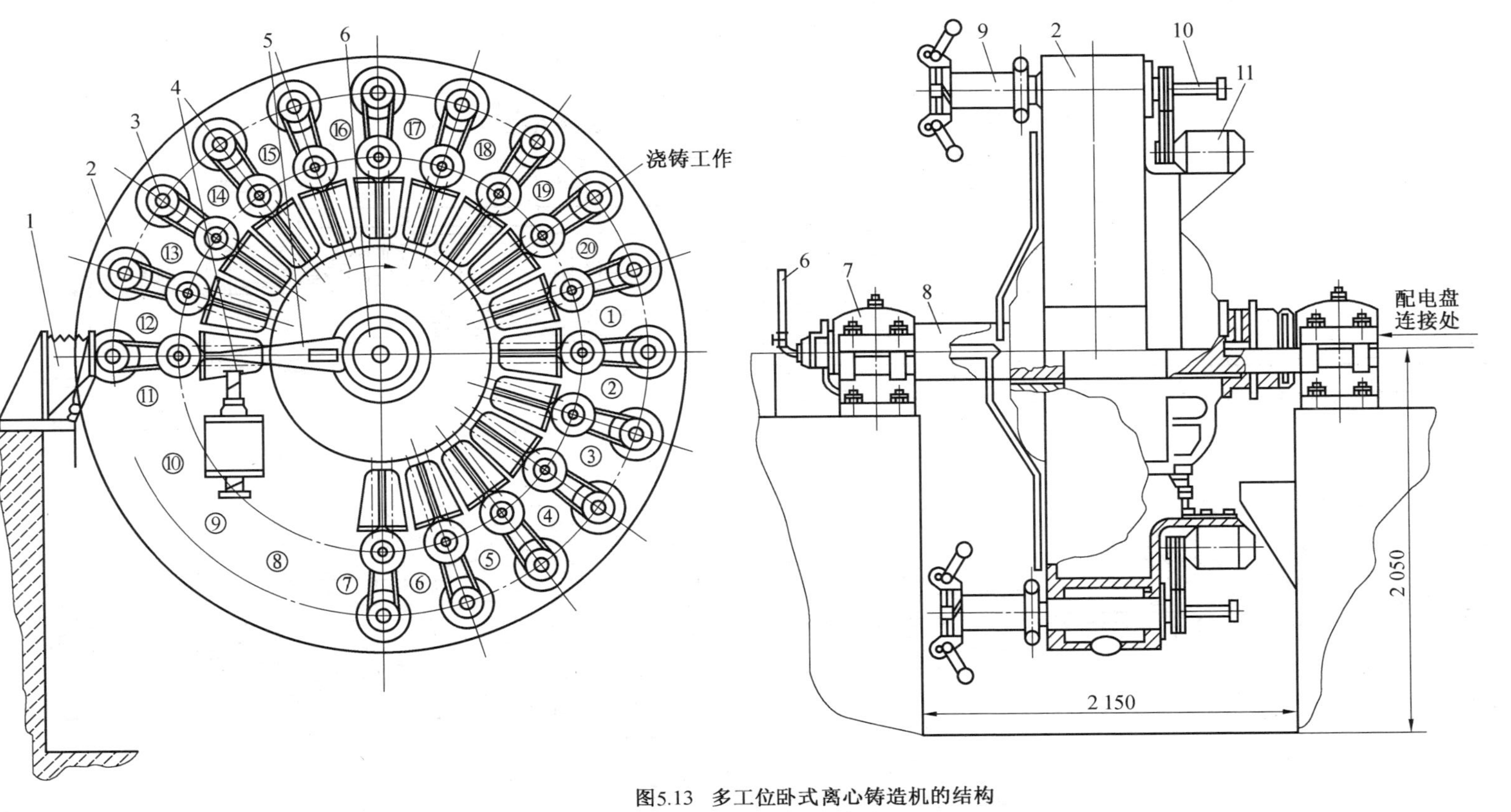

图5.13 多工位卧式离心铸造机的结构

1—单机制动闸；2—大转盘；3—单机带轮；4—驱动大转盘气缸；5—转盘摇臂；6—冷却水管；
7—轴承座；8—主轴；9—铸模；10—顶杆；11—电动机

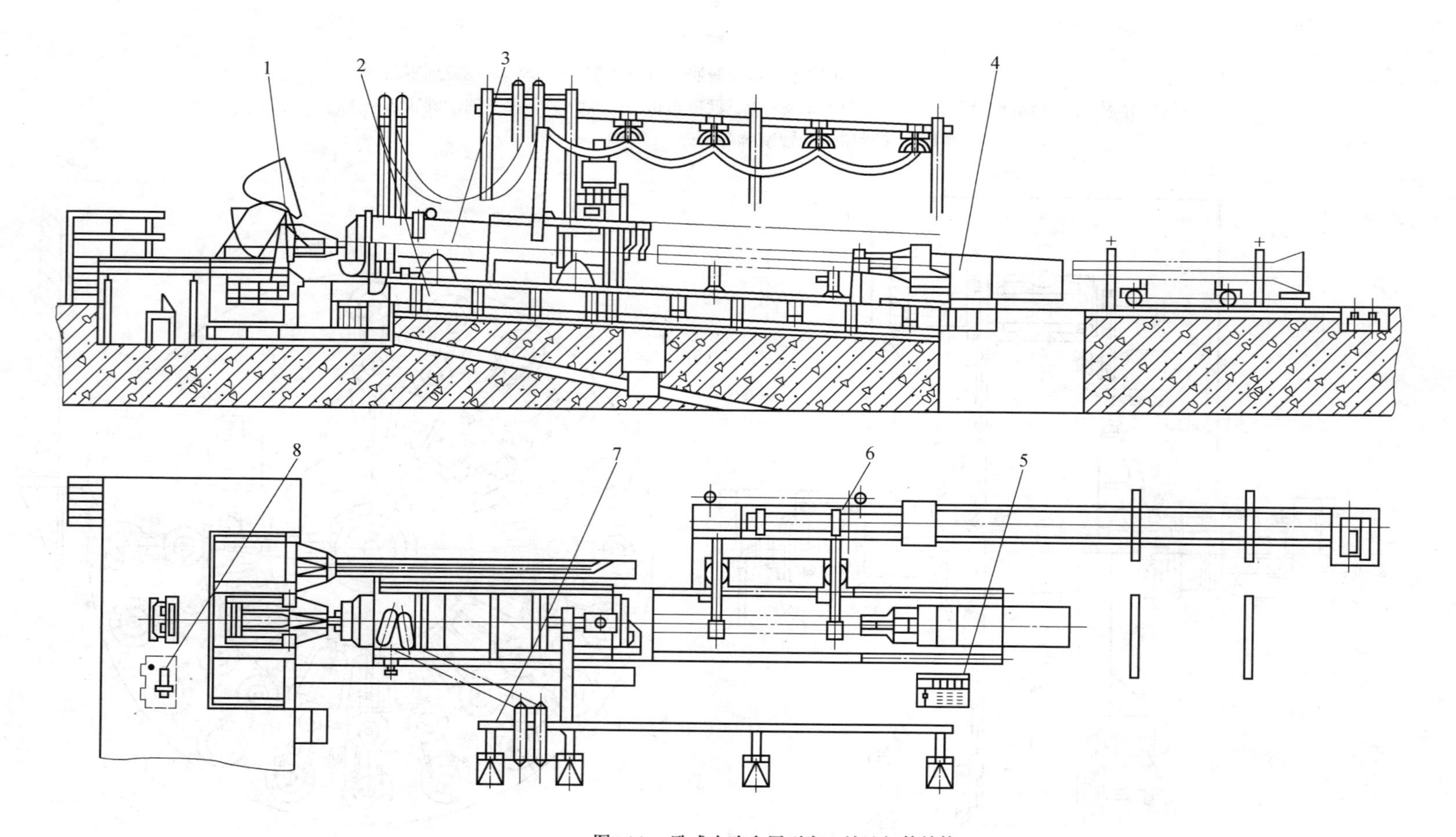

图5.14 卧式水冷金属型离心铸造机的结构

1—浇注系统；2—机座；3—离心机；4—拔管机；5—控制系统；6—运管小车；7—桥架；8—液压站

5.4 离心铸造工艺

5.4.1 铸型转速的选择

铸型转速是离心铸造的重要因素，对于不同的铸件、不同的铸造工艺，铸件成形时的铸型转速也不一样。过低的铸型转速会使立式离心铸造时金属液充型不良，卧式离心铸造时出现金属液雨淋现象，也会使铸件内出现疏松、夹渣、铸件内表面凹凸不平等缺陷；铸型转速太高，铸件上易出现纵向裂纹、偏析，砂型离心铸件外表会形成膨箱等缺陷；太高的铸型转速也会使机器出现大的振动，使磨损加剧，功率消耗过大。故铸型转速的选择原则应是在保证铸件质量的前提下，选取最小的数值。

实际生产中，常用一些经验公式计算铸型转速，一般转速在＜15％的偏差时，不会对浇注过程和铸件质量产生显著的影响。生产中，当铸件外半径与铸件内半径的比值不大于1.5时，铸型转速广泛采用康斯坦丁诺夫公式计算，即

$$n=\beta\frac{55\ 200}{\sqrt{\gamma^{r_0}}} \tag{5.10}$$

式中，n 为铸型转速，r/min；γ 为铸件合金度，N/m^3；r_0 为铸件内径半径，m；β 为对康斯坦丁诺夫公式的修正系数，具体取值见表5.1。

表5.1　康斯坦丁诺夫公式的修正系数

离心铸造类型	铜合金卧式离心铸造	铜合金立式离心铸造	铸铁	铸钢	铝合金
β	1.2～1.4	1.0～1.5	1.2～1.5	1.0～1.3	0.9～1.1

在实际生产中，为了获得组织致密的铸件，可根据金属液自由表面上的有效重度或重力系数来确定铸型的转速，其计算公式为

$$n=29.9\sqrt{\frac{G}{r_0}} \tag{5.11}$$

式中，G 为重力系数，可按表5.2选取。

表5.2　重力系数 G 的选用

铸件合金种类	重力系数 G
铜合金	40～110
铸铁	45～110
铸铜	40～75
ZL102	50～90

此外也可采用综合系数来计算铸型的转速(凯门公式)，计算公式为

$$n=\frac{G}{\sqrt{r_0}} \tag{5.12}$$

式中，G 为综合系数，由铸件合金及铸型的种类、浇注速度等因素决定，具体数值见表5.3。

表 5.3 综合系数的选用

铸件合金种类	铸件名称举例	G
铝合金	—	13 000 ～ 17 500
青铜	—	17 000
黄铜	圆环	13 500
铸铁	气缸套	9 000 ～ 13 650
铸钢	—	10 000 ～ 11 000

此外，当采用非金属铸型离心铸造时，铸型的转速应根据非金属铸型可承受的最大离心力来计算，即式(5.8)。

5.4.2 离心铸型

离心铸造时，几乎可以使用铸造生产中各种类型的铸件(如金属型、砂型、石膏型、石墨型、硅橡胶型等)。设计离心铸型时，应根据合金种类、铸件的收缩率、铸件的尺寸精度、起模斜度、加工余量以及加工特点而定。但离心铸件内表面和套筒形铸件的两端面常较粗糙，且易聚积渣子，尺寸不易控制，故应有较大的加工余量。离心铸造时，铸件内表面加工余量与浇注定量的准确度及金属液的纯净程度有关。离心铸件和离心铸钢件的加工余量见表 5.4 和表 5.5。

表 5.4 离心铸件的加工余量

mm

铸件外径	青铜			黄铜、铝青铜			铸铁		
	外表面	内表面	端面	外表面	内表面	端面	外表面	内表面	端面
≤ 100	2 ～ 4	3 ～ 5	3 ～ 5	3 ～ 5	4 ～ 6	4 ～ 6	2 ～ 3	3 ～ 5	3 ～ 5
101 ～ 200	3 ～ 5	3 ～ 6	4 ～ 6	4 ～ 6	5 ～ 7	5 ～ 8	3 ～ 4	4 ～ 6	4 ～ 6
201 ～ 400	4 ～ 6	4 ～ 7	4 ～ 8	5 ～ 7	5 ～ 8	6 ～ 10	4 ～ 5	5 ～ 7	5 ～ 7
401 ～ 700	5 ～ 7	5 ～ 8	6 ～ 9	6 ～ 8	6 ～ 10	7 ～ 12	5 ～ 6	6 ～ 9	6 ～ 9
701 ～ 1 000	6 ～ 8	6 ～ 10	6 ～ 10	6 ～ 9	7 ～ 15	8 ～ 16	6 ～ 8	7 ～ 12	7 ～ 12
＞ 1 000	6 ～ 10	7 ～ 12	8 ～ 20	7 ～ 12	＞ 12	15 ～ 25	7 ～ 10	8 ～ 15	10 ～ 20

表 5.5 离心铸钢件的加工余量

mm

铸件外径	外表面	内表面	端面
100 ～ 200	5 ～ 7	6 ～ 8	15 ～ 20
201 ～ 400	7 ～ 8	8 ～ 10	20
401 ～ 700	8 ～ 10	10 ～ 12	20

滚筒式离心铸造机上常采用单层金属型，为了防止铸型的轴向移动，可在轮缘的外侧对称地做出挡圈，利用离心铸造机上的支承轮侧阻止铸型的轴向移动，如图 5.15 所示。也可将铸型轮缘沿四周做出凹槽，如图 5.16 所示，利用支承轮的圆柱面防止铸型轴向移动。

悬臂式离心铸造机常用的有单层与双层两种结构金属型。

单层结构金属型如图 5.17 所示，铸型本体为一空心圆柱体，铸型后端有中心孔或法兰边，以便把铸型安装在主轴上。铸型的前端有端盖，用夹紧装置将其固紧。打开端盖时，拧松螺钉，使之与端盖脱开。每个铸型沿圆周均布三个夹紧装置。

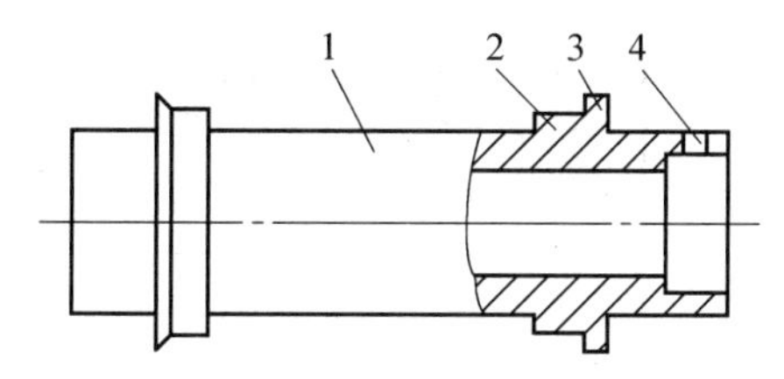

图 5.15 滚筒式离心铸造机用金属型

1— 型体;2— 轮缘;3— 挡圈;4— 销孔

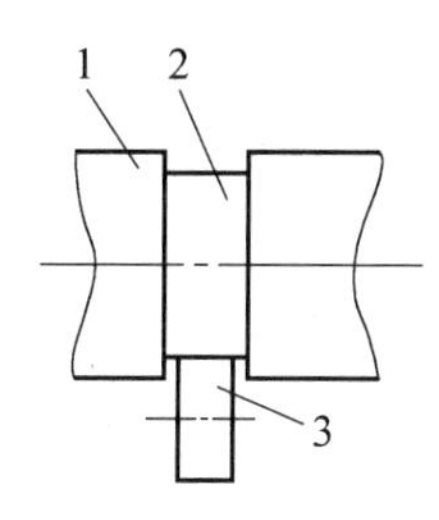

图 5.16 凹槽防止轴向移动

1— 铸型;2— 轮缘;3— 支承轮

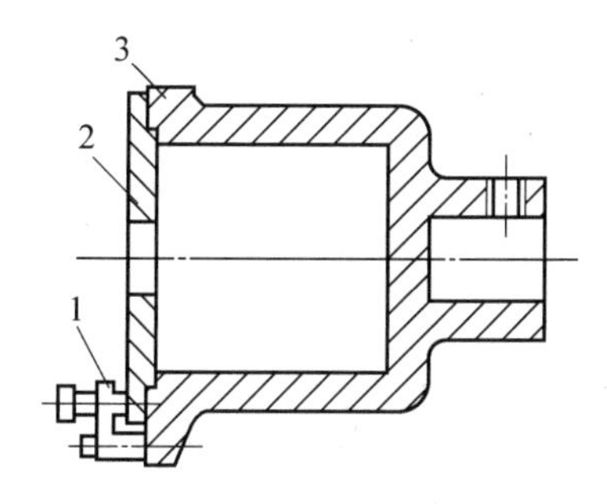

图 5.17 单层结构金属型

1— 端盖夹紧装置;2— 端盖;3— 铸型本体

双层结构金属型如图 5.18 所示,在铸型(外型) 内加一个衬套(内型) 作为铸件成形部分。当产生不同外径的铸件时,只需要调换相应内径的衬套,而不需要更换整个铸型。铸型底部有一个圆孔,穿过转轴中心的顶杆,通过圆孔可将底、衬套连同铸件一起顶出铸型。为了便于操作,衬套由左、右两半构成,并在与外型的配合面做出锥度并留出 1 ~ 2 mm 的间隙。其端盖紧固方法有销子和离心锤两种。采用锥形销子固紧端盖时,图 5.18 是一种比较简便的方法。图 5.19 为离心锤紧固端盖装置。采用时必须注意使离心锤紧固装置对端盖的作用力大于铸型中液体金属对端盖作用的离心压力,才能紧固端盖。单层铸型或双层铸型内型的最小壁厚不小于 15 mm,壁厚一般为铸件厚度的 4/5 ~ 5 倍。双层铸型的外型壁厚见表 5.6,内、外型之间间隙不小于 1 mm。

表 5.6 双层铸型外型壁厚

mm

外型内径	100 ~ 200	200 ~ 300	300 ~ 400	400 ~ 500	500 ~ 600	600 ~ 700	700 ~ 800
外型壁厚	20 ~ 25	20 ~ 30	25 ~ 35	30 ~ 40	35 ~ 45	40 ~ 50	45 ~ 55

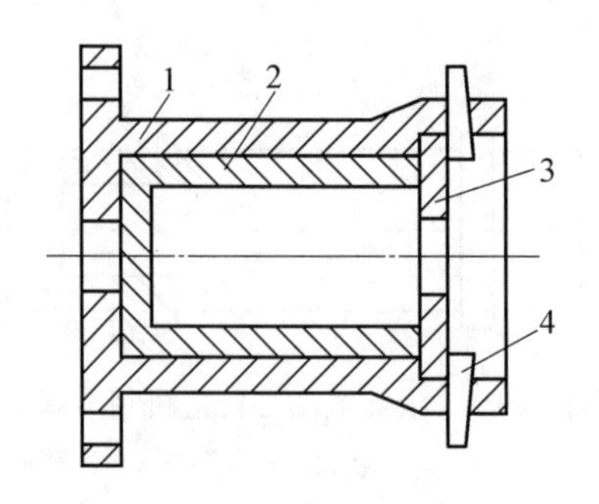

图 5.18　双层结构金属型

1— 外型;2— 衬套;3— 端盖;4— 销子

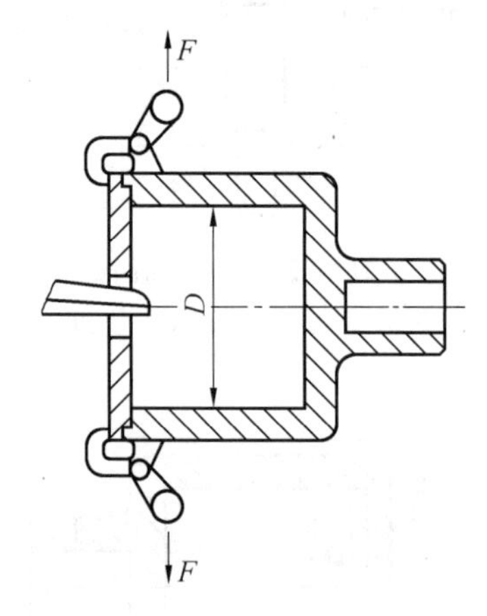

图 5.19　离心锤紧固端盖装置

离心铸造用金属型一般用灰铸铁或球墨铸铁做成,主要用于生产管状、筒状、环状离心铸件,其工艺过程简单,生产效率高,铸件无夹砂、胀型等缺陷,工作环境也得以改善。但是铸件上易产生白口,铸件外表面上易产生气孔,铸型成本高。

5.4.3　离心浇注

1. 金属液的定量

离心铸造所浇注的空心铸件的壁厚完全由所浇注的液体金属的量决定,因此浇注时必须严格控制。为了控制浇入铸型中的液体金属的量,主要采取以下方法:

① 质量定量法,即在浇注前,事先准确称量好一次浇注所需金属液的质量,然后进行浇注。这种方法定量准确,但操作麻烦,需要专用称量装置,适于单件、小批量生产。

② 容积定量法,即用一定内形的浇包取一定容积的金属液,一次性浇入铸型之中来控制液体金属的量。虽然这种方法由于受到金属液温度、熔渣和浇包内衬的侵蚀等因素的影响而使定量不够准确,但操作方便易行,在大量生产、连续浇注时应用较为广泛。

③ 自由表面高度定量法,如图 5.20 所示,将导电触头 3 放置于铸型内一个固定位置,金属液 4 上升至触头,电路接通,指示器 5 发出信号,即停止浇注。这种方法定量不大准确,仅适用于较长厚壁铸件的浇注。

④ 溢流定量法,如图 5.21 所示。在端盖上开浅槽,浇注时如见端盖内孔发亮,即停止

浇注。这种方法应用方便,但易出现金属液自端盖飞出的现象,适用于浇注小铸件。

在浇注时应使液体金属进入铸型的流向尽可能地与铸型的旋转方向趋于一致,以降低液体金属对铸型的冲击程度,减小飞溅。图 5.22 和图 5.23 分别为立式和卧式离心铸造浇注时,液体金属进入铸型的流动方向与产生飞溅的关系。

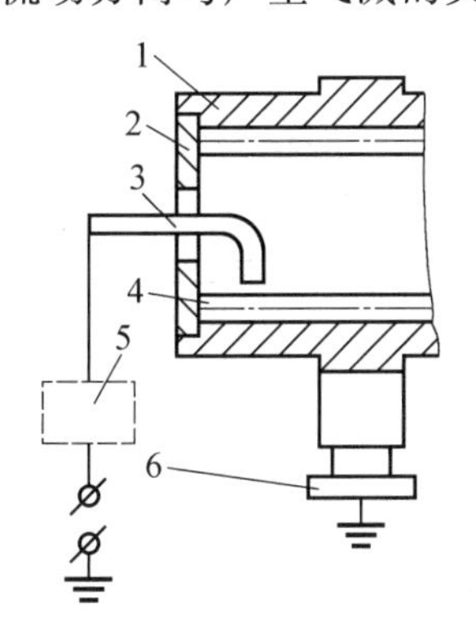

图 5.20 控制液体金属自由表面高度的定量法

1— 铸型;2— 端盖;3— 触头;4— 金属液;5— 指示器;6— 机座

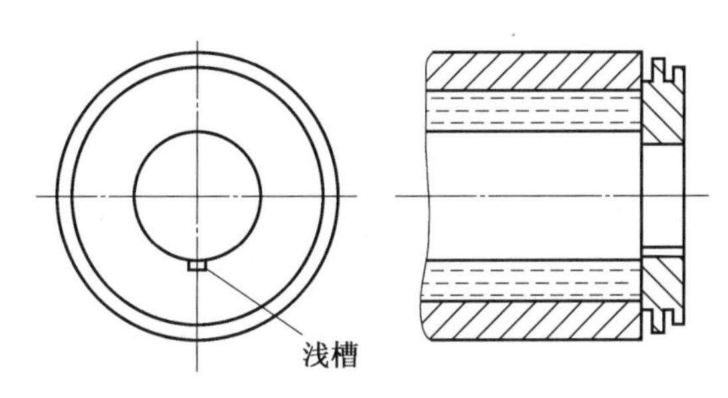

图 5.21 溢流定量法

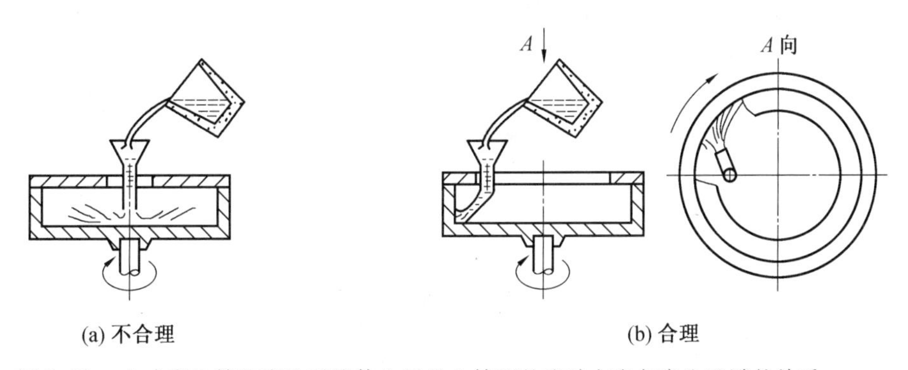

图 5.22 立式离心铸造浇注时液体金属进入铸型的流动方向与产生飞溅的关系

2. 铸型涂料

离心铸造的铸型一般都要使用涂料。对于砂型铸造,使用涂料可以增加铸造表面强度,改善铸件表面质量,防止产生黏砂等铸造缺陷。铸造使用涂料的目的主要有以下几点:

① 可以保护模具,减少金属液对金属型的热冲击作用,延长使用寿命。

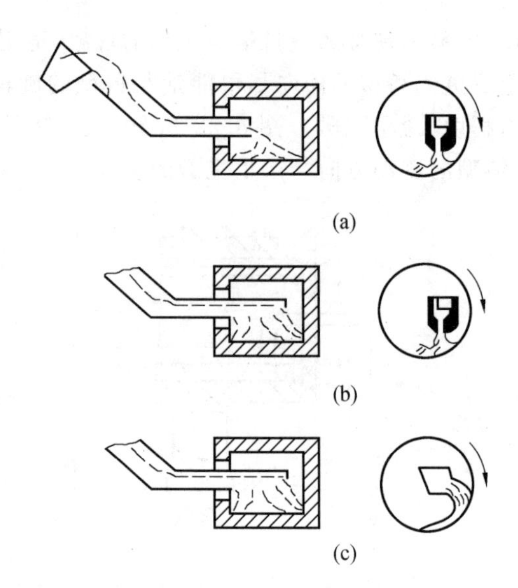

图 5.23　卧式离心铸造浇注时液体金属进入铸型的流动方向与产生飞溅的关系

② 防止金属铸件的激冷作用，防止铸件表面产生白口。

③ 使铸件脱模容易。

④ 获得表面光洁铸件。

⑤ 增加与金属液之间的摩擦力，缩短金属液达到铸型旋转速度所需的时间。

因此，铸型涂料应达到以下几点要求：

① 有足够的绝热能力，保温性好，导热性低，延长金属型寿命。

② 较高的耐高温性能，不与金属发生反应，不产生气体。

③ 与金属型有一定的黏着力，干燥后不易被金属液冲走。

④ 容易脱模。

⑤ 来源广，混制容易，储存方便，涂料稳定。

离心铸造用涂料的组成与重力铸造基本相似，但没有重力铸造使用得多。离心铸造的耐火材料主要是硅石粉和硅藻土。膨润土既作为黏结剂，也作为悬浮剂使用，最好选择钠基膨润土或活化膨润土。涂料的载体一般是水，可提高润滑性和悬浮性，有利于起模，离心铸造有时也使用洗衣粉作助剂。

3. 浇注时的模温

离心浇注之前要对金属模具进行预热处理，使温度升高，充分干燥，以避免在浇注时产生大量气体，减少对金属液的激冷作用。同时，这样也有利于提高铸件质量，以及减缓对模具的热激，保护模具。

金属型预热的方法主要有：使用木材、焦炭等燃烧加热；使用煤气和油等燃烧加热；使用窑加热；内模可放在炉上进行加热。金属型在预热时要力求均匀，在有些情况下，需要将模具保持一定的工作温度，从而保证铸件质量，提高模具使用寿命。

4. 浇注工艺

离心浇注的浇注工艺主要包括浇注温度、浇注速度和脱模温度等。

离心铸造的浇注温度可比重力铸造时的浇注温度低 5 ～ 10 ℃。这是因为离心铸件大多为管状、筒状或环形铸件，且金属铸型较多，在离心作用下加强了金属液的充型能力。浇注温度过高，会降低模具的使用寿命，使铸件产生缩孔、缩松、晶粒粗大、气孔等铸造缺陷；浇注温度过低，会产生夹杂、冷隔等缺陷。

对于铸铁管和铸铁气缸套等，因合金的熔点与金属型的熔点相接近，所以浇注温度过高会降低铸型寿命，同时也影响生产效率；但浇注温度过低，易造成冷隔、不成形等缺陷。因此，必须严格控制浇注温度。表 5.7 为离心球墨铸铁管的浇注温度推荐值。通常气缸套较铸管短，故浇注温度可低些，普通灰铸铁气缸套的浇注温度为 1 280 ～ 1 330 ℃，合金灰铸铁浇注温度为 1 300 ～ 1 350 ℃。而对于非铁合金等，虽然熔点低于金属型，但浇注温度过高会使轴承合金等铸件产生偏析缺陷，所以必须严格控制。

表 5.7　离心球墨铸铁管的浇注温度推荐值

DN/mm	球化温度 /℃	扇形包温度 /℃	DN/mm	球化温度 /℃	扇形包温度 /℃
100	1 520	1 380 ～ 1 460	900	1 460	1 310 ～ 1 340
200	1 500	1 360 ～ 1 420	1 000	1 460	1 310 ～ 1 340
300	1 500	1 350 ～ 1 400	1 200	1 450 ～ 1 480	1 310 ～ 1 340
400	1 460	1 330 ～ 1 380	1 400	1 450 ～ 1 480	1 300 ～ 1 330
500	1 460	1 320 ～ 1 350	1 600	1 410 ～ 1 460	1 290 ～ 1 310
600	1 460	1 310 ～ 1 340	1 800	1 420 ～ 1 450	1 290 ～ 1 310
700	1 460	1 310 ～ 1 340	2 000	1 420 ～ 1 450	1 290 ～ 1 310
800	1 460	1 310 ～ 1 340	2 200	1 420 ～ 1 450	1 290 ～ 1 310

注：DN 为公称直径。

离心铸造的浇注速度可参考表 5.8 选择。开始浇注时，应注意使金属液快速铺满整个铸型，在不影响转速的情况下，除了含铅量较高的铜合金外，都应尽快浇注。铸件越大，浇注速度也应越快。

表 5.8　离心铸造的浇注速度选择

合金种类	铸件质量 /kg	浇注速度 /($kg \cdot s^{-1}$)
铸铁	5 ～ 20	1 ～ 2
	20 ～ 50	2 ～ 5
	50 ～ 100	5 ～ 10
	150 ～ 400	10 ～ 20
	400 ～ 800	20 ～ 40
铸钢	100 ～ 300	10 ～ 17
	300 ～ 1 000	17 ～ 25
青铜	20 ～ 50	2 ～ 5
	50 ～ 100	5 ～ 10
	100 ～ 200	10 ～ 15
	200 ～ 400	15 ～ 25
	400 ～ 800	25 ～ 35
	800 ～ 1 500	35 ～ 50
	1 500 ～ 2 500	50 ～ 70

续表 5.8

合金种类	铸件质量 /kg	浇注速度 /(kg · s⁻¹)
黄铜	20 ～ 50	＜ 4
	50 ～ 100	4 ～ 8
	100 ～ 200	8 ～ 10
	200 ～ 400	10 ～ 15
	400 ～ 800	15 ～ 25
	800 ～ 1 500	25 ～ 30
	1 500 ～ 2 500	40 ～ 60

离心铸造的铸件在凝固结束后应尽快从铸件中取出，以减少金属型温度的上升，延长使用寿命。判断的方法是可以观察铸件的内表面颜色，当其呈现暗红色时即可取出。

5.5 离心铸造工艺实例

5.5.1 铸铁气缸套的离心铸造工艺

气缸套的工作条件要求具有较高的耐磨性、高温耐腐蚀性，常采用合金铸铁铸造。缸套的零件结构简单，毛坯形状为圆套筒，十分适合采用离心铸造进行生产。汽车、拖拉机等中小型气缸套主要在悬臂式离心铸造机上进行生产，而船舶、机车等大型气缸套则主要使用滚筒式离心铸造机。气缸套的生产一般采用金属型离心铸造和砂型离心铸造，气缸套离心铸型如图 5.24 所示。

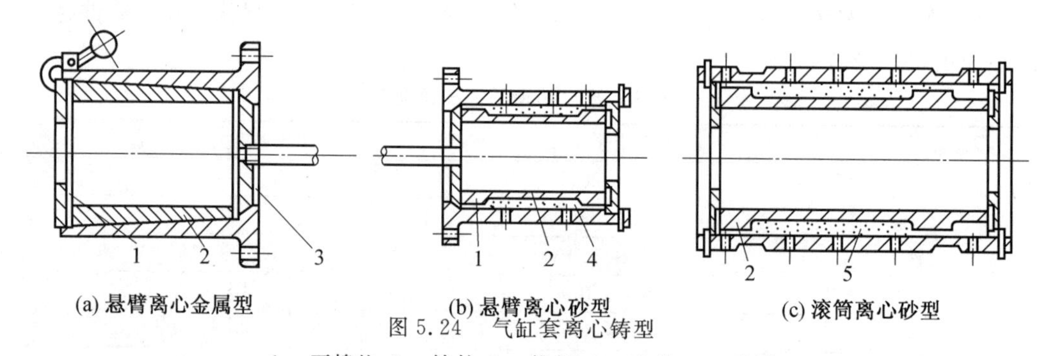

图 5.24 气缸套离心铸型

1— 石棉垫；2— 铸件；3— 推板；4— 砂芯；5— 砂衬

铸铁气缸套的离心铸造工艺如下：

(1) 工艺设计。

离心浇注气缸套由于无型芯，合金的收缩为自由收缩，因此收缩率主要根据铸铁本身特点而定。

铸型一般为灰铸铁、球墨铸铁及耐热铸铁制作的单型结构，壁厚一般为缸套壁厚的 1.2 ～ 2.0 倍。结构力求简单，便于制造铸型和取出铸件。

小缸套的加工余量一般取外表面 2 ～ 5 mm，内表面 3 ～ 7 mm，端面 3 ～ 7 mm(不含卡头)。

(2) 涂料。

涂料多为水基涂料,耐火材料多为硅石粉和鳞片石墨粉,黏结剂为黏土和树脂等,每浇注一件滚挂一次。涂料要均匀,并在型壁上充分干燥。小缸套的涂料厚度为 1 ~ 2 mm,大缸套的涂料厚度为 2.5 ~ 4 mm。为防止端面产生白口,要在铸型的里端垫上直径比铸型型腔大 1 mm 的石棉片。

(3) 浇注工艺及参数的选择。

① 铸型温度。涂覆涂料前铸型要预热至 150 ℃ 以上,生产时铸型的温度控制在 200 ~350 ℃。浇注后铸型外壁应进行水冷和空冷,以延长铸型寿命,提高生产效率,水冷时间为 60 ~ 150 s。

② 金属液定量。小缸套在连续生产时多采用浇包容积定量法,一般一个小包浇注一个缸套。

③ 浇注温度。离心浇注小缸套的出炉温度一般要求大于或等于 1 400 ℃,以保证浇注时温度可达到 1 300 ~ 1 360 ℃,大缸套的浇注温度可适当低些,为 1 270 ~ 1 340 ℃。

④ 铸型转速。一般按重力系数 G 计算铸型转速,大缸套 G 取 40 ~ 60,中、小缸套 G 取 50 ~ 80。

⑤ 浇注速度。浇注速度应快些,以保证充型。不同质量铸铁缸套的浇注速度见表 5.9,小缸套的浇注速度为 2 ~ 10 kg/s。

表 5.9　不同质量铸铁缸套的浇注速度

缸套质量 /kg	5 ~ 20	20 ~ 50	50 ~ 150	150 ~ 400	400 ~ 800
浇注速度 /($kg \cdot s^{-1}$)	1 ~ 2.5	2.5 ~ 5	5 ~ 10	10 ~ 20	20 ~ 40

⑥ 铸件出型温度。为了减缓铸件冷却速度,浇注后要求出型温度足够高,一般为 700 ~ 850 ℃,并在保温坑中缓慢冷却。

中、小型及大型缸套的离心铸造工艺参数见表 5.10 和表 5.11。

表 5.10　中、小型缸套的离心铸造工艺参数

重力系数 G	浇注温度 /℃	铸型温度 /℃	出型温度 /℃
40 ~ 90	≈ 1 400	≈ 250	700 ~ 800

注:铸件内径越小,G 应越大。

表 5.11　大型缸套的离心铸造工艺参数

涂料厚度 /mm	浇注温度 /℃	刷涂料时铸型温度 /℃	浇注时铸型温度 /℃	铸件回火温度 /℃
1 ~ 4	1 300 ~ 1 340	180 ~ 250	120 ~ 300	600 ~ 660

5.5.2　铸铁管的金属型离心铸造工艺

铸铁管是一种需求量很大的铸件,主要用来输送水、燃气、污水、雨水、泥浆、酸、碱等化工液体,有时还要求承受一定压力,耐腐蚀,长期埋在地下不易损坏等。铸铁管的主要生产方法有离心铸造、半连续铸造和砂型铸造。

铸铁管的形状如图 5.25 所示,其内径为 50 ~ 2 600 mm,长度为 1 ~ 8 m,壁厚为 4 ~ 20 mm。材料可以是灰铸铁,但是目前大多采用的是以铁素体为基体的球墨铸铁,它具有较好的可塑性,能承受较高的工作压力,其壁厚比灰铸铁壁厚薄 1/4 ~ 1/3。

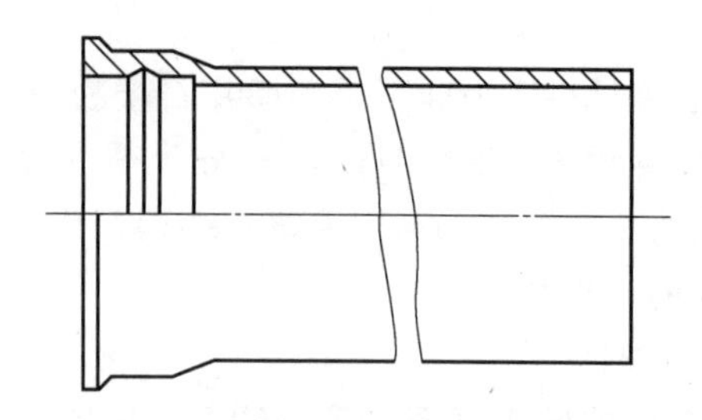

图 5.25　铸铁管的形状示意图

铸铁管金属型离心铸造的工艺主要有水冷金属型离心铸造法和涂料金属型离心铸造法两种。其铸造生产过程大致相同,如图 5.26 所示。

如图 5.26(a) 所示,浇注前固定的长浇注槽 8 接近承口砂芯 2,将铁水倒入固定容积的扇形浇包 9。

如图 5.26(b) 所示,浇注时开动机器使铸型 6 转动,此时扇形浇包以等速倾转使铁水均匀地通过浇注槽注入型内,待承口周围充满后,使铸型随离心机向左沿导轨 1 等速移动,铁水亦均匀地填充相应的部位。

至浇注完毕时,铸型与浇注槽脱离开,如图 5.26(c) 所示。金属型可用水进行强制冷却,待铸件冷凝后,制动装置使铸型停止转动。随后,将专用的钳子伸入铸型的末端卡住铁管承口的内表面。铸型随离心机向右移动,铁管从金属型中取出,而浇注槽又进入铸型中,如图 5.26(d) 所示。从而完成一次浇注循环,准备再次浇注。

水冷金属型离心铸造法铸型的内表面无绝热材料,外表面用水冷却,生产效率高,生产设备占地面积适中,但是铁管需热处理,虽不需要造型辅助设备,但需昂贵的热处理炉,铸型制造技术要求高,价格高。该法主要用于生产公称口径不大于 300 mm 的灰铸铁管和球铁管,可生产的最大铸铁管口径为 1 800 mm,长度为 8 m。

涂料金属型离心铸造法又称热模法,其铸型壁上有薄的绝热涂料层。涂料的成分(质量分数) 为 77% 的石英粉、7.7% 的铝矾土、7.7% 的滑石粉、7.6% 的钠基膨润土及适量的水。喷涂料时金属型温度为 200 ~ 300 ℃。热模法生产的铸态球铁管的材质伸长率一般可达 5%,若不用热处理炉,则生产设备占地适中,但生产效率较低;若生产排水管,则生产效率高。所以,热模法广泛应用于排水铸铁管的生产,个别用于铸态球铁管和大型球铁管的生产。

金属型离心铸造的两种生产工艺均有过程简单,铸铁管内外表面质量较好,生产过程易于机械自动化,车间环境较好等优点。但离心铸造机结构较复杂,均不能生产双法兰铸铁管。

5.5.3　双金属复合轧辊的离心铸造工艺

对某些圆筒形零件,由于对内、外层工作性能要求不同,有时会采用不同的材料,如轧辊、滑动轴承等。这些零件采用离心铸造技术可以提高生产效率,节约材料,使工艺过程简单,产品质量较高。

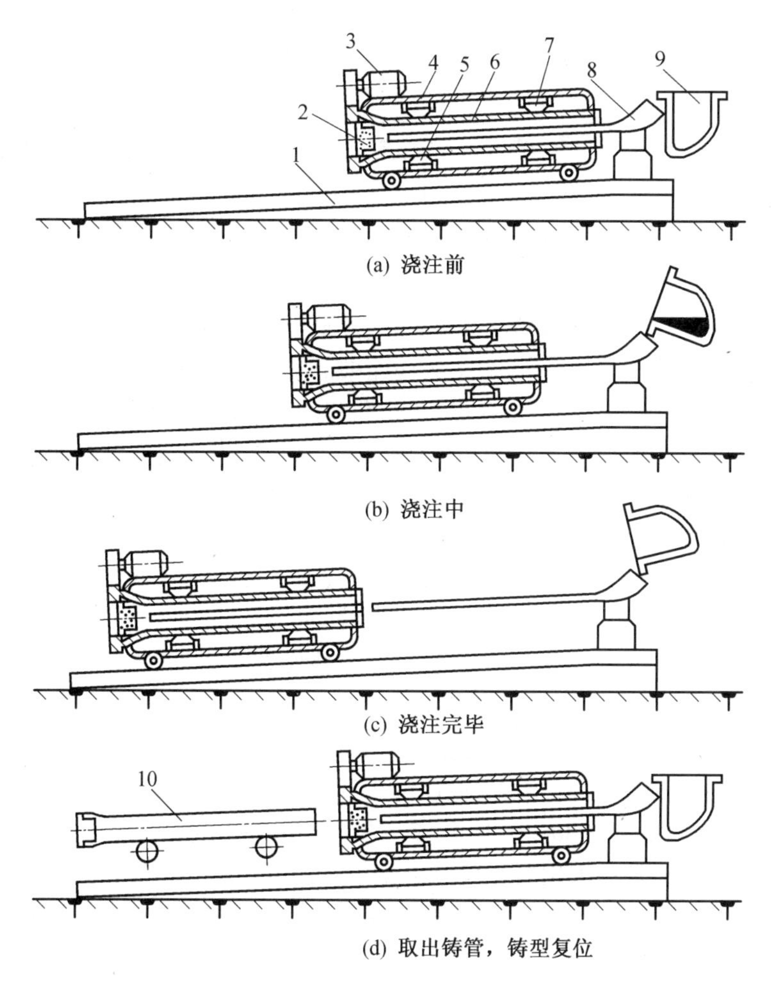

图 5.26 铸铁管金属型离心铸造工艺过程

1— 导轨；2— 承口砂芯；3— 电动机；4— 机罩；5— 托轮；6— 铸型；

7— 压轮；8— 浇注槽；9— 扇形浇包；10— 铸铁管

生产离心铸造轧辊的方式有卧式、立式和倾斜式三种，倾斜式离心铸造在日本用得较多，欧美等地区多采用立式离心铸造，我国以卧式离心铸造为主。

离心铸造双金属复合轧辊的工艺流程如图 5.27 所示，其中内、外层铁水的熔炼和浇注内、外层铁水时的时间间隔对铸件材质及内、外层的结合影响很大，因此，在生产时要尤为注意。

卧式离心铸造双金属复合轧辊的工艺如下：

(1) 铸型转速。

铸型转速一般按重力系数 G 计算。对于铸铁复合轧辊，其重力系数 G 可在 75 ～ 150 之间取值，若辊筒外层较厚，为了防止发生金属液雨淋现象，重力系数要选稍大一些。

(2) 铸铁复合轧辊的浇注工艺。

① 外层铁水浇注。在复合轧辊浇注时要严格控制辊筒内、外层金属液的浇注温度。铁水浇入金属铸型后，由于金属铸型的激冷能力较强，浇入的铁水凝固速度较快，因此外

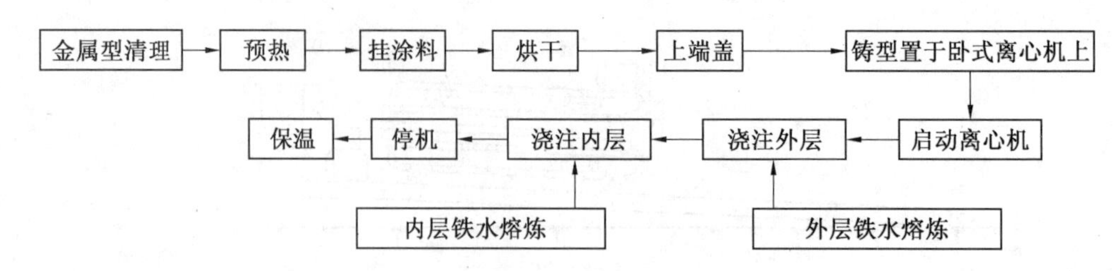

图 5.27　离心铸造双金属复合轧辊的工艺流程

层铁水形成白口的倾向较大。在实际生产的浇注过程中，金属液处于紊流运动状态，卧式离心机生产辊筒时，沿着型壁轴线方向，浇入金属型的铁水做螺旋线运动，液流降温较快，故浇注温度不能太低。另外与重力浇注时渣质的上浮速度相比，在离心条件下渣质的上浮速度较快，所以其浇注温度可比重力浇注时低 5 ～ 10 ℃，一般复合轧辊外层的浇注温度为 1 350 ～ 1 370 ℃。

浇注时，浇注速度应先快后缓再快，即在开始浇注的 6 ～ 8 s 内，采用较大的浇注速度，使浇口杯中的铁水液面尽快达到顶部，这样进入金属型中的铁水的流量可达到最大值，在金属型内很快就能使凝固层达到 15 ～ 20 mm 的厚度，之后再将浇注速度减缓，使浇口杯内的液面高度缓慢降低，最后快速浇完，以保持液面在某一高度。辊筒外层的浇注时间一般为 30 ～ 50 s。

② 内层铁水浇注。当外层铁水的内表面处于凝固态时，即外层凝固一段时间后，就可浇入内层铁水：内、外层铁水浇注的时间间隔为 8 ～ 10 min 时，即可浇入内层铁水，而内层铁水的浇注温度一般为 1 300 ～ 1 320 ℃。

在内、外两层铁水浇注后分别覆盖玻璃碴作为保护渣。生产中所使用的玻璃碴密度为 2.2 ～ 2.5 g/cm^2，熔点低于 1 200 ℃，软化点为 574 ℃，其密度小，高温下流动性好，在浇注内层铁水后能被重熔，在离心力的作用下可以“浮向”自由表面，从而防止因玻璃碴不能浮出而造成的结合层夹渣缺陷的发生。

在浇注完辊筒外层后，适当变换铸型的转速，使铁水在交变加速度下凝固，可使离心铸件径向断面的倾斜柱状晶得到有效控制。当浇注辊筒内层的铁水时，由于内径变小，需适当提高铸型转速，缓慢平稳浇注至结束。

外径为 250 ～ 300 mm 的双金属空心铸铁轧辊的卧式离心浇注工艺参数见表5.12。

表 5.12　外径为 250 ～ 300 mm 的双金属空心铸铁轧辊的卧式离心浇注工艺参数

浇注工艺	工艺参数
浇注外层铁液	浇注温度为 1 327 ～ 1 370 ℃，铸型转速为 580 r/min
铁液凝固时间	5 ～ 7 min
浇注内层铁液	浇注温度为 1 280 ～ 1 320 ℃
水冷铸型	浇注后 10 ～ 15 s
铸型停转	铸件内表面温度为 700 ℃
缓冷	18 ～ 25 h

参考文献

[1] 中国铸造协会.熔模铸造手册[M].北京:机械工业出版社,2000.

[2] 姜不居,李传轼.熔模精密铸造[M].北京:机械工业出版社,2004.

[3] 姜不居.特种铸造[M].北京:中国水利水电出版社,2005.

[4] 黄天佑,黄乃瑜,吕志刚.消失模铸造技术[M].北京:机械工业出版社,2004.

[5] 林柏年.特种铸造[M].杭州:浙江大学出版社,2004.

[6] 万里.特种铸造工学基础[M].北京:化学工业出版社,2009.

[7] 黄乃瑜,叶升平,樊自田.消失模铸造原理及质量控制[M].武汉:华中科技大学出版社,2004.

[8] 陈维平,李元元. 特种铸造[M].北京: 机械工业出版社,2018.

[9] 陶杰,刘子利,崔益华.有色合金消失模铸造原理与技术[M].北京:化学工业出版社,2007.

[10] 周志明,王春欢,黄伟九.特种铸造[M].北京: 化学工业出版社,2014.

[11] 陈宗民,姜学波,类成玲.特种铸造与先进铸造技术[M].北京:化学工业出版社,2008.

[12] 杨兵兵,于振波.特种铸造[M].长沙:中南大学出版社,2010.

[13] 历长云,王英,张锦志.特种铸造[M].哈尔滨:哈尔滨工业大学出版,2013.

[14] 中国机械工程学会铸造专业学会.铸造手册:第 6 卷　特种铸造[M].3 版.北京:机械工业出版社,2011.

[15] 中国铸造协会.铸造技术应用手册:第 5 卷　特种铸造[M].北京:中国电力出版社,2011.

[16] 姜不居.特种铸造[M].北京:化学工业出版社,2010.

[17] 宫克强.特种铸造[M].北京:机械工业出版社,1984.

[18] 董秀琦,朱丽娟.消失模铸造实用技术[M].北京:机械工业出版社,2005.

[19] 于彦东.压铸模具设计及 CAD[M].北京:电子工业出版社,2002.

[20] 潘宪曾.压铸模设计手册[M].北京:机械工业出版社,1999.

[21] 王敏杰,宋满仓.模具制造技术[M].北京:电子工业出版社,2004.

[22] 杨弋涛.金属凝固过程数值模拟及应用[M].北京:化学工业出版社,2009.

[23] 张晓晨.基于 CAE 的铝及镁合金壳形件压铸工艺分析与优化[D].哈尔滨:哈尔滨理工大学,2009.

[24] 张伯明. 离心铸造[M].北京: 机械工业出版社, 2009.

[25] 宋满仓. 压铸模设计[M].北京:电子工业出版社, 2010.

[26] 王鹏驹, 殷国富. 压铸模设计师手册[M].北京:机械工业出版社, 2008.

[27] 屈华昌.压铸成型工艺与模具设计[M]. 北京:高等教育出版社, 2005.

[28] 黄勇. 压铸模具简明设计手册[M].北京:化学工业出版社, 2010.

[29] 田雁晨，田宝善，王文广. 金属压铸模设计技巧与实例[M]. 北京：化学工业出版社，2006.
[30] 甘玉生. 压铸模具工程师专业技能入门与精通[M]. 北京：机械工业出版社，2008.
[31] 马晓录，李海平. 压铸工艺与模具设计[M]. 北京：机械工业出版社，2010.
[32] 赖华清. 压铸工艺及模具[M]. 北京：机械工业出版社，2010.
[33] 伍建国，屈华昌. 压铸模设计[M]. 北京：机械工业出版社，1995.
[34] 杨裕国. 压铸工艺与模具设计[M]. 北京：机械工业出版社，2004.
[35] 齐卫东. 压铸工艺与模具设计[M]. 北京：北京理工大学出版社，2007.
[36] 潘宪曾. 压铸工艺与模具[M]. 北京：电子工业出版社，2006.
[37] 张荣清. 模具设计与制造[M]. 北京：高等教育出版社，2008.